全国水利水电高职教研会
中国高职教研会水利行业协作委员会
规划推荐教材

高职高专土建类专业系列教材

工程力学

（第二版）

主　编　满广生　张彩凤　凌卫宁

副主编　王小春　祝冰青　姚春梅

中国水利水电出版社
www.waterpub.com.cn

内 容 提 要

本书为高职高专土建类专业省级规划系列教材。本着高职高专特色，依据国家示范院校重点建设专业人才培养方案和课程建设的目标和要求，以及校企组成的专家组经过多次研究讨论制定的教学和编写大纲进行编写。全书内容包括：绪论，静力学基础，平面力系的合成与平衡，材料力学基础，轴向拉伸与压缩，截面的几何性质，梁的平面弯曲，压杆稳定，结构的计算简图与平面体系的几何组成分析，以及静定结构的内力计算。为了方便学生自学，均在每项任务之前提出学习目标，每项任务之后给出小结并附有思考题和课后练习题。

本书为土建类工程技术专业的教学用书，也可作为土建类相关专业和工程技术人员的参考用书。

图书在版编目（CIP）数据

工程力学 / 满广生，张彩凤，凌卫宁主编. -- 2版
. -- 北京：中国水利水电出版社，2015.8(2021.7重印)
全国水利水电高职教研会规划推荐教材. 中国高职教
研会水利行业协作委员会规划推荐教材. 高职高专土建类
专业系列教材
ISBN 978-7-5170-3549-7

Ⅰ. ①工… Ⅱ. ①满… ②张… ③凌… Ⅲ. ①工程力
学－高等职业教育－教材 Ⅳ. ①TB12

中国版本图书馆CIP数据核字(2015)第192641号

书　名	全国水利水电高职教研会　规划推荐教材 中国高职教研会水利行业协作委员会 高职高专土建类专业系列教材 **工程力学（第二版）**
作　者	主编 满广生　张彩凤　凌卫宁　副主编 王小春 祝冰青 姚春梅
出版发行	中国水利水电出版社 （北京市海淀区玉渊潭南路1号D座　100038） 网址：www.waterpub.com.cn E-mail：sales@waterpub.com.cn 电话：(010) 68367658（营销中心）
经　售	北京科水图书销售中心（零售） 电话：(010) 88383994、63202643、68545874 全国各地新华书店和相关出版物销售网点
排　版	中国水利水电出版社微机排版中心
印　刷	天津嘉恒印务有限公司
规　格	184mm×260mm　16开本　13.75印张　326千字
版　次	2008年2月第1版　2008年2月第1次印刷 2015年8月第2版　2021年7月第3次印刷
印　数	3501—6500册
定　价	**49.00元**

本教材是依据国家示范院校重点建设专业建筑工程技术专业的人才培养方案和课程建设的目标、要求进行编写的。

本专业的课程改革是以工作过程为导向、以项目为载体进行的。人才培养方案和课程重构建设方案是经过校企等方面的专家经过多次研讨论证形成。本书包括 10 个任务，每个任务都附有一定数量的思考题和课后练习题，以便学生自学。

本教材由安徽水利水电职业技术学院满广生、张彩凤主编。参与编写工作的有安徽水利水电职业技术学院的王小春（任务 1～任务 3），安徽水利水电职业技术学院的祝冰青（任务 4～任务 6），安徽水利水电职业技术学院的张彩凤（任务 7、任务 8），安徽水利水电职业技术学院的姚春梅（任务 9～任务 10），满广生负责全书的统稿及修正工作。

本教材由安徽水利水电职业技术学院曲恒绪教授和合肥市建委李云高级工程师共同主审。

本教材在编写过程中得到了合肥市市政工程公司的大力支持，并提出了许多宝贵意见，在此表示感谢。

由于编者水平有限，书中难免存在疏漏和不足，恳请读者批评指正。

编 者

2015 年 5 月

第 1 版前言

　　《工程力学》是全国水利水电高职高专规划推荐教材。本教材依据高职高专土建类、水利类专业的人才培养方案和课程建设的基本要求进行设计和编写，适合作为土建和水利两大类专业的教学用书，也可作为其他工程类专业和工程技术人员的参考用书。

　　本教材贯彻高等职业教育改革精神，突出职业教育特点，以能力素质的培养为指导，少理论、多应用、多结论，叙述简练通俗，例题典型、思路清晰明确、有步骤、有总结，具有很强的指导性、实用性。本教材对内力的内容加以改革，使其更加直接、易懂、易于接受。本教材内容由静力学、材料力学、结构力学三大部分组成，不同的专业可根据专业要求进行选择。

　　本教材分 14 章，每章附有一定数量的思考题和习题，以及习题答案，以便于学生自学。

　　本教材由满广生、袁益民、凌卫宁主编，山西水利职业技术学院张轩轩主审。其中，由广西水利电力职业技术学院凌卫宁编写第 7 章，朱正国编写第 6 章，刘中宽编写第 2 章、第 3 章；山东水利职业学院袁益民编写第 4 章，崔洋编写第 13 章；湖北水利水电职业技术学院王中发编写第 12 章、附录；长江工程职业技术学院杨艳编写第 1 章、第 14 章；四川水利职业技术学院贺萍编写第 9 章、第 10 章；安徽水利水电职业技术学院满广生编写第 11 章，张彩凤编写第 5 章，朱宝胜编写第 8 章。

　　本教材编写过程中得到了全国水利水电高职教研会及编者所在单位的大力支持，在此一并致谢。

　　由于编者水平有限，书中难免存在错误和缺陷，恳请广大读者批评指正。

编　者

2007 年 12 月

主 要 符 号 表

名　　称	符　　号	单　　位
集中力	F	N、kN
柔性约束反力	T	N、kN
光滑面约束反力	N	N、kN
代数和	Σ	
合力，支反力	R	N、kN
支反力分力	R_X、R_Y	N、kN
链杆、二力杆约束反力	R_{AB}	N、kN
重力	W	N、kN
分布力	q	N/m、kN/m
外力偶矩	m	N·m、kN·m
投影	X、Y	N、kN
力矩	$m_0(F)$、m_0	N·m、kN·m
轴力	N	N、kN
剪力	Q	N、kN
弯矩	M	N·m、kN·m
挤压力	F_j	N、kN
压杆的临界力	F_{cr}	N、kN
正应力	σ	MPa
剪应力	τ	MPa
挤压应力	σ_j	MPa
压杆的临界应力	σ_{cr}	MPa
许用正应力	$[\sigma]$	MPa
许用剪应力	$[\tau]$	MPa
许用挤压应力	$[\sigma_j]$	MPa
稳定许用应力	$[\sigma_{cr}]$	MPa
弹性模量	E	MPa
剪切弹性模量	G	MPa
稳定安全系数	K_W	
动荷系数	K_d	
泊松比、长度系数（支座系数）	μ	
折减系数	φ	
面积	A	mm²
剪切面面积	A_τ	mm²
挤压面面积	A_j	mm²
面积矩	S_Y、S_Z	mm³
惯性矩	I_Y、I_Z	mm⁴
抗弯截面系数	W_Y、W_Z	mm³
压杆的柔度	λ	
线刚度	$i = EI/V$	N·m　kN·m
转角	θ	rad
转动刚度	S_{AB}、S_{BA}	N·m　kN·m
分配系数	u_{AB}	
传递系数	C_{AB}	

目录

任务 1 绪 论

学习目标：了解工程结构的分类，理解工程力学的研究对象、任务和内容；掌握结构或构件须满足强度、刚度和稳定性等要求。

1.1 工程力学的研究对象和任务

1.1.1 工程力学的研究对象

在建筑物中承受荷载并传递荷载且起骨架作用的部分或体系称为结构，组成结构的单个物体称为构件。最简单的结构也可以是单个构件。例如，在房屋建筑中常见的楼板梁、屋架结构如图 1.1 所示。

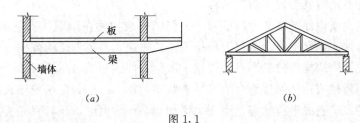

图 1.1

在实际工程中，各建筑物的结构形式是多种多样的，按其几何特征可分为三种类型：

(1) 杆系结构。由若干杆件组成的结构，杆件的几何特征是其长度尺寸远远大于横截面尺寸，如图 1.1 (b) 所示。

(2) 薄壁结构。由薄板或薄壳构成的结构，薄板或薄壳的几何特征是其厚度远远小于另两个方向的尺寸。例如，房屋建筑中的无梁楼板和水利工程中用钢筋混凝土衬砌的压力输水隧洞等都属于这类结构，如图 1.2 所示。

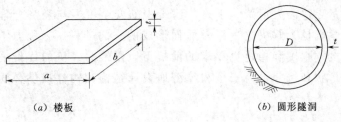

(a) 楼板   (b) 圆形隧洞

图 1.2

(3) 块体结构。由块体组成的结构，块体几何特征是三个方向的尺寸大致为同一数量级。例如，水利工程中的挡土墙和重力坝等属于这类结构，如图 1.3 所示。

在上述三类结构中，工程力学的研究对象主要是杆系结构。

 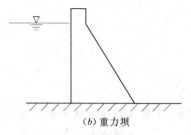

　　　　　(a) 挡土墙　　　　　　　　　　　　　　(b) 重力坝

图 1.3

1.1.2　工程力学的任务

　　作为一个结构或构件，确保能正常工作，安全可靠地承担预定任务，则必须满足强度、刚度和稳定性等方面的安全要求，而强度、刚度和稳定性是否满足要求则综合反映了一个结构或构件的承载能力。

　　强度是指结构或构件抵抗破坏的能力。一个结构或构件能承受荷载而不破坏，即认为满足强度要求。如果一个结构或构件的强度不足，就有可能产生破坏，例如房屋中的楼板梁，当梁的强度不足时就会发生断裂破坏。

　　刚度是指结构或构件抵抗变形的能力。任何结构或构件在荷载作用下都会发生变形，为保证结构或构件能正常工作，工程上根据不同的用途，对各种结构或构件的变形给予一定的限制，只要结构或构件的变形不超过这一限值，即认为满足刚度要求。

　　稳定性是指结构或构件保持原有形式平衡状态的能力。例如受压的细长直杆，在压力不大时，可保持原有直线平衡状态；当压力增加到某一数值时，压杆突然变弯而丧失承载能力，这种现象称为失稳。压杆失稳后果严重的，会导致整个建筑物倒塌。因此，结构或构件必须满足稳定性要求。

　　上述三个方面的安全要求在结构或构件设计时都应同时考虑，但对某些结构或构件而言，有时只考虑其中某一个主要方面的要求，有的是以强度为主，有的是以刚度为主，有的是以稳定性为主。一般来说，只要主要方面的要求满足了，其他次要方面的要求也会自然满足。

　　一个结构或构件要满足强度、刚度和稳定性的安全要求并不难，一般只要选择较好的材料和较大截面的构件即可，但任意选用最好的材料和过大的截面，势必造成优材劣用、大材小用，导致巨大浪费。于是，建筑中的安全可靠与经济合理就形成一对基本矛盾。工程力学就是为解决这一对矛盾而形成的一门学科。工程力学的任务是在结构或构件满足强度、刚度和稳定性要求的前提下，以最为经济的代价去选择适宜的材料，确定合理的形状和尺寸，为安全和经济地设计结构和构件提供必要的理论基础和计算方法。

1.2　刚体、变形固体及其基本假设

　　自然界中的物体，其性质是复杂多样的。各学科为使所研究的问题得以简化，通常略去对所研究问题影响不大的次要因素，只考虑影响相关的主要因素，也就是将复杂问题抽

象化为只具有某些主要性质的理想模型。在工程力学这门学科中，将物体抽象成为两种力学模型：一种是刚体；另一种是理想变形固体。

1.2.1　刚体

刚体是指在任何外力作用下其形状和尺寸都绝对不变的物体。实际上，刚体是一种抽象化、理想化的力学模型，真正的刚体是不存在的，任何物体在外力作用下，其形状和尺寸总会有改变，也就是说总会发生变形。但在研究物体的平衡问题和对体系的几何组成分析时，这种变形对问题的影响甚微，可将物体视为刚体。

1.2.2　变形固体及其基本假设

变形固体是指在外力作用下其形状和尺寸会发生改变的物体。工程力学中，在对结构或构件作内力分析和承载能力计算时，物体的变形是不可忽略的主要因素，必须将物体视为变形固体。

变形固体是多种多样的，它们的性质十分复杂，为了便于研究，需要对变形固体作以下基本假设：

（1）连续性假设。此假设认为物体是由连续的介质组成，物体内部没有任何空隙。作此假设的目的是在研究物体的内力与变形时可用连续函数来表示。

（2）均匀性假设。此假设认为物体的性质各处都相同，不随位置而有变化。

（3）各向同性假设。此假设认为构成物体的材料沿不同方向都具有相同的力学性质，不随方向而有变化。这里的力学性质主要是指荷载与变形之间的关系。各方向力学性质相同的材料称为各向同性材料（如钢材），而各方向力学性质不相同的材料称为各向异性材料（如木材）。

（4）小变形假设。此假设认为物体在外力作用下产生的变形量与物体本身的几何尺寸相比是很微小的。

（5）完全弹性假设。物体在外力作用下产生的变形有两种：一种是当外力消除后变形随之消失，这种变形称为弹性变形；另一种是当外力消除后变形不能消失，这种变形称为塑性变形（或残余变形）。一般来说，物体受力后，既有弹性变形，又有塑性变形。但在实际工程中，当外力不超过一定范围时，塑性变形很小，可忽略不计，认为只有弹性变形，这种只有弹性变形的变形固体称为完全弹性体。

符合上述假设的变形固体称为理想变形固体。采用这种力学模型，大大方便了理论研究和计算方法的推导。尽管所得结果具有近似的准确性，但其精确度足可满足一般的工程要求。

应当指出，任何假设都不是主观臆造的，在假设的基础上所得的理论结果，还应经得起实验的验证。

任　务　小　结

（1）工程力学的研究对象是杆系结构。

（2）工程力学的任务是研究结构或构件的承载能力，包括结构的强度、刚度、稳定性。其中，强度指结构或构件抵抗破坏的能力，刚度指结构或构件抵抗变形的能力，稳定性指结构或构件保持原有形式平衡状态的能力。

（3）刚体是指在任何外力作用下其形状和尺寸都绝对不变的物体。

（4）变形固体是指在外力作用下其形状和尺寸会发生改变的物体。

（5）变形固体应满足连续性、均匀性、各向同性、小变形和完全弹性假设。

思　考　题

1. 何谓工程结构？

2. 工程力学的研究对象是什么？

3. 工程力学有哪两类理想力学模型？各有何假设？

课 后 练 习 题

一、填空题

1. 物体中，在任何外力作用下，大小和形状保持不变的物体为＿＿＿＿＿＿＿＿＿＿。

2. 在建筑物中承受荷载并传递荷载且起骨架作用的部分或体系称为＿＿＿＿＿＿＿＿。

3. 组成建筑结构的单个物体称为＿＿＿＿＿＿＿＿＿。

4. 结构或构件抵抗变形的能力称为＿＿＿＿＿＿＿＿。

5. 构件抵抗破坏的能力称为＿＿＿＿＿＿＿＿＿。

6. 构件保持原来平衡状态的能力称为＿＿＿＿＿＿＿＿。

二、选择题

1. 由长度尺寸远远大于横截面尺寸的构件组成的结构是（　　）。

A. 块体结构　　　　B. 薄壁结构　　　　C. 组合结构　　　　D. 杆系结构

2. 杆件的几何特征是（　　）。

A. 长度尺寸远远小于横截面尺寸　　　　B. 长度尺寸和横截面尺寸相近

C. 长度尺寸远远大于横截面尺寸　　　　D. 厚度尺寸远远小于另两个方向尺寸

3. 薄板或薄壳的几何特征是（　　）。

A. 厚度尺寸接近另外两个方向的尺寸　　B. 厚度尺寸比较小

C. 厚度尺寸远远小于另外两个方向的尺寸　D. 厚度尺寸远远大于另两个方向尺寸

4. 工程中的挡土墙和重力坝属于（　　）。

A. 块体结构　　　　B. 薄壁结构　　　　C. 组合结构　　　　D. 杆系结构

5. 刚度是指（　　）。

A. 结构或构件抵抗变形的能力　　　　　B. 结构或构件抵抗破坏的能力

C. 结构或构件抵抗拉断的能力　　　　　D. 结构或构件抵抗弯曲的能力

6. 强度是指（　　）。

A. 结构或构件抵抗变形的能力　　　　　B. 结构或构件抵抗破坏的能力

C. 结构或构件抵抗拉断的能力　　　　　D. 结构或构件抵抗弯曲的能力

7. 稳定性是指（　　）。

A. 结构或构件抵抗变形的能力　　　　　B. 结构或构件抵抗破坏的能力

C. 构件保持原来平衡状态的能力　　　　D. 结构或构件抵抗弯曲的能力

8. 各向同性假设认为,材料沿各个方向具有相同的 (　　)。

A. 外力　　　　　　　B. 变形　　　　　　　C. 位移　　　　　　　D. 力学性质

9. 衡量构件承载能力的主要因素是 (　　)。

A. 轴向拉伸或压缩　　　　　　　　B. 扭转

C. 弯曲　　　　　　　　　　　　　D. 强度、刚度和稳定性

任务2 静力学基础

学习目标：了解荷载的分类、内力和外力的概念；理解常见的几种约束类型的特点及其约束反力；掌握力、平衡的概念；掌握静力学的公理及其推论；掌握物体及物体系统的受力图的绘制。

2.1 力 的 概 念

2.1.1 力的概念

力是人们在长期的生活和生产实践中逐渐形成的。力是物体间相互的机械作用，这种作用使物体的运动状态发生改变（称为力的外效应），同时还会使物体发生变形（称为力的内效应）。

由力的定义可知，既然力是物体与物体之间的相互作用，因此，力不可能脱离物体而单独存在。也就是说，存在受力物体就必然存在施力物体。

2.1.2 力的三要素

实践证明，力对物体的作用效应取决于下列三个要素：

（1）力的大小。力的大小表明物体间相互作用的强弱程度。为了度量力的大小，应规定力的单位，在国际制单位中，力的单位是牛［顿］（N）或千牛［顿］（kN）。

（2）力的方向。力的方向包含有方位和指向两个含义。例如，重力的方向是"铅直向下"。

（3）力的作用点。力的作用点是指力对物体作用的位置。

力对物体的作用效果，取决于力的大小、方向和作用点。在这三个因素中，只要改变其中的一个因素，都会对物体产生不同的效果，所以，把力的大小、方向和作用点称为力的三要素。

2.1.3 力的表示法

（1）图示法。为了便于对物体作受力分析，常需要将力用图形表示出来。由力的三要素可知，力是有大小又有方向的量，所以力是矢量，可用一带箭头的线段来表示，这种表示方法称为力的图示法。

如图 2.1 所示，线段的长度（按选定的比例）表示力的大小；线段与某定直线的夹角表示力的方位，箭头表示力的指向；带箭头线段的起点 A（或终点 B）表示力的作用点。通过力的作用点沿力方向的直线 L，称为力的作用线。

（2）文字法。书写用大写黑体字母如 F、P、T 表示力矢量；手写用大写字母头上加一箭头如 $\vec{F}$、$\vec{P}$、$\vec{T}$ 表示力矢量。

2.1.4 力系的概念

为了便于研究和叙述，还要给出以下定义：

（1）**力系**——作用在物体上的一群力或一组力称为力系。

（2）**平面力系**——各力的作用线均位于同一平面内的力系称为平面力系。

（3）**空间力系**——各力作用线不在同一平面的力系称为空间力系。

（4）**平衡**——指物体相对于参考物（习惯以地球作为参考物）处于静止或作匀速直线运动的状态。

（5）**平衡力系**——使物体保持平衡状态的力系称为平衡力系。静力学主要研究平衡力系。

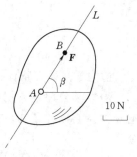

图 2.1

（6）**等效力系**——若作用在物体上的一个力系可用另一个力系来代替，而不改变原力系对物体的作用效应，则这两个力系称为**等效力系**。

（7）**合力、分力**——一个力，如果它产生的效果与几个力共同作用时产生的效果相同，那么这个力就叫这几个力的合力，合成合力的这几个力叫合力的分力。

2.2 荷 载 的 分 类

任何建筑物在建造过程中和建成后的使用过程中都要承受各种力的作用，如人和设备的重力、建筑物各部件的自重等，工程中习惯将这些主动作用在建筑物上的力称为荷载。

作用在结构或构件上的荷载是多种多样的，为了便于分析，将荷载按不同方式分为如下几种类型：

（1）按荷载的作用性质可分为静荷载和动荷载。大小、方向、作用位置都不随时间改变的荷载称为静荷载，如自重；大小、方向、作用位置随时间而改变的荷载称为动荷载，如地震力、冲击力、惯性力。

（2）按荷载作用时间的长短可分为恒荷载和活荷载。长期作用在结构上大小、方向、位置不变的荷载称为恒荷载，又称为永久荷载，如结构的自重、固定设备重等都为恒荷载；短时作用在结构上的荷载称为活荷载，如人群荷载、车辆荷载、风荷载、雪荷载等都为活荷载。

（3）按荷载作用范围的大小可分为集中荷载、分布荷载和体荷载。若荷载的作用范围与结构的尺寸相比很小时，可认为荷载集中作用于一点，这种集中作用于一点的荷载称为集中荷载，如车轮对地面的压力、柱子对面积较大的基础的压力等都为集中荷载，集中荷载包括集中力（单位：N 或 kN）和集中力偶（单位：N·m 或 kN·m）。分布作用在体积、面积和线段上的荷载称为分布荷载，如结构的自重、风荷载、雪荷载等都为分布荷载，分布荷载包括均布荷载，如板的自重和非均布荷载如水对坝的侧压力。体荷载是分布在整个构件内部各点上的，如重力、万有引力等。用理想的线荷载来代替狭长面积上的面荷载或狭长体积上的体荷载，对物体的平衡并无影响，但可使计算大为简化。

当以刚体为研究对象时，作用在结构上的分布荷载可用其合力（集中荷载）代替，这样可简化计算；但以变形体为研究对象时，作用在结构上的分布荷载则不能用其合力代替。

2.3　静 力 学 公 理

静力学是研究物体在力作用下处于平衡状态的规律的一门科学。

静力学公理是人们在长期的生产和生活实践中，经过反复观察和实验总结出来的普遍规律。它阐述了力的一些基本性质，是静力学理论的基础，它不需证明而被人们所公认。

2.3.1　二力平衡公理

公理：一刚体在两个力作用下，处于平衡状态，其必要和充分条件是：这两个力的大小相等、方向相反，作用在同一条直线上，如图 2.2 所示。

2.3.2　加减平衡力系公理

公理：在作用于刚体上的任意力系中，加上或减掉一个平衡力系，并不改变原力系对刚体的作用效应。

推论 I：力的可传性原理

作用在刚体上某点的力，可沿其作用线任意滑移至刚体上的任意一点，而不改变它对刚体的作用效应。

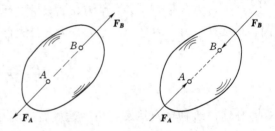

图 2.2

证明：设力 F 作用在物体的 A 点，如图 2.3（a）所示。根据加减平衡力系公理，可在力的作用线上任取一点 B，加上等值、反向、共线的 F_1 和 F_2 两个力，并且使 $F_2 = F_1 = F$，如图 2.3（b）所示。在图 2.3（b）中，F 和 F_1 是一个平衡力系，故可去掉，于是只剩下作用在 B 点的力 F_2，如图 2.3（c）所示。又因为力 F_2 与原力 F 等效，这就相当于在同一刚体内把作用于 A 点的力 F 沿其作用线滑移到了 B 点。

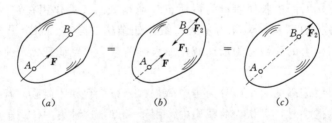

（a）　　　　　　　　（b）　　　　　　　　（c）

图 2.3

力的可传性原理告诉我们，力对刚体的效应与力的作用点在作用线上的位置无关。因此，力的三要素可改为：力的大小、方向和作用线。

2.3.3　平行四边形法则（公理）

公理：作用于物体上同一点的两个力，可以合成为一个合力，其合力作用线通过该点，合力的大小和方向由这两个力为邻边所构成的平行四边形的由该点出发的对角线表示。

如图 2.4（a）所示，F_1、F_2 为作用于物体上 A 点的两个力，以 F_1 和 F_2 为邻边作平行四边形 $ABCD$，其对角线 AC 表示两共点力 F_1 与 F_2 的合力 R。

这个公理说明力的合成遵循矢量加法，只有当两力共线时，才能用代数加法。由于平行四边形对应边相等，则力的平行四边形法则还可简化为力的三角形法则，如图 2.4（b）所示。力三角形的两边由两分力首尾相接组成，第三边即为合力，它由第一个分力的起点指向第二个分力的终点，即合力的作用点仍在两分力的交点处。

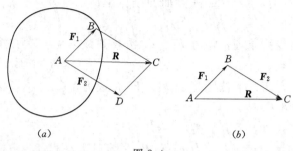

图 2.4

应当指出：力的平行四边形法则既是两个共点力的合成法则，又是力的分解法则。但将一个力按此法则进行分解时，若无条件限制，则有无穷多个解。因为由一条对角线可作出无穷多个平行四边形，如图 2.5（a）所示。也就是说，合力的分力有无穷多个，分力的合力只有一个。

要将一个力分解为两个力，必须给予附加条件，通常是将一个力分解为方向已知的两个分力。

设有一作用于 A 点的力 R，如图 2.5（b）所示，现将此力沿直线 AK 和 AL 方向分解，应用力的平行四边形法则，过 R 的终点 B 作两直线分别平行于 AK 和 AL，得交点 C 和 D，则 F_1 和 F_2 即为所求分力。

为了计算方便，在工程实际中，常将一个力 R 沿水平和铅垂方向如图 2.5（c）所示 x、y 方向进行分解，得出互相垂直的两个分力 F_x 和 F_y。这样可用简单的三角函数关系求得每个分力大小为

$$F_x = R\cos\alpha$$
$$F_y = R\sin\alpha$$

(2.1)

式中：α 为 R 和 x 轴之间的夹角。

力的平行四边形法则是力系简化的依据之一。

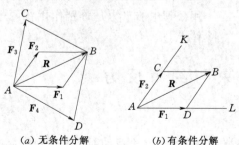 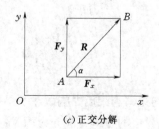

（a）无条件分解　　　　（b）有条件分解　　　　（c）正交分解

图 2.5

9

推论Ⅱ：三力平衡汇交定理

一刚体受三个共面不平行的力作用而处于平衡时，则这三力的作用线必汇交于一点。

证明：设有共面不平行的三个力 F_1、F_2、F_3 分别作用在同一刚体上的 A_1、A_2、A_3 三点而使刚体平衡，如图 2.6 所示。

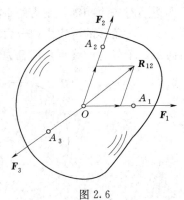

（1）根据力的可传性原理，将力 F_1、F_2 滑移到该两力作用线的交点 O 点。

（2）再用力的平行四边形法则将力 F_1、F_2 合成为合力 R_{12}，R_{12} 也作用在 O 点。

（3）因为 F_1、F_2、F_3 三力平衡，所以 R_{12} 应与力

图 2.6

F_3 平衡。又由二力平衡公理可知，力 F_3 和 R_{12} 一定是大小相等、方向相反、且作用在同一直线上，这就是说，力 F_3 必通过力 F_1、F_2 的交点 O，即证明 F_1、F_2、F_3 三力的作用线必汇于一点。

三力平衡汇交定理常用来确定物体在共面不平行的三个力作用下平衡时其中一个未知力的作用线。

2.3.4 作用和反作用公理

公理：两物体间相互作用的力，总是大小相等、方向相反，且沿同一直线，并分别作用在两个物体上。

这个公理说明了两物体间相互作用力的关系。力总是成对出现的，有作用力就必有反作用力，且总是同时产生又同时消失。

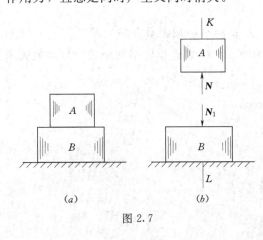

如图 2.7（a）中物体 A 放置在物体 B 上，N_1 是物体 A 对物体 B 的作用力，作用在物体 B 上，N 是物体 B 对物体 A 的反作用力，作用在物体 A 上。N_1 和 N 是作用力与反作用力的关系，即大小相等 $N_1 = N$，方向相反，沿同一直线 KL，如图 2.7（b）所示。

注意，二力平衡公理与作用和反作用公理是有区别的。区别在于：二力平衡公理中的二力是作用在同一物体上，而作用和反作用公理中的二力是分别作用在两个不同的物体上。

图 2.7

2.4 约束与约束反力

2.4.1 约束与约束反力的概念

自然界中的物体一般分为两类：一类是可在空间自由运动而不受任何限制的物体，称为自由体；另一类是在空间某些方向的运动受到与之相接触的其他物体限制的物体，称为

非自由体。

　　建筑工程中所研究的物体，一般都受到其他物体的限制，因此，绝大多数都是非自由体，通常把阻碍非自由体的限制物称为所研究物体的约束。例如，房屋的柱是楼板梁的约束，基础是柱的约束，桥墩是桥梁的约束。

　　由于约束限制了被约束物体的运动，即改变了被约束物体的运动状态。因此，约束必然受到被约束物体的作用力；与此同时，约束也给被约束物体以反作用力，这种力称为约束反力。约束反力的方向总是与被约束物体运动方向或运动趋势相反，约束反力的作用点在约束与被约束物体的接触处。为方便起见，约束反力简称反力，被约束物体简称物体。

　　在受力的物体上，那些使物体有运动或运动趋势的力称为主动力。主动力一般是已知的，可根据已有的资料确定得到；反力是由主动力引起，随主动力的改变而改变，故又称为被动力。反力是未知的，它除了与主动力有关外，还与约束的性质有关，而约束的性质是由约束的构造情况确定的，不同的构造情况将产生不同的反力。

2.4.2　工程中常见的约束类型

　　1. 柔体约束

　　（1）构造：由不计自重的绳索、链条和胶带等柔体构成的约束称为柔体约束。如图2.8所示，用钢绳起吊重物，则钢绳对重物的约束即为柔体约束。

　　（2）约束特点：只能受拉，不能受压。因为柔体约束只能限制物体沿着柔体中心线离开柔体的运动，而不能限制物体在其他方向的运动。

　　（3）约束反力：沿着柔体中心线而离开物体。

　　（4）常用字母：T，如图2.8所示 T_A、T_B。

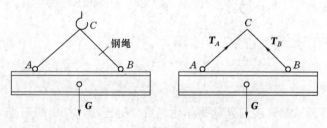

图2.8

　　2. 光滑接触面约束

　　（1）构造：物体与另一物体相互接触，当接触处的摩擦力很小略去不计时，两物体彼此的约束就是光滑接触面约束。

　　（2）约束特点：不论接触面的形状如何，都不能限制物体沿光滑接触面的公切线或离开接触面的运动，只能限制物体沿接触面的公法线指向接触面的运动，即约束和物体相互压紧才起到约束的作用。

　　（3）约束反力：通过接触点，沿着接触面的公法线指向物体。

　　（4）常用字母：N，如图2.9所示。

　　3. 圆柱铰链约束

　　圆柱铰链也称中间铰链，简称铰链，如门窗的合页便是铰链的实例。

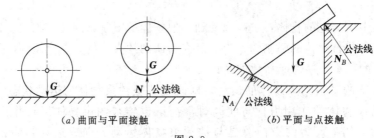

（a）曲面与平面接触　　　　　　　　　（b）平面与点接触

图 2.9

（1）构造：由一个圆柱形销钉插入两个物体的圆孔中构成，如图 2.10（a）所示，其简图如图 2.10（b）所示，且认为销钉与圆孔的表面很光滑，这样的铰链是理想的圆柱铰链。

（2）约束特点：销钉不能限制物体绕销钉转动，只能限制物体在垂直于销钉轴线的平面内沿任意方向的平动。

（3）约束反力：当物体相对于另一物体有运动趋势时，销钉与圆孔壁便在某处接触，由于接触处是光滑的，销钉的反力 R_c 沿接触点与销钉中心的连线作用，如图 2.10（c）所示。但由于接触点的位置一般不便确定，因此反力的方向是未知的，也就是说，圆柱铰链的反力 R_c 在垂直于销钉轴线的平面内，通过销钉中心，而方向未定。为了解决方向未定的问题，通常将 R_c 沿水平和铅垂两方向分解，指向待定。

（4）常用字母：合力 R，分力 X 和 Y，如图 2.10（d）所示。

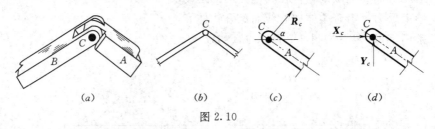

（a）　　　　　　（b）　　　　　　（c）　　　　　　（d）

图 2.10

4. 链杆约束

（1）构造：链杆就是两端与其他物体用光滑铰链连接，杆中间不受力，且不计杆自重的刚杆。它可以是直杆，也可以是曲杆或折杆，由于链杆只在两铰链处受力，因此，链杆又称为二力杆。如图 2.11 所示的支架，横杆 AB 在 A 端用铰链与墙连接，在图 2.11（a）中 B 处由 BC 直杆支承，而在图 2.11（b）中 B 处由 BC 曲杆支承，BC 杆不论是直杆还是曲杆，均可以看成是 AB 杆的链杆约束。

（2）约束特点：只能限制物体沿链杆两端铰中心的连线方向运动。

（3）约束反力：沿链杆两铰链中心的连线，其指向待定。因为由二力平衡公理可知，当链杆处于平衡状态时，其上所受的两个力必定大小相等、方向相反地作用在链杆两个铰链中心的连线上。因此按作用与反作用定律，链杆对物体的约束反力沿链杆两铰链中心的连线，其指向待定。

（4）常用字母：R_{BC}、R_{CB}。R_{BC} 和 R_{CB} 分别表示二力杆 BC 杆 B 端、C 端的约束反力，如图 2.11（a）、（b）所示。

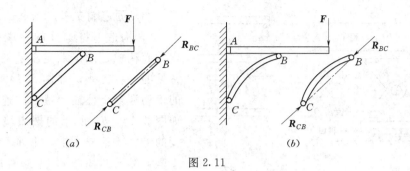

图 2.11

5. 支座

任何建筑结构（或构件），都必须安置在一定的支承物上，才能承受荷载达到正常使用的目的。在工程上常将支座固定在基础或另一静止的构件上，再将构件支承在支座上。支座对构件也是一种约束，支座对它所支承的构件的反力称为支座反力。

支座的构造是多种多样的，其具体情况也比较复杂，只有加以简化，归纳为几种类型，才便于分析计算。建筑结构的支座常见有以下几种形式。

（1）固定铰支座：

1）构造：用光滑圆柱铰链把结构物或构件与支座连接，称为固定铰支座，如图 2.12 (a) 所示，简图如图 2.12 (b) 所示。

2）约束特点：这种支座只能限制构件沿垂直于销轴轴线平面内任意方向的移动，但不能限制物体绕销轴发生转动。固定铰支座约束性能与圆柱铰链相同，因而其支座反力及常用字母都与圆柱铰链的相同。

3）支座反力：作用于接触点，垂直于销轴，并通过销轴轴线，其方向待定。

4）常用字母：合力 R，分力 X 和 Y，如图 2.12 (c) 所示。

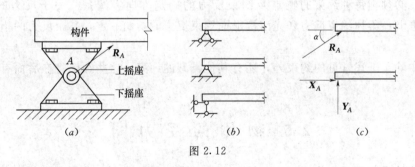

图 2.12

（2）可动铰支座：

1）构造：在固定铰支座底板与支承面之间安装若干个辊轴，如图 2.13 (a) 所示，简图如图 2.13 (b) 所示。

2）约束特点：这种支座只能限制构件沿支承面法线方向的移动（且使构件不能离开或靠近支承面），但不能限制物体沿支承面切线方向的移动和绕铰轴中心转动。

3）支座反力：通过铰链中心，垂直于支承面，其指向待定。

4）常用字母：R，如图 2.13 (c) 所示。

13

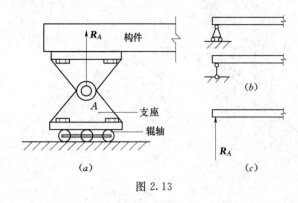

图 2.13

（3）固定端支座：

1）构造：将构件的一端插入一固定物而构成。固定端支座是工程结构中常见的一种支座。如图 2.14（a）所示的钢筋混凝土柱插入基础的连接端，又如图 2.14（b）所示的嵌入墙体一定深度的悬臂梁的嵌入端，都属于是固定端支座，其简图如图 2.14（c）所示。

2）约束特点：构件在连接处不发生任何相对移动和转动。因为连接处具有较大的刚性，被约束的构件在该处被完全固定。

3）支座反力：固定端支座反力分布较为复杂，但在平面问题中，可简化为阻止构件不能移动的两个分力和阻止构件不能转动的约束反力偶矩，方向待定。

4）常用字母：分力 X_A、Y_A，约束反力偶矩 m_A，如图 2.14（d）所示。

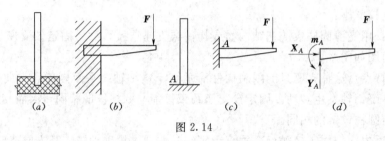

图 2.14

最后指出：上述几种约束是在以后学习中常遇见的，也是工程中比较典型的约束形式。因此，必须把每种约束的特点及约束反力的确定方向弄清楚。关于反力的指（转）向，予以强调：柔体约束反力和光滑接触面约束反力的指向一定，其余反力的指（转）向待定。

工程中除了上述常见的约束外，还有其他类型的约束，这些约束将在后面有关任务中介绍。

2.5 物 体 的 受 力 图

分析物体受到哪些力作用，哪些是已知力，哪些是未知力，并确定其未知力的方向的过程称为物体的受力分析。

2.5.1 受力图的概念

在对物体进行受力分析时，所要研究的物体称为研究对象。为了清晰地表明物体的受力情况，必须解除研究对象的全部约束，并将其从周围的物体中分离出来，单独画出它的简图。这种解除了约束被分离出来的研究对象称为分离体（脱离体）。在分离体上画出周围物体对它的全部作用力（包括主动力和反力），得到表示物体受力情况的图形称为分离体的受力图。

2.5.2　单个物体的受力图

选取合适的研究对象与正确画出受力图是解决力学问题的前提和依据。如果不会画受力图，则力学计算无法着手进行；如果受力图画错了，就不可能对实际问题进行正确的分析和求解。因此，画受力图是一项认真细致的工作，须认真对待，切实掌握。

画单个物体受力图的步骤如下：

（1）明确研究对象，画出研究对象分离体图。

（2）画分离体所受的主动力（三要素不变）。

（3）去约束，画分离体所受的约束反力。根据约束的类型和性能画出反力的作用位置和作用方向。

下面举例说明物体受力分析和画受力图的方法。

【例 2.1】　简支梁两端分别为固定铰支座和可动铰支座，在梁上 C 点作用一集中力 F，如图 2.15（a）所示，梁自重不计，试画出梁 AB 的受力图。

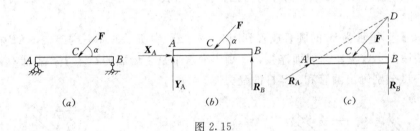

图 2.15

【解】　取梁 AB 为研究对象，作用在梁上的主动力为集中力 F，活动铰支座 B 的反力 R_B 铅直向上，固定铰支座 A 的反力用过 A 点的两个正交分力 X_A、Y_A 表示，画出梁 AB 的受力图，如图 2.15（b）所示。

由于该梁受三个力作用处于平衡，应用三力平衡汇交定理可确定 A 端支座反力 R_A 的方向，即主动力 F 与 B 端支座反力 R_B 两力作用线交于 D 点，而 R_A 的作用线必交于 D 点，所以梁 AB 的受力图还可画成如图 2.15（c）所示。

【例 2.2】　图 2.16（a）所示的悬臂梁 AB 受已知力 F_1 和 F_2 作用，不计梁自重，试画出梁 AB 的受力图。

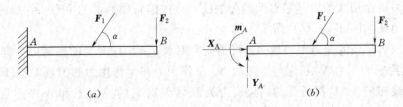

图 2.16

【解】　取梁 AB 为研究对象，它受主动力 F_1 和 F_2 作用，A 端为固定铰支座，它的反力可简化为两个正交分力 X_A、Y_A 和一个反力偶矩 m_A 表示。画出梁 AB 的受力图如图 2.16（b）所示。

2.5.3 物体系统的受力图

1. 物体系统的概念

由若干个物体通过一定的约束方式组成的系统，称为物体系统。

2. 画物体系统受力图的一般步骤

（1）明确研究对象，画出分离体图。根据题意选择合适的物体作为研究对象，研究对象可以是一个物体，也可以是几个物体组成的物体系统。

（2）画分离体所受的主动力（三要素不变）。

（3）画分离体所受的反力。注意：

1）从有主动力作用的构件或二力杆入手，根据约束的类型和特点画出反力的作用位置和作用方向。

2）中间铰处遵循作用与反作用公理。

3）画支座反力的顺序从简单到复杂，一般先画可动铰支座反力再画固定铰支座反力。

4）同一支座的反力在单个构件中与在整体中画法一致。

3. 举例

【例2.3】 重量为 W 的圆管放置到图2.17（a）中所示的简易构架中，AB 杆的自重为 G，A 端用固定铰支座与墙面连接，B 端用绳水平系于墙面的 C 点上，若所有接触面都是光滑的，试分别画出圆管和 AB 杆的受力图。

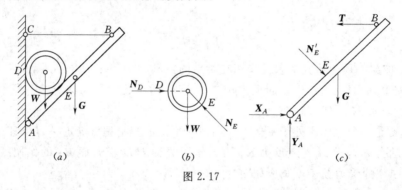

图 2.17

【解】 （1）先画圆管的受力图。取圆管为研究对象，它所受的主动力为圆管自重 W，墙面与杆分别在 D、E 两点作用于圆管的约束反力为 N_D 和 N_E。由于接触面光滑，所以 N_D、N_E 力的作用线均沿其接触面的公法线，通过圆管横截面的中心，并指向圆管。画出圆管的受力图如图2.17（b）所示。

（2）再画 AB 杆的受力图。取 AB 杆为研究对象，AB 杆所受的主动力为杆自重 G 和圆管在 E 点给它的压力 N_E'，它与上述的 N_E 是作用力与反作用力的关系，所以两者等值、反向、作用线相同。AB 杆所受的约束反力为 B 端绳对它的拉力 T 和 A 端固定铰支座给它的反力 X_A、Y_A。画出 AB 杆的受力图如图2.17（c）所示。

【例2.4】 在图2.18（a）所示的结构中，AD 杆 D 端受一力 F 作用，若不计杆件自重，试分别画出 AD 杆和 BC 杆的受力图。

【解】 （1）取折杆 BC 为研究对象，因不计杆自重，故杆上无主动力作用，又因杆的两端为铰链连接，其受到的约束反力应通过铰中心，即此折杆为二力杆。根据二力平衡条件可知：C、B 两铰链处的约束反力 R_B 和 R_C 必定大小相等，方向相反，作用线沿两铰链中心的连线，指向可先假定，画出受力图如图 2.18（c）所示。

（2）取 AD 杆为研究对象，其上有主动力 F、反力 R_C'、X_A 和 Y_A，其中，R_C' 与 R_C 是作用力与反作用力的关系。至于固定铰 A 处的两个相互垂直的反力 X_A 和 Y_A 的指向可先假定，画出受力图如图 2.18（b）所示。

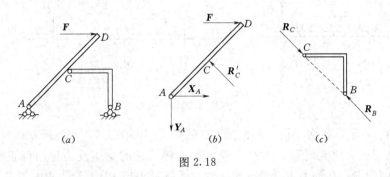

图 2.18

【例 2.5】 三铰刚架受力如图 2.19（a）所示，不计各杆自重，试分别画出刚架 AC、BC 部分和整体的受力图。

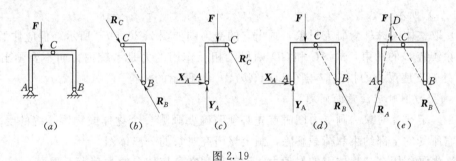

图 2.19

【解】 （1）先取右半刚架 BC 为研究对象，由于不计自重，它无主动力作用，且只在 B、C 两处受铰链的约束反力作用而平衡，故右半刚架 BC 为二力构件，其反力 R_B、R_C 必沿 B、C 两铰链中心连线方向，且 $R_B = R_C$，画出右半刚架 BC 的受力图如图 2.19（b）所示。

（2）又取左半刚架 AC 为研究对象，它受主动力 F 作用，在铰链 C 处受右半刚架的反力 R_C'，且 $R_C' = R_C$，在 A 端为固定铰支座的约束，它的反力可用正交分力 X_A 和 Y_A 表示，画出左半刚架 AC 的受力图如图 2.19（c）所示。

（3）再取整体为研究对象，它所受的力有主动力 F，固定铰支座 A、B 的反力 X_A、Y_A 和 R_B。画出整体刚架的受力图如图 2.19（d）所示。也可根据三力平衡汇交定理，画出整体刚架的另一受力图如图 2.19（e）所示。

【例 2.6】 图 2.20（a）所示的多跨梁受集中力 F 和均布线荷载 q 作用，梁的自重不计，试分别画出 ABC 梁、CD 梁和整体梁的受力图。

【解】 （1）取梁 CD 为研究对象，它受主动力 F 作用。D 处为可动铰支座，它的反力是作用线垂直于支承面的 R_D，指向假设向上；C 处为铰链约束，它的反力可用两个正

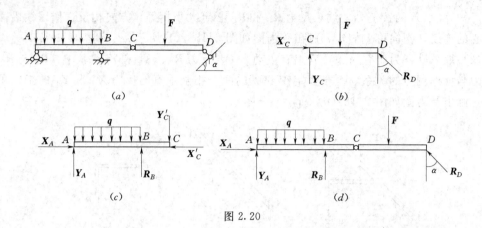

图 2.20

交分力 X_C、Y_C 表示，指向假设。画出梁 CD 的受力图如图 2.20（b）所示。

（2）取梁 AC 为研究对象，A 端为固定铰支座，它的支座反力可用两正交分力 X_A、Y_A 表示，指向假设；B 处为可动铰支座，它的支座反力用 R_B 表示，指向假设；C 处为铰链，它的反力可用两正交分力 X'_C、Y'_C 表示，它和作用在梁 CD 上的 X_C、Y_C 是作用力与反作用力的关系，其指向不能再作假设，应与 X_C、Y_C 指向相反。画出梁 AC 的受力图如图 2.20（c）所示。

（3）取整体梁 AD 为研究对象，画出它的受力图如图 2.20（d）所示。但应注意，因没有解除铰链 C 的约束，故 AC 和 CD 两段梁相互作用的力是系统内力而不要画出。A、B 和 D 处的支座反力的指向应与图 2.20（b）、（c）所示的相符。

4. 画受力图时应注意的问题

（1）确定研究对象。画受力图时首先必须明确要画哪一个物体或物体系统的受力图，然后把它所受的全部约束和荷载解除，画出该研究对象的分离体图。

（2）先画作用在分离体上的主动力，没有作用在分离体上的主动力不要画上。

（3）确定约束反力的个数。凡是研究对象与周围物体相接触处就一定有约束反力，不可随意增加或减少。

（4）约束反力的作用位置和方向一定要根据约束的类型来画，不可根据主动力的方向简单推断。

（5）在体系中有二力杆的要优先分析。

（6）注意作用力与反作用力的关系。在画作用力与反作用力时，两者必须画成作用线方位相同、指向相反。

（7）对物体系统进行分析时，同一约束反力同时出现在整体受力图和拆开画的部分物体的受力图中时，它的画法必须一致。

任 务 小 结

本任务讨论静力学的基本概念、静力学公理、常见的约束类型及物体受力分析的基本方法。

1. 基本概念

(1) 平衡：物体相对于参考物保持静止或作匀速直线运动的状态。

(2) 刚体：在任何外力作用下，大小和形状保持不变的物体。

(3) 力：物体间相互的机械作用，这种作用使物体的运动状态改变（外效应），或使物体形状改变（内效应）。力对物体的外效应取决于力的三要素：大小、方向和作用点（或作用线）。

(4) 约束：阻碍物体运动的限制物。约束阻碍物体运动或运动趋向的力，称为约束反力，简称反力。约束反力的方向根据约束的类型来决定，它总是与约束所能阻碍物体的运动方向或运动趋势相反。

2. 静力学公理

静力学公理揭示了力的基本性质，是静力学的理论基础。

(1) 二力平衡公理说明了作用在一个刚体上的两个力的平衡条件。

(2) 加减平衡力系公理是力系等效代换的基础。

(3) 力的平行四边形公理反映了两个力合成的规律。

(4) 作用与反作用公理说明了物体间相互作用的关系。

3. 物体受力分析

受力分析的基本方法是画受力图。在分离体上画出所受的全部作用力的图称为受力图。画受力图先要取出分离体，画约束反力时，要与被解除的约束类型一一对应。

思 考 题

1. 作用在刚体上大小相等、方向相同的两个力对刚体的作用是否等效？

2. 在"作用和反作用公理"与"二力平衡公理"中，两者都是两个力等值、反向、共线，问有什么不同？

3. 力的可传性原理的适用条件是什么？如思3图所示，能否根据力的可传性原理，将作用于 AC 杆上力 F 沿其作用线移至 BC 杆上？

4. 两个共面共点力的合力一定比其分力大吗？

5. 作用在刚体上的三个力位于同一平面内，其作用线汇交于一点，此刚体一定处于平衡状态吗？

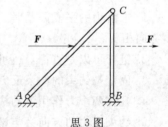

思 3 图

课 后 练 习 题

一、填空题

1. 若作用在物体上的一个力系可用另一个力系来代替，而不改变力系对物体的作用效应，则这两个力系称为_____。

2. 如果一个力产生的效果与几个力共同作用时产生的效果相同，那么这个力就称为这几个力的_____。

3. 长期作用在结构上大小、方向不变的荷载称为_____。

4. 若荷载的作用范围与结构的尺寸相比很小时，可认为这种荷载为_____。

5. 刚体在两个力作用下处于平衡状态的充要条件是：_____。

6. 力对刚体的效应与力的作用点在作用线上的位置_____（填"有"或"无"）关系。

7. 力的合成遵循_____加法；只有当两力共线时，才能用_____加法。

二、选择题

1. 只限制物体任何方向移动，不能限制物体转动的支座为（　　）支座。

A. 固定铰　　　B. 可动铰　　　C. 固定端　　　D. 光滑面

2. 只限制物体垂直于支承面方向的移动，不限制物体其他方向运动的支座称（　　）支座。

A. 固定铰　　　　B. 可动铰　　　　C. 固定端　　　　D. 光滑面

3. 既限制物体任何方向运动，又限制物体转动的支座称（　　）支座。

A. 固定铰　　　　B. 可动铰　　　　C. 固定端　　　　D. 光滑面

4. 光滑支承面对物体的约束力为：作用于接触点，其方向沿接触面的公法线（　　）。

A. 指向受力物体，为压力　　　　B. 指向受力物体，为拉力

C. 背离受力物体，为压力　　　　D. 背离受力物体，为拉力

5. 柔索约束的约束反力，作用在连接点，方向沿索（　　）。

A. 背离该被约束体，恒为压力　　　B. 背离该被约束体，恒为拉力

C. 指向该被约束体，恒为压力　　　D. 指向该被约束体，恒为拉力

6. 平衡状态是指物体相对于地球保持静止或（　　）。

A. 转动　　　　　　　　　　B. 匀速直线运动

C. 匀变速直线运动　　　　　D. 匀加速直线运动

三、判断题

1. 求解力的平衡问题时，未知力的计算结果若为负值，则说明该力的实际方向与假设方向相反。　　　　　　　　　　　　　　　　　　　　　（　　）

2. 链杆可以是直杆，也可以是曲杆或折杆。　　　　　　　　　　（　　）

3. 固定端约束的约束反力为一个力和一个力偶。　　　　　　　　（　　）

4. 凡在两个力作用下的构件称为二力构件。　　　　　　　　　　（　　）

5. 约束反力的方向必与该约束所能阻碍的运动方向相同。　　　　（　　）

6. 作用力与反作用力总是一对等值、反向、共线的力。　　　　　（　　）

7. 作用在物体上的力可以沿作用线移动，对物体的作用效果不变。（　　）

8. 力不可能脱离物体而单独存在。　　　　　　　　　　　　　　（　　）

9. 作用在不同物体上的两个力的大小相等、方向相反，且作用线在同一直线上，则这两个力是平衡力。　　　　　　　　　　　　　　　　　　　（　　）

10. 作用在刚体上某点的力，可沿其作用线任意移至任意一点，而不改变它对刚体的作用效应。

四、绘图题

1. 试分别画出题1图中各物体的受力图（凡未标出自重的物体均不计重力，接触处不计摩擦）。

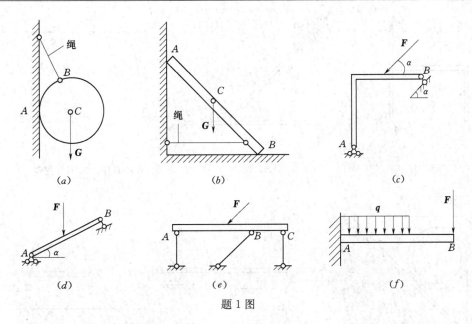

题 1 图

2. 试画出题 2 图所示的物体系统中指定物体的受力图（凡未标出自重的物体均不计重力，接触处不计摩擦）。

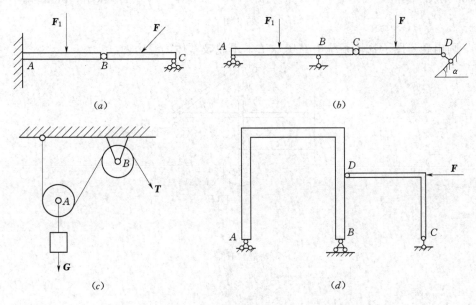

题 2 图

（1）画出图（a）中 BC 梁、AB 梁和整体的受力图。

（2）画出图（b）中 CD 梁、AC 梁和整体的受力图。

（3）画出图（c）中动滑轮 A 和定滑轮 B 的受力图。

（4）画出图（d）中刚架 AB、刚架 CD 和整体的受力图。

3. 画出下列题 3 图中指定物体的受力图，没有画出重力的物体都不考虑自重。

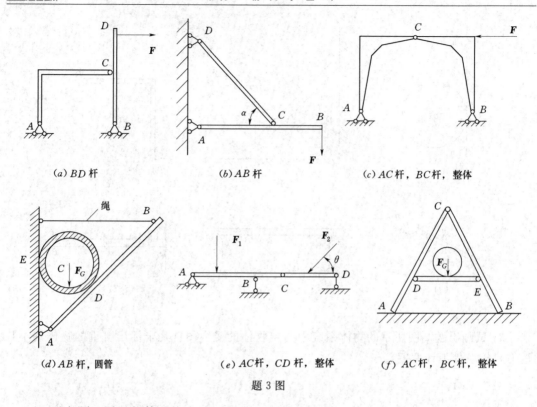

(a) BD 杆   (b) AB 杆   (c) AC杆，BC杆，整体

(d) AB 杆，圆管   (e) AC杆，CD 杆，整体   (f) AC杆，BC杆，整体

题 3 图

4. 画出题 4 图示物体系统中 AB、CD、滑轮及整体的受力图。

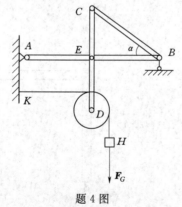

题 4 图

任务3 平面力系的合成与平衡

学习目标：了解平面力系的分类；理解力偶的性质、力的平移定理、平面力系的合成方法及其结果，考虑摩擦时物体平衡问题的解法；掌握力的投影和力矩的计算、平面力系的平衡方程及其应用；熟练使用平面力系的平衡方程解单个物体的平衡问题和物体系统的平衡问题。

工程中的力系有各种不同的类型，为便于研究，将力按其作用线所处位置可分为两大类：一类是平面力系，即各力的作用线均位于同一平面内的力系；另一类是空间力系，即各力作用线不在同一平面内的力系。

在平面力系中，**把各力的作用线均汇交于一点的力系称为平面汇交力系**，如图 3.1（a）所示；**把各力的作用线都相互平行的力系称为平面平行力系**，如图 3.1（b）所示；**把由多个力偶构成的力系称为平面力偶系**，如图 3.1（c）所示；**把各力的作用线既不汇交于一点又不相互平行的力系称为平面一般力系**，如图 3.1（d）所示。类似于平面力系的分类，空间力系也可分为空间汇交力系、空间平行力系、空间力偶系和空间一般力系。

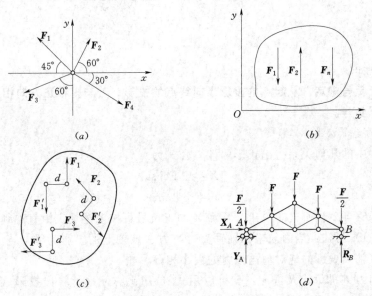

图 3.1 平面力系

在工程实际中，大多数力系都是空间力系，但由于空间力系中的各力处在空间的位置不同，对其进行力学计算多有不便，但其求解的思路和方法与平面力系基本相同，因此，我们只研究平面力系的合成与平衡问题。

3.1 平面汇交力系的合成

平面汇交力系是上述力系中最简单的一种力系。这里首先研究平面汇交力系，一方面是为了解决实际工程中遇到的这类静力学问题；另一方面是为研究更复杂的平面力系打下基础。

在工程力学中，要对物体作受力分析并进行力学计算，通常用到力在坐标轴上的投影。

3.1.1 力在直角坐标轴上的投影

1. 投影的大小

设力 F 作用在物体上某点 A 处，如图 3.2 所示。通过力 F 所在的平面内的任意点 O 作平面直角坐标系 xOy。从力 F 的两端点 A 和 B 分别向 x 轴作垂线，得垂足 a 和 b，并在 x 轴上得线段 ab，线段 ab 的长度称为力 F 在 x 轴上的投影的大小，用 X 表示。同样的方法也可以确定力 F 在 y 轴上的投影的大小为线段 $a'b'$ 的长度，用 Y 表示。投影为代数量。

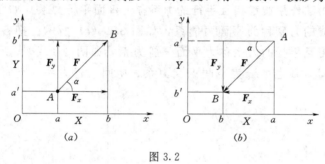

图 3.2

2. 投影的正负号

投影的正负号规定：从起点的投影指向终点的投影，若与坐标正方向相同，则投影取正号；反之取负号。

3. 投影的计算公式

从图 3.2 中的几何关系得出投影的计算公式为

$$\begin{cases} X = \pm F\cos\alpha \\ Y = \pm F\sin\alpha \end{cases} \tag{3.1}$$

式中：α 为力 F 与 x 轴所夹的锐角，X 和 Y 的正负号可按上述规定由直观判断来确定。

由式（3.1）可知：当力与坐标轴垂直时，力在该轴上的投影为零；当力与坐标轴平行时，力在该轴上投影的绝对值与该力的大小相等。

如果已知力 F 的大小及方向，就可以用式（3.1）方便地计算出投影 X 和 Y；反之，如果已知力 F 在 x 轴和 y 轴上的投影 X 和 Y，则由图 3.2 中的几何关系，可用式（3.2）确定力 F 的大小和方向：

$$\begin{cases} F = \sqrt{X^2 + Y^2} \\ \tan\alpha = \left| \dfrac{Y}{X} \right| \end{cases} \tag{3.2}$$

式中：α 为力 $\boldsymbol{F}$ 与 x 轴所夹的锐角，力 $\boldsymbol{F}$ 的具体方向可由 X、Y 的正负号确定。

【例 3.1】 试分别求出图 3.3 中各力在 x 轴和 y 轴上的投影。已知 $F_1 = 100\mathrm{N}$，$F_2 = 150\mathrm{N}$，$F_3 = F_4 = 200\mathrm{N}$，各力的方向如图 3.3 所示。

【解】 由式（3.1）可得出各力在 x 轴、y 轴上的投影为

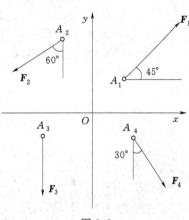

$$X_1 = F_1\cos 45° = 100 \times 0.707 = 70.7(\mathrm{N})$$
$$Y_1 = F_1\sin 45° = 100 \times 0.707 = 70.7(\mathrm{N})$$
$$X_2 = -F_2\cos 30° = -150 \times 0.866 = -129.9(\mathrm{N})$$
$$Y_2 = -F_2\sin 30° = -150 \times 0.5 = -75(\mathrm{N})$$
$$X_3 = F_3\cos 90° = 0$$
$$Y_3 = -F_3\sin 90° = -200 \times 1 = -200(\mathrm{N})$$
$$X_4 = F_4\cos 60° = 200 \times 0.5 = 100(\mathrm{N})$$
$$Y_4 = -F_4\sin 60° = -200 \times 0.866 = -173.2(\mathrm{N})$$

3.1.2 平面汇交力系的合成

图 3.3

1. 合力投影定理

平面汇交力系的合成问题，从理论上讲，可连续应用两共点力合成的平行四边形法则，就能将一个平面汇交力系进行合成。

设力 F_1、F_2 作用于物体上的 A 点，按力的平行四边形法则合成合力 $\boldsymbol{R}$。任选力系所在平面内 y 轴为投影轴，如图 3.4 所示。

F_1、F_2、$\boldsymbol{R}$ 在 y 轴上的投影分别为

$$Y_1 = Ob_1, \qquad Y_2 = -Ob_2, \qquad R_y = Ob$$

由几何关系得

$$R_y = Y_1 + Y_2$$

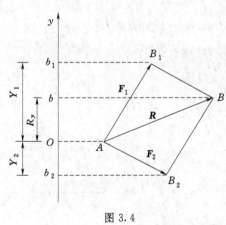

现推广到 n 个力汇交的力系。设一平面汇交力系 F_1、F_2、F_3、$\cdots$、F_n 作用于刚体上，按力的平行四边形法则依次合成，得该力系的合力 $\boldsymbol{R}$。在此力系所在平面内取一坐标系 xOy，将所有的力矢向 x 轴和 y 轴投影。

同理得

$$\begin{cases} R_x = X_1 + X_2 + \cdots + X_n = \sum X \\ R_y = Y_1 + Y_2 + \cdots + Y_n = \sum Y \end{cases} \tag{3.3}$$

于是可得结论：**平面汇交力系的合力在任一轴上的投影，等于力系中各分力在同轴上投影的代数和**。这就是**合力投影定理**。

图 3.4

2. 平面汇交力系合成的解析法

当平面汇交力系为已知时，如图 3.5 所示，可在其平面内选定一直角坐标系 xOy，先求出力系中各力在 x 轴和 y 轴上的投影，然后由合力投影定理得平面汇交力系的合力 $\boldsymbol{R}$ 在 x 轴和 y 轴上的投影分别为 $R_x = \sum X$、$R_y = \sum Y$。最后由式（3.2），求得合力的大小

和方位为

$$\begin{cases} R = \sqrt{R_x^2 + R_y^2} = \sqrt{(\sum X)^2 + (\sum Y)^2} \\ \tan\alpha = \left| \dfrac{R_y}{R_x} \right| = \left| \dfrac{\sum Y}{\sum X} \right| \end{cases} \tag{3.4}$$

式中：α 为合力 R 与 x 轴所夹的锐角。

合力的作用线通过力系的汇交点 O，具体指向或所在象限由 $\sum X$ 及 $\sum Y$ 的正负号确定，如图 3.6 所示。

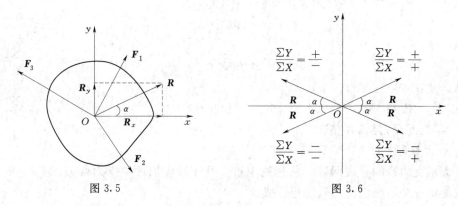

图 3.5　　　　　　　　　图 3.6

【例 3.2】　已知某平面汇交力系如图 3.7 所示，其中 $F_1 = 20\text{kN}$，$F_2 = 10\text{kN}$，$F_3 = 18\text{kN}$，$F_4 = 15\text{kN}$，试求该力系的合力。

【解】　（1）建立坐标系 xOy 如图 3.7 所示，计算合力在坐标轴上的投影：

$$R_x = \sum X = F_1\cos30° - F_2\cos30° - F_3\cos60° + F_4\cos45°$$
$$= 20 \times 0.866 - 10 \times 0.866 - 18 \times 0.5 + 15 \times 0.707$$
$$= 10.27(\text{kN})$$

$$R_y = \sum Y = F_1\sin30° + F_2\sin30° - F_3\sin60° - F_4\sin45°$$
$$= 20 \times 0.5 + 10 \times 0.5 - 18 \times 0.866 - 15 \times 0.707$$
$$= -11.2(\text{kN})$$

（2）求合力的大小：

$$R = \sqrt{R_x^2 + R_y^2} = \sqrt{(10.27)^2 + (-11.2)^2}$$
$$= 15.2(\text{kN})$$

（3）求合力的方向：

$$\tan\alpha = \left| \frac{R_y}{R_x} \right| = \frac{11.2}{10.27} = 1.09$$

即　　　　　　　　　　$\alpha = 47°28'$

因为 R_x 为正，而 R_y 为负，所以合力 R 作用在力系的汇交点 O 且在第四象限，指向右下方，如图 3.7 所示。

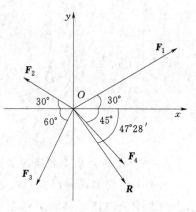

图 3.7

3.2 平面力偶系的合成

3.2.1 力矩的定义

从实践中知道，力对刚体的作用效应除了能使刚体移动外，还能使刚体转动，力对刚体的移动效应是用力矢来度量的，而力对刚体的转动效应则是用力矩来度量的。

人们在长期的生产实践中为了使物体转动或是为了省力，广泛使用了如杠杆、滑轮等简单机械，力矩的概念就是在使用这些简单机械的过程中逐渐建立起来的。

力使物体产生转动效应与哪些因素有关呢？现以扳手拧螺帽为例来说明。如图 3.8 所示，用扳手拧紧螺帽时，由实践体会到，手施力可使扳手绕螺帽中心转动；施力越大，螺帽越易转动；力的作用线离转动中心越远，螺帽也越易转动；当力的作用线与力的作用点到转动中心 O 点的连线不垂直时，则螺帽转动的效果就差；当力的作用线通过转动中心 O 点时，无论力 F 多大也不能扳动螺帽；只有当力的作用线垂直于转动中心与力的作用点的连线时，螺帽转动的效果为最好；另外，当力的大小和作用线不变而指向相反时，螺帽将向相反的方向转动。

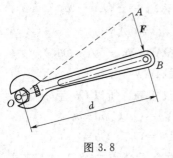

图 3.8

由此例可得规律为：力使物体绕某点转动的效果，不仅与力的大小成正比，而且还与转动中心到该力作用线的垂直距离 d 成正比。这个垂直距离 d 称为力臂，转动效果称为力对点之矩（简称力矩），转动中心称为力矩中心（简称矩心）。用力的大小与力臂的乘积来量度力使物体绕某点转动的效果。于是得：

（1）力矩的大小：Fd；也等于力的大小与转动中心构成的三角形 OAB 的面积的两倍。

（2）力矩的正负号：规定力使物体绕矩心逆时针转时取正，反之取负。力矩是代数量。

（3）力矩的表达式：

$$m_O(\boldsymbol{F}) = \pm Fd$$
$$= \pm 2S_{\triangle OAB} \tag{3.5}$$

（4）力矩的单位：N·m 或 kN·m。

由力矩的定义可得如下结论：

（1）力对点之矩不但与力的大小和方向有关，还与矩心位置有关。

（2）当力的大小为零或力的作用线通过矩心（即力臂 $d=0$）时，则力矩恒等于零。

（3）当力沿其作用线滑移时并不改变力对点之矩。

【例 3.3】 试计算图 3.9 中 $\boldsymbol{F}_1$、$\boldsymbol{F}_2$ 对 O 点的力矩。

【解】 从图 3.9 中可知力 $\boldsymbol{F}_1$ 和 $\boldsymbol{F}_2$ 对 O 点的力臂为 h 和 l_2。则有

$$m_O(\boldsymbol{F}_1) = F_1 h = F_1 l_1 \sin 30°$$
$$= 50 \times 0.5 \times 0.5 = 12.5 (\text{N·m})$$

$$m_O(\boldsymbol{F}_2) = -F_2 l_2$$
$$= -20 \times 0.9 = -18 \ (\text{N} \cdot \text{m})$$

3.2.2 合力矩定理

由前所述的力的平行四边形法则可知,两个共点力 $\boldsymbol{F}_1$ 和 $\boldsymbol{F}_2$ 对刚体的作用效应可用它的合力 $\boldsymbol{R}$ 来代替。这里所指的作用效应当然也包括刚体绕某点转动的效应,而力使物体绕某点的转动效应由力对该点的矩来度量,因此可得,两个共点力的合力对作用平面内任一点之矩应该等于两个分力对同一点之矩的代数和。

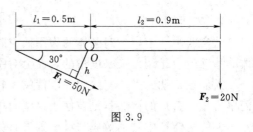

图 3.9

证明:设力 $\boldsymbol{F}_1$、$\boldsymbol{F}_2$ 作用于物体上的 A 点,其合力为 $\boldsymbol{R}$。任选力系所在平面内一点 O 为矩心,过 O 点并垂直于连线 OA 作为 y 轴,如图 3.10 所示。

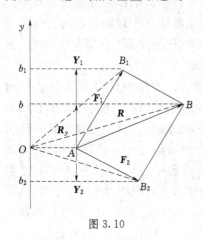

图 3.10

$\boldsymbol{F}_1$、$\boldsymbol{F}_2$、$\boldsymbol{R}$ 对 O 点之矩分别为

$$\begin{cases} m_O(\boldsymbol{F}_1) = 2S_{\triangle OAB_1} = OA \cdot Ob_1 \\ m_O(\boldsymbol{F}_2) = 2S_{\triangle OAB_2} = -OA \cdot Ob_2 \\ m_O(\boldsymbol{R}) = 2S_{\triangle OAB} = OA \cdot Ob \end{cases}$$

$$m_O(\boldsymbol{F}_1) + m_O(\boldsymbol{F}_2) = OA \cdot Ob_1 - OA \cdot Ob_2$$
$$= OA(Ob_1 - Ob_2)$$

因 AB_2 与 B_1B 平行且相等,所以 $Ob_2 = bb_1$

所以 $m_O(\boldsymbol{F}_1) + m_O(\boldsymbol{F}_2) = OA(Ob_1 - bb_1)$
$$= OA \cdot Ob = m_O(\boldsymbol{R})$$

这里的证明虽是以两个汇交点力及其合力来求证的,但可以推广到平面 n 个力汇交的情形。

因此得出:**平面汇交力系的合力对平面内任一点的矩,等于力系中各分力对同一点力矩的代数和**。此结论称为**合力矩定理**,用公式表示为

$$m_O(\boldsymbol{R}) = m_O(\boldsymbol{F}_1) + m_O(\boldsymbol{F}_2) + \cdots + m_O(\boldsymbol{F}_n) = \sum m_O(\boldsymbol{F}) \tag{3.6}$$

合力矩定理给出了力系的合力与分力对同一点力矩的关系,可用来简化力矩的计算。例如在计算力对某点的力矩时,有时力臂不易求出,可将此力分解为相互垂直的两个分力,若两个分力对该点的力臂已知,即可方便地求出两分力对该点的力矩代数和,从而求得此力对该点之矩。

【例 3.4】 试计算图 3.11 力 $\boldsymbol{F}$ 对 A 点的力矩。

【解】 解法1:由力矩的定义计算力 $\boldsymbol{F}$ 对 A 点的力矩:

$$m_A(\boldsymbol{F}) = Fd = F \cdot AD\sin\alpha$$
$$= F(AB - DB)\sin\alpha$$
$$= F(AB - BC\cot\alpha)\sin\alpha$$
$$= F(a - b\cot\alpha)\sin\alpha$$
$$= F(a\sin\alpha - b\cos\alpha)$$

解法 2：用合力矩定理计算力 F 对 A 点的力矩。

将力 F 在 C 点分解为正交的两个分力 F_x、F_y。

由合力矩定理得

$$m_A(F) = m_A(F_x) + m_A(F_y)$$
$$= -F_x b + F_y a$$
$$= -F\cos\alpha b + F\sin\alpha a$$
$$= F(a\sin\alpha - b\cos\alpha)$$

由此可见，两种解法的结果是相同的，但在解法 1 中，由几何关系推求力臂较麻烦，而在解法 2 中，由合力矩定理计算则较为简便。

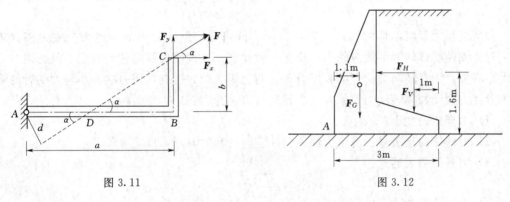

图 3.11   图 3.12

【例 3.5】 已知 1m 长挡土墙的自重 $F_G = 80kN$，承受铅直土压力 $F_V = 100kN$ 和水平土压力 $F_H = 120kN$ 作用，如图 3.12 所示。试分析挡土墙是否绕 A 点倾倒。

【解】 挡土墙受自重和土压力作用，其中水平土压力 F_H 对 A 点的力矩 $m_倾$ 有使挡土墙绕 A 点倾倒的趋势，而自重 F_G 和铅垂土压力 F_V 对 A 点的力矩 $m_抗$ 起着抵抗倾倒的作用。若 $m_抗 > m_倾$，则挡土墙不会绕 A 点倾倒；若 $m_抗 < m_倾$，则挡土墙将会绕 A 点倾倒。

$$m_倾 = m_A(F_H) = 120 \times 1.6 = 192 \ (kN \cdot m)$$
$$m_抗 = m_A(F_G) + m_A(F_V)$$
$$= -80 \times 1.1 - 100 \times (3-1)$$
$$= -288 (kN \cdot m)$$

由于 $|m_抗| > |m_倾|$，因此挡土墙不会绕 A 点倾倒。

3.2.3 力偶及其基本性质

1. 力偶的概念

在生产和生活实践中，为了使物体发生转动，常在物体上施加两个大小相等、方向相反、不共线的平行力。例如，汽车司机用双手转动方向盘驾驶汽车；钳工用丝锥攻丝时双手加力于丝锥手柄上如图 3.13 所示。

当大小相等、方向相反、不共线的两个平行力 F 和 F' 作用在同一物体上时，它们的作用效果可使物体产生转动效应。力学上把这种由大小相等、方向相反、不共线的两个平行力组成的力系，称为力偶，用符号（F，F'）表示。力偶的两力之间的距离 d 称为力

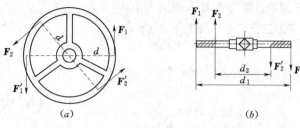

图 3.13

偶臂。

力偶不能再简化为更简单的形式，所以力偶同力一样被看成组成力系的基本元素。

2. 力偶矩

如何度量力偶对物体的作用效果呢？由实践可知，组成力偶的力越大，或力偶臂越长，则力偶使物体转动的效应越强；反之，就越弱。这说明力偶的转动效应不仅与两个力的大小有关，而且还与力偶臂的长短有关。与力矩类似，因此，用力的大小与力偶臂的乘积来量度力偶使物体转动的效果，这个转动效果称为力偶矩，于是得

（1）力偶矩的大小：Fd。

（2）力偶矩的正负号：规定力偶使物体逆时针转时取正，反之取负。

（3）力偶矩的表达式：

$$m(\boldsymbol{F}, \boldsymbol{F}') = m = \pm Fd \tag{3.7}$$

（4）力偶矩的单位：N·m 或 kN·m。

力偶在其作用面内除了用两个平行反向等值的力表示外，通常也可以用一个带箭头的弧线来表示，箭头表示力偶的转向，m 表示力偶矩的大小，如图 3.14 所示。

3. 力偶的基本性质

力和力偶是力学中两个基本要素，力偶与力比较，具有不同的性质，现分述如下。

性质 1：力偶在任意轴上的投影等于零。

证明：力偶的这一性质可由力偶的定义和合力投影定理来验证，由于力偶中的两个力大小相等、方向相反、作用线平行，设力与 x 轴的夹角为 α，如图 3.15 所示。现求它们在任一轴 x 上的投影，由合力投影定理得

$$\sum X = F\cos\alpha - F'\cos\alpha = F\cos\alpha - F\cos\alpha = 0 \tag{3.8}$$

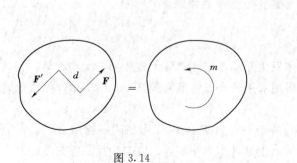

图 3.14

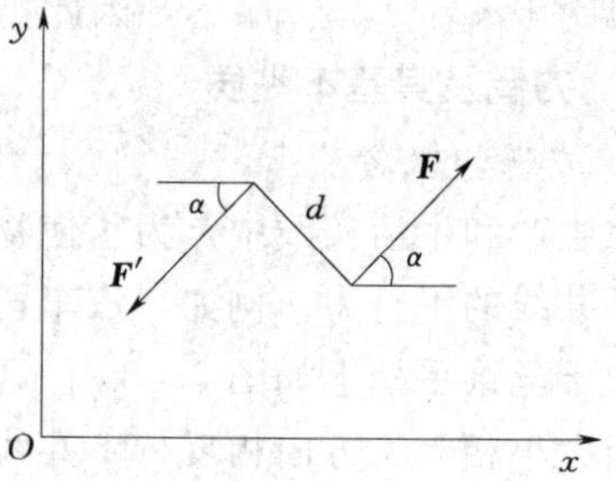

图 3.15

性质 2：力偶没有合力，故不能用一个力来代替，也不能用力来平衡，力偶只能与力偶平衡。

证明：图 3.15 中由式（3.8）同理得 $\sum Y = 0$，再由式（3.4）得合力 $R = 0$。

性质 3：力偶对其作用面内任一点的矩恒等于力偶矩，而与矩心位置无关。

由于力偶由两个力组成，它的作用效应是使物体产生转动，因此，力偶对物体的转动效应可用力偶中的两个力对其作用面内某点的矩的代数和来度量。

证明：设一力偶（$\boldsymbol{F}$，$\boldsymbol{F}'$），其力偶臂为 d，如图 3.16 所示。在力偶作用面内任取一点 O 为矩心。则有

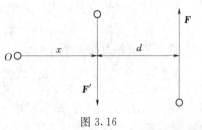

$$m_O(\boldsymbol{F}, \boldsymbol{F}') = m_O(\boldsymbol{F}_1) + m_O(\boldsymbol{F}')$$
$$= F(d+x) - F'x = Fd = m$$

由此可见：力偶的作用效应决定于力的大小和力偶臂的长短，而与矩心的位置无关。

图 3.16

性质 4：在同一平面内的两个力偶，如果它们的力偶矩大小相等，转向相同，则这两个力偶等效。这个性质称为力偶的等效性。

4. 推论

从以上性质可以得到：

推论 Ⅰ：只要保持力偶矩的大小和转向不变，力偶可在其作用面内任意转动和移动，而不改变它对物体的转动效应。也就是说，力偶对物体的作用效应与它在作用平面的位置无关。

推论 Ⅱ：只要保持力偶矩的大小和转向不变，可以同时改变组成力偶的力的大小和力偶臂的长短，而不改变力偶对物体的转动效应。

用这两个推论可将力偶矩 $m = 100\text{N} \cdot \text{m}$ 图示为图 3.17 中的多种情形。

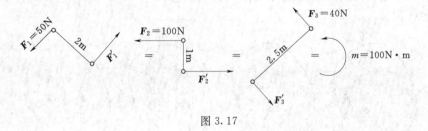

图 3.17

5. 力偶的三要素

从以上分析可知，力偶对物体的转动效应完全取决于力偶矩的大小、力偶的转向和力偶的作用面。这就是力偶的三要素。不同的力偶只要它们的这三个要素相同，则对物体的转动效应是相同的。

3.2.4 平面力偶系的合成

由多个力偶构成的力系称为力偶系，由多个力偶构成的平面力系称为平面力偶系。力偶对物体的作用效应是使刚体发生转动，平面力偶系对刚体的作用效应也是使刚体发生转动。如何度量力偶系对刚体作用的总效应呢？这就是平面力偶系的合成问题。对此，可应用力偶的性质及推论来研究这一问题。

（1）如图 3.18（a）所示：设作用于刚体同一平面内的三个力偶（F_1，F_1'）、（F_2，F_2'）、（F_3，F_3'），它们的力偶臂分别为 d_1、d_2、d_3。

用 m_1、m_2、m_3 分别代表这三个力偶的力偶矩，即

$$m_1 = F_1 d_1 , \quad m_2 = F_2 d_2 , \quad m_3 = -F_3 d$$

（2）如图 3.18（b）所示：根据推论 Ⅱ，将这三个力偶中的力和力偶臂同时加以改变，并使它们的力偶臂都等于 d，得到三个新力偶（P_1，P_1'）、（P_2，P_2'）、（P_3，P_3'）。

它们的力偶矩应分别与原力偶的力偶矩相等，即

$$m_1 = P_1 d , \quad m_2 = P_2 d , \quad m_3 = -P_3 d$$

新力偶中各力的大小分别为

$$P_1 = \frac{|m_1|}{d} , \quad P_2 = \frac{|m_2|}{d} , \quad P_3 = \frac{|m_3|}{d}$$

（3）如图 3.18（c）所示：取一线段 $AB = d$，又根据推论 Ⅰ，把这三个新力偶分别转移，使它们的力偶臂均与 AB 重合。

（4）如图 3.18（d）所示：分别将作用于 A、B 两点的共线力系合成，得

$$R' = P_1' + P_2' - P_3' , \quad R = P_1 + P_2 - P_3$$

（5）结论：力 R 与 R' 的大小相等，方向相反；作用线平行但不共线，即组成一力偶（R，R'），如图 3.18（d）所示。此力偶（R，R'）称为原三个力偶的合力偶，其力偶矩为

$$M = Rd = (P_1 + P_2 - P_3)d = P_1 d + P_2 d - P_3 d = m_1 + m_2 + m_3 = \sum_{i=1}^{3} m_i$$

若有 n 个力偶，其力偶矩为 m_1，m_2，m_3，$\cdots$，m_n，仍可用上述方法合成，即

$$M = m_1 + m_2 + \cdots + m_n = \sum_{i=1}^{n} m_i \tag{3.9}$$

于是得出结论：平面力偶系合成的结果是一个合力偶，其合力偶矩等于原力偶系中各分力偶矩的代数和。

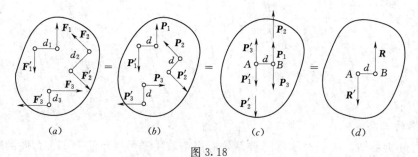

图 3.18

3.3 平面一般力系的合成

平面一般力系是指各力的作用线位于同一平面内但既不全汇交于一点也不全相互平行的力系，又称为平面任意力系。例如，图 3.19 所示的简支刚架受到荷载及支座反力的作用，这个力系就是一个平面一般力系。

又例如，图 3.20 所示的三角形屋架，它的厚度比其他两个方向上的尺寸小很多，如果

忽略它与其他屋架之间的联系，将它单独分离出来，这种结构称为平面结构，它承受屋面传来的竖向荷载 F 以及两端支座反力 X_A、Y_A、R_B 这些力组成平面一般力系。

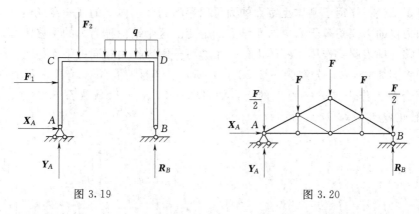

图 3.19　　　　　　　　　　图 3.20

在工程实际中，有些结构虽然本身不是平面结构，且所受的力也不分布在同一平面内，但如果结构本身（包括支座）及其所受的荷载有一个共同的对称面，那么，作用在结构上的力系可简化为在对称面内的平面力系。

例如，图 3.21（a）所示的重力坝，其坝纵向较长，横截面相同，且坝受力情况沿纵向不变，则坝的任一横截面均可视为是对称平面。因此，对其作受力分析时，通常沿纵向截取单位长度的坝段来进行受力分析，即将作用于该坝段上的空间力系简化为位于坝段中心平面内的平面一般力系，如图 3.21（b）所示。

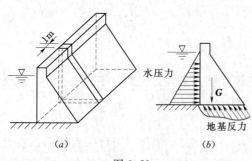

图 3.21

总之，工程实际中的许多问题一般都可简化为平面一般力系的问题来处理，因此，平面一般力系是工程中最常见也是最重要的力系。

3.3.1　力的平移定理

力的可传性原理表明，力可以沿其作用线滑移到刚体上的任一点，而不改变力对刚体的作用效应；但当力在刚体上平行移动到作用线以外的任一点时，力对刚体的作用效应将会改变。对此问题是不难理解的，例如，处于平衡状态的秤杆，如果把秤锤稍作平移，秤杆就会翘起来或埋下去，即秤杆的平衡状态发生改变。

为了将力等效平移，需要什么样的附加条件呢？下面就来分析这个问题。

设力 F 作用于刚体上的 A 点，要将力 F 等效平移到刚体上任意一点 B，如图 3.22（a）所示。为此，根据加减平衡力系公理，在 B 点加上两个等值、反向共线的平衡力 F' 和 F''，并使它们的作用线与力 F 平行，且令 $F'=F''=F$，如图 3.22（b）所示。则由力 F、F'、F'' 所组成的力系与原来的力 F 等效。由于力 F'' 与 F 等值、反向、平行，它们组成一个力偶（F，F''）。于是，作用在 B 点的力 F' 和力偶（F，F''）与原力 F 等效；又由于 $F'=F$，这样就把作用于 A 点的力 F 平移到了 B 点，但同时附加一个力偶，如图 3.22（c）所示。

由图 3.22 可知，附加力偶的力偶矩为

$$m = Fd = m_B(\boldsymbol{F}) \tag{3.10}$$

式中：d 为力 $\boldsymbol{F}$ 的作用线至 B 点的垂直距离。

由此可得结论：**作用于刚体上某点的力可以平移到此刚体上的任一点，但须附加一个力偶，附加力偶的力偶矩等于原力对平移点的力矩。这个结论称为力的平移定理。**

力的平移定理表明：作用于刚体上的一个力可分解为作用在同一平面内的一个力和一个力偶，如将图 3.22（a）分解为图 3.22（c）所示。当然，也可以将同一平面内一个力和一个力偶合成为作用在另一点上的力，如将图 3.22（c）合成为图 3.22（a）和将图 3.23（a）转化成图 3.23（b）所示。

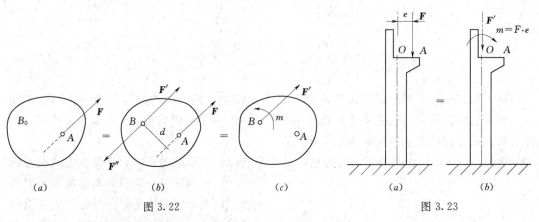

图 3.22　　　　　　　　　　　　　　　　　　图 3.23

3.3.2　平面一般力系的合成

对平面一般力系的合成，是应用力的平移定理，将力系各力向所在平面内任一点进行平移简化，下面介绍这一合成方法。

1. 平面一般力系向作用平面内任一点简化

设在某刚体上作用一平面一般力系（$\boldsymbol{F_1}$，$\boldsymbol{F_2}$，…，$\boldsymbol{F_n}$），如图 3.24（a）所示。在力系所在平面内任选一点 O 作为简化中心，根据力的平移定理，将力系中各力平行移动到 O 点。于是原力系便简化为作用于 O 点的平面汇交力系（$\boldsymbol{F_1'}$，$\boldsymbol{F_2'}$，…，$\boldsymbol{F_n'}$）和相应的附加力偶系（m_1，m_2，…，m_n），如图 3.24（b）所示。其中，$F_1 = F_1'$，$F_2 = F_2'$，…，$F_n = F_n'$；$m_1 = M_O(\boldsymbol{F_1})$，$m_2 = M_O(\boldsymbol{F_2})$，…，$m_n = M_O(\boldsymbol{F_n})$；进一步合成结果如下：

（1）作用在简化中心的新的平面汇交力系（$\boldsymbol{F_1'}$，$\boldsymbol{F_2'}$，…，$\boldsymbol{F_n'}$）可合成为一个合力 $\boldsymbol{R'}$，它等于 $\boldsymbol{F_1'}$，$\boldsymbol{F_2'}$，…，$\boldsymbol{F_n'}$ 的矢量和。即

$$\boldsymbol{R'} = \boldsymbol{F_1'} + \boldsymbol{F_2'} + \cdots + \boldsymbol{F_n'} = \boldsymbol{F_1} + \boldsymbol{F_2} + \cdots + \boldsymbol{F_n} = \sum \boldsymbol{F} \tag{3.11}$$

矢量 $\boldsymbol{R'}$ 称为原力系的主矢，它等于原力系中各力的矢量和，其大小和方向可用解析法计算，通过 O 点作直角坐标系 xOy，由合力投影定理得

$$\begin{cases} R_x' = X_1 + X_2 + \cdots + X_n = \sum X \\ R_y' = Y_1 + Y_2 + \cdots + Y_n = \sum Y \end{cases}$$

于是，主矢 $\boldsymbol{R'}$ 的大小和方向可由式（3.12）确定：

$$\begin{cases} R' = \sqrt{R_x'^2 + R_y'^2} = \sqrt{(\sum X)^2 + (\sum Y)^2} \\ \tan\alpha = \left| \dfrac{R_y'}{R_x'} \right| = \left| \dfrac{\sum Y}{\sum X} \right| \end{cases} \tag{3.12}$$

（2）附加的平面力偶系可以合成为一个合力偶，合力偶矩为

$$M_O = m_1 + m_2 + \cdots + m_n$$
$$= M_O(\boldsymbol{F}_1) + M_O(\boldsymbol{F}_2) + \cdots + M_O(\boldsymbol{F}_n)$$
$$= \sum M_O \tag{3.13}$$

式中：M_O 为原力系的主矩，它等于原力系中各力对简化中心 O 点之矩的代数和，如图 3.24（c）所示。

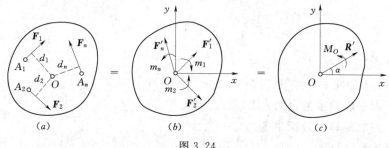

图 3.24

综上所述，可得结论：平面一般力系向作用面内任一点简化，可得一个力和一个力偶。这个力的作用线通过简化中心，称为原力系的主矢，它等于原力系中各力的矢量和；这个力偶作用于原力系的作用面内，其力偶矩称为原力系对简化中心的主矩，它等于原力系中各力对简化中心的力矩的代数和。

显然，主矢 $\boldsymbol{R}'$ 与简化中心的位置无关，而主矩 M_O 则一般与简化中心的位置有关。这是因为如改变简化中心的位置，则各附加力偶的力偶臂也将发生改变的缘故。因此，对于主矩必须标明它所对应的简化中心。

2. 简化结果的讨论

平面一般力系向作用面内任一点简化后，一般可得到一个力和一个力偶，但这不是最后的合成结果，因此有必要根据力系的主矢和主矩这两个量可能出现的几种情况作进一步讨论。

（1）若 $R'=0$，$M_O \neq 0$，说明原力系与一个力偶等效，原力系是一个平面力偶系。这个力偶就是原力系的合力偶，合力偶矩等于原力系对简化中心的主矩。只有在这种情况下，主矩才与简化中心的位置无关，也就是说，原力系无论向哪一点简化都是一个力偶矩保持不变的力偶。

（2）若 $R' \neq 0$，$M_O = 0$，则说明原力系只与一个力等效，主矢 $\boldsymbol{R}'$ 就是原力系的合力，作用线通过简化中心。

（3）若 $R' \neq 0$，$M_O \neq 0$，如图 3.25（a）所示，这说明此简化不是最后结果，根据力的平移定理的逆过程，还可进一步简化为一个作用于另一 O' 点的合力 $\boldsymbol{R}$。

对此，将力偶矩为 M_O 的力偶用两个反向平行力 $\boldsymbol{R}$、$\boldsymbol{R}''$ 表示，且使力的大小 $R=R'=R''$，如图 3.25（b）所示。因为力 $\boldsymbol{R}'$ 与 $\boldsymbol{R}''$ 相互平衡，故可取消，所以原力系最后合成为一个合力 $\boldsymbol{R}$，此力即为原力系的合力，如图 3.25（c）所示。合力 $\boldsymbol{R}$ 的大小和方向与原力系的主矢 $\boldsymbol{R}'$ 相同，合力的作用线到简化中心的垂直距离为

$$d = \frac{|M_O|}{R'} = \frac{|M_O|}{R} \tag{3.14}$$

合力 R 在 O 点的哪一侧，由 R 对 O 点的矩的转向与主矩 M_O 的转向相一致来确定。顺着 R' 的方向看，当 $M_O > 0$ 时，合力 R 在主矢 R' 的右侧；当 $M_O < 0$ 时，合力 R 在主矢 R' 的左侧。

（4）若 $R' = 0$，$M_O = 0$，则原力系与零等效，即力系平衡。

由以上分析，还可导出平面一般力系的合力矩定理。由图 3.25（c）可见，合力 R 对 O 点的力矩为

$$M_O(\boldsymbol{R}) = Rd = |M_O|$$

而

$$M_O = \sum M_O$$

则

$$M_O(\boldsymbol{R}) = \sum M_O \tag{3.15}$$

因为 O 点是任选的，所以式（3.15）具有普遍意义。于是得到**合力矩定理**：平面一般力系的合力对其作用面内任一点之矩等于力系中各力对同一点之矩的代数和。

平面一般力系的合力矩定理同样可应用于简化力矩的计算；也可用来求平面一般力系的合力的作用线位置。

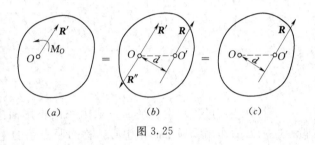

图 3.25

【例 3.6】 已知挡土墙受自重 $G = 400\text{kN}$，水压力 $Q = 150\text{kN}$，土压力 $P = 300\text{kN}$ 作用，各力的方向及作用点位置如图 3.26（a）所示。试将这三个力向底面中心 O 点简化，并求简化的最后结果。

【解】 （1）以底面中心 O 点为简化中心，将各力向 O 点平移，并取坐标系如图 3.26（b）所示。

（2）计算主矢 R' 和主矩 M_O。由式（3.12）求得

$$R'_x = \sum X = Q - P\cos45° = 150 - 300 \times 0.707 = -62.1(\text{kN})$$

$$R'_y = \sum Y = -P\sin45° - G = -300 \times 0.707 - 400 = -612.1(\text{kN})$$

$$R' = \sqrt{R'^2_x + R'^2_y} = \sqrt{(\sum X)^2 + (\sum Y)^2}$$

$$= \sqrt{(-62.1)^2 + (-612.1)^2}$$

$$= 615.2(\text{kN})$$

$$\alpha = \arctan\left|\frac{\sum Y}{\sum X}\right| = \arctan\left|\frac{-612.1}{-62.1}\right| = 84°12'$$

因为 $\sum X$ 和 $\sum Y$ 均为负值，故 R' 指向第三象限且与 x 轴之夹角为 α。

又由式（3.13）求得

$$M_O = \sum M_O(\boldsymbol{F})$$

$$= -Q \times 1.8 + P\cos45° \times 3\sin60° - P\sin45° \times (3 - 3\cos60°) + G \times 0.8$$

$$= -150 \times 1.8 + 300 \times 0.707 \times 3 \times 0.866 - 300 \times 0.707 \times (3 - 3 \times 0.5) + 400 \times 0.8$$

$$= 282.9(\text{kN})$$

计算结果为正值，表明主矩 M_O 是逆时针转向，首次简化结果如图 3.26（c）所示。

（3）求合力的作用点位置。

因为主矢 $R'\neq0$，主矩 $M_O\neq0$，所以还可进一步合成为一个合力 R，R 的大小和方向与 R' 相同，它的作用线与 O 点的距离为

$$d=\frac{|M_O|}{R'}=\frac{282.9}{615.2}=0.46(\text{m})$$

又因 $M_O>0$，即合力 R 应在 O 点左侧，如图 3.26（d）所示。

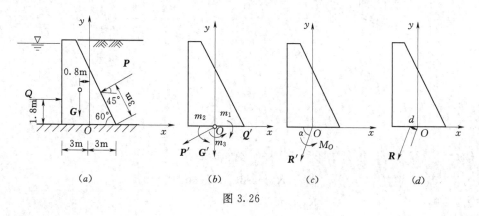

图 3.26

3.4 平面力系的平衡

3.4.1 平面力系的平衡方程及其应用

1. 平面汇交力系的平衡方程及其应用

平面汇交力系平衡的必要和充分条件是该力系的合力为零。现将此平衡条件用解析式表示，即为

$$R=\sqrt{R_x^2+R_y^2}=\sqrt{(\sum X)^2+(\sum Y)^2}=0$$

其中 $(\sum X)^2$、$(\sum Y)^2$ 都恒为正值，要使 $R=0$，则必须也只有

$$\begin{cases}\sum X=0\\\sum Y=0\end{cases}\tag{3.16}$$

所以，平面汇交力系平衡的充分和必要条件可表述为：**力系中各力在两个坐标轴上投影的代数和均等于零。**式（3.16）称为平面汇交力系的平衡方程。应用这两个相互独立的平衡方程可求解平面汇交力系中有两个未知量的平衡问题。

还须指出，利用上述平衡方程求解平面汇交力系的平衡问题时，若计算结果为正值，表示未知力假设的指向就是实际的指向；若计算结果为负值，表示未知力假设的指向与实际指向相反。

【例 3.7】 重 $G=20\text{kN}$ 的物体被绞车匀速起吊，绞车的钢丝绳绕过光滑的定滑轮 A，滑轮由不计重量的 AB 杆和 AC 杆支撑，如图 3.27（a）所示。试求 AB 杆和 AC 杆所受的力。

【解】 （1）取滑轮连同销钉 A 为研究对象，画受力图。由于不计支撑杆自重，AB 杆和 AC 杆均为二力杆，现假设两杆都受拉，重物 G 通过钢丝绳直接加在滑轮的一边。当

重物匀速上升时，拉力 $T_1=G$，而钢丝绳绕滑轮的另一边具有同样大小的拉力，即 $T_1=T_2$，画出受力图和选取坐标系如图 3.27 的 (c) 所示。

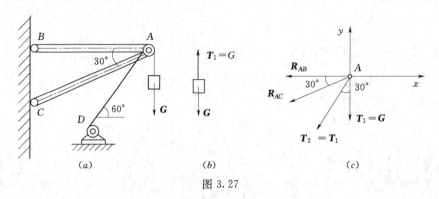

图 3.27

（2）列平衡方程，求 AB 杆和 AC 杆所受的力。

$\sum X=0$：　　　　　$-R_{AB}-R_{AC}\cos30°-T_2\sin30°=0$

$\sum Y=0$：　　　　　$-R_{AC}\sin30°-T_2\cos30°-T_1=0$

将 $T_2=T_1=G$ 代入 (b) 式和 (a) 式，联立解得

$$R_{AC}=-\frac{G\cos30°+G}{\sin30°}=-\frac{20×0.866+20}{0.5}=-74.64(\text{kN})$$

$$R_{AB}=-R_{AC}\cos30°-G\sin30°=74.64×0.866-20×0.5=54.64(\text{kN})$$

可见力 R_{AC} 解得的结果为负值，表示该力的假设方向与实际方向相反，因此杆 AC 是受压杆。

在求解平衡问题时，恰当地选取研究对象，灵活地选取坐标轴，以最简捷、合理的途径去求解，尽量避免求解联立方程，以提高计算效率，这是解题时很值得注意的问题。

2. 平面力偶系的平衡方程及其应用

平面力偶系可以合成为一个合力偶，若合力偶矩等于零，则原力偶系必定平衡，反之，若原力偶系平衡，则合力偶矩必定为零。因此，**平面力偶系平衡的必要和充分条件是：平面力偶系中所有各力偶矩的代数和等于零**。即：

$$\sum m=0 \tag{3.17}$$

式（3.17）称为平面力偶系的平衡方程，应用该方程只能求解平面力偶系中具有一个未知量的平衡问题。

【**例 3.8**】　如图 3.28 (a) 所示的梁 AB 受一力偶作用，支承面与水平面之间的夹角 $a=30°$，若不计梁自重，试求 A、B 支座反力。

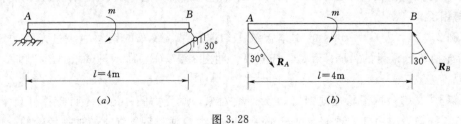

图 3.28

【解】 （1）取梁 AB 为研究对象，画出受力图。

梁在力偶矩 m 和 A、B 两处的支座反力作用下处于平衡。因为力偶只能与力偶平衡，所以，A、B 支座处的两个支座反力必定组成一个力偶。由于 B 支座是可动铰支座，其支座反力 R_B 必垂直于支承面，所以，A 支座的反力 R_A 一定与 R_B 等值、反向、平行，即 R_A 与 R_B 构成一个力偶。画出受力图如图 3.28（b）所示。

（2）列力偶系的平衡方程，求支座反力。

$$\sum m = 0: \qquad -m + R_B \times 4\cos 30° = 0$$

求得

$$R_B = \frac{m}{4\cos 30°} = \frac{10}{4 \times 0.866} = 2.9(\text{kN})$$

$$R_A = R_B = 2.9\text{kN}$$

所求的支座反力均为正值，表明反力的实际指向与假设指向相同，如图 3.28（b）所示。

3. 平面一般力系的平衡方程及其应用

形式一：基本形式。平面一般力系向作用面内任一点简化后得到主矢 R' 和主矩 M_O，若主矢 R' 和主矩 M_O 都为零，则力系平衡。反之，若力系平衡，则力系向作用面内任一点简化后主矢 R' 和主矩 M_O 必定为零。于是得到**平面一般力系平衡的必要和充分条件是：力系的主矢 R' 和力系对任一点的主矩 M_O 都为零**。即

$$\begin{cases} R' = \sqrt{(\sum X)^2 + (\sum Y)^2} = 0 \\ M_O = \sum M_O = 0 \end{cases}$$

由此可得平面一般力系的平衡方程为

$$\begin{cases} \sum X = 0 \\ \sum Y = 0 \\ \sum M_O = 0 \end{cases} \tag{3.18}$$

这样，平面一般力系平衡的必要和充分条件又可叙述为：**力系中所有各力在其作用面内正交坐标轴上投影的代数和分别为零，力系中所有各力对该平面内任一点之矩的代数和也为零**。

式（3.18）称为平面一般力系平衡方程的基本形式，其中前两式称为投影平衡方程，第三式称为力矩平衡方程。此三个方程彼此独立，应用该组方程至多可求解三个未知量的平衡问题。

【例 3.9】 如图 3.29（a）所示为一悬臂式起重机，图中 A、B、C 处都是铰链连接。梁 AB 的自重 $G = 1\text{kN}$，作用在梁的中点，电动葫芦连同起吊重物共重 $W = 8\text{kN}$，杆 BC 自重不计，求支座 A 的支座反力和杆 BC 所受的力。

【解】 （1）取梁 AB 为研究对象。

（2）画受力图。梁 A 端为固定铰支座，其支座反力用两正交反力 X_A、Y_A 表示；杆 BC 为二力杆，它的约束反力沿 BC 轴线，并假设为拉力。画出受力图，选取坐标轴如图 3.29（b）所示。

（3）列平衡方程，求未知力。

$$\sum X = 0: \qquad X_A - T\sin 30° = 0$$

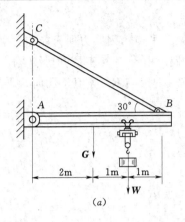

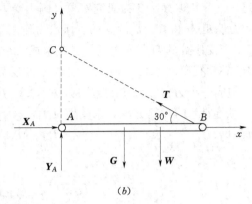

(a)　　　　　　　　　　　(b)

图 3.29

$\sum Y = 0$：　　　　　　　　$Y_A + T\sin 30° - G - W = 0$

$\sum M_A = 0$：　　　　　　$T\sin 30° \times 4 - G \times 2 - W \times 3 = 0$

解得

$$T = \frac{2G + 3W}{4\sin 30°} = \frac{2 \times 1 + 8 \times 3}{4 \times 0.5} = 13 \, (\text{kN})$$

$$X_A = T\cos 30° = 13 \times 0.866 = 11.26 \, (\text{kN})$$

$$Y_A = G + W - T\sin 30° = 1 + 8 - 13 \times 0.5 = 2.5 \, (\text{kN})$$

（4）校核。

$\sum M_C = 0$：　　　　　　$4\tan 30° X_A - 2G - 3W = 0$

解得

$$X_A = \frac{G \times 2 + W \times 3}{4\tan 30°} = \frac{1 \times 2 + 8 \times 3}{4 \times 0.577} = 11.26 \, (\text{kN})$$

此结果表明计算无误。

形式二：二力矩式。 平面一般力系二力矩式平衡方程：

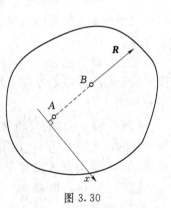

$$\begin{cases} \sum X = 0 \\ \sum M_A = 0 \\ \sum M_B = 0 \end{cases} \qquad (3.19)$$

式（3.19）中两矩心 A、B 的连线不能与投影轴 x 轴垂直。

图 3.30 中力系在合力 $\boldsymbol{R}$ 作用下不平衡，但如果选取的矩心 A、B 的连线与投影轴 x 轴垂直，则满足式（3.19），显然是矛盾的。故不能这样选取矩心和投影轴。

图 3.30

【**例 3.10**】　试用式（3.19）解答［例 3.9］。

【**解**】　（1）、（2）同［例 3.9］。

（3）列平衡方程式（3.19），求未知力。

$\sum M_A = 0$：　　　　　　$T\sin 30° \times 4 - G \times 2 - W \times 3 = 0$

$\sum M_B = 0$：　　　　　　$-Y_A \times 4 + G \times 2 + W \times 1 = 0$

$\sum X = 0$：　　　　　　　$X_A - T\sin 30° = 0$

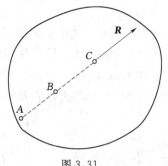

图 3.31

解得结果同［例 3.9］。

形式三：三力矩式。平面一般力系三力矩式平衡方程：

$$\begin{cases} \sum M_A = 0 \\ \sum M_B = 0 \\ \sum M_C = 0 \end{cases} \tag{3.20}$$

式（3.20）中 A、B、C 三点不共线。

图 3.31 中力系在合力 R 作用下不平衡，但如果选取的矩心 A、B、C 共线，则满足式（3.20），显然是矛盾的，故所选取的矩心 A、B、C 不能共线。

【例 3.11】 试用式（3.20）解答［例 3.9］。

【解】 （1）、（2）同［例 3.9］。

（3）列平衡方程式（3.20），求未知力。

$\sum M_A = 0$： $T\sin 30° \times 4 - G \times 2 - W \times 3 = 0$

$\sum M_B = 0$： $-Y_A \times 4 + G \times 2 + W \times 1 = 0$

$\sum M_C = 0$： $X_A \times 4\tan 30° - G \times 2 - W \times 3 = 0$

解得结果同［例 3.9］。

平面一般力系的平衡方程虽然有三种不同的形式，但不论采用哪种形式，都只能列出三个独立的平衡方程。因为只用三个平衡方程就保证了力系的主矢和主矩都为零，任何第四个方程都是力系平衡的必然结果而不再代表力系平衡的必要条件，不是独立的方程。因此，应用平面一般力系的平衡方程只能求解三个未知量。

4. 平面平行力系的平衡方程及其应用

平面平行力系可归属为是平面一般力系的一种特殊情况，它的平衡方程可由平面一般力系的平衡方程导出。

形式一：基本形式。设在图 3.32 所示的平面平行力系中，取 y 轴与力系中各力的作用线平行，x 轴与力系中各力的作用线垂直。不论力系是否平衡，各力在 x 轴上的投影恒等于零，即 $\sum X = 0$ 自然满足，这一方程就可从平面一般力系的平衡方程中除去。因此，由式（3.18）就可导出平面平行力系的平衡方程基本形式为

$$\begin{cases} \sum Y = 0 \\ \sum M_O = 0 \end{cases} \tag{3.21}$$

于是得**平面平行力系平衡的必要和充分条件是：力系中所有各力的代数和等于零；力系中各力对作用面内任一点的力矩的代数和等于零。**

形式二：二力矩式。由平面一般力系的平衡方程的二力矩式（3.19）也可导出平面平行力系的平衡方程的两力矩形式为

$$\begin{cases} \sum M_A = 0 \\ \sum M_B = 0 \end{cases} \tag{3.22}$$

式（3.20）中矩心 A、B 两点的连线不能与各力作

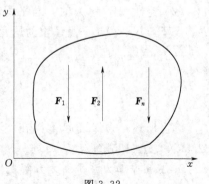

图 3.32

用线平行。

平面平行力系只有两个独立的平衡方程，因此，只能求解两个未知量的平衡问题。

【例 3.12】　塔式起重机如图 3.33（a）所示，已知机身重 $G=250\text{kN}$，设其作用线通过塔架中心，最大起吊重量 $W=100\text{kN}$，起重悬臂长 12m，两轨间距 4m，平衡锤重 Q 至机身中心线的距离 6m。为使起重机在空载和满载时都不致倾倒，试确定平衡锤的重量。

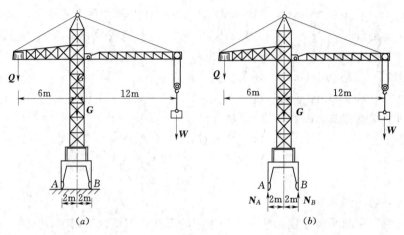

图 3.33

【解】　取起重机为研究对象，画出受力图如图 3.33（b）所示。

为确保起重机不倾倒，则必须使作用在起重机上的主动力 G、W、Q 和约束反力 N_A、N_B 所组成的平面平行力系在空载和满载时都满足平衡条件，因此平衡锤的重量应有一定的范围。

（1）满载（$W=100\text{kN}$）时，若平衡锤重量太小，起重机可能绕 B 点向右倾倒。开始倾倒的瞬间，左轮与轨道脱离接触，这种情形称为临界状态。这时，$N_A=0$，满载的临界状态下，平衡锤重为所必需的最小平衡锤重 $Q_{\min}$。于是

$$\sum M_B=0:\qquad Q_{\min}\times(6+2)+G\times2-W\times(12-2)=0$$

解得

$$Q_{\min}=\frac{1}{8}\times(W\times10-G\times2)=\frac{1}{8}(100\times10-250\times2)=62.5(\text{kN})$$

（2）空载（$W=0$）时，若平衡锤重量太重，起重机可能绕 A 点向左倾倒。在空载临界状态下，$N_B=0$，平衡锤重为所允许的最大平衡锤重 $Q_{\max}$。于是

$$\sum M_A=0:\qquad Q_{\max}\times(6-2)-G\times2=0$$

解得

$$Q_{\max}=\frac{G\times2}{4}=\frac{250\times2}{4}=125(\text{kN})$$

综上所述，为保证起重机在空载和满载时都不致倾倒，则平衡锤的重量 Q 应满足 $62.5\text{kN}<Q<125\text{kN}$。

5. 应用平面力系平衡方程解题的步骤

通过以上各例题的分析，现将应用平面力系平衡方程解题的步骤总结如下：

（1）确定研究对象。根据题意分析已知量和未知量，选取适当的研究对象。

（2）画受力图。在研究对象上画出它受到的所有主动力和约束反力。约束反力根据约束类型来画。当约束反力的指向不能确定时，可先假设其指向，如果计算结果为正，则表明假设的指向正确；如果计算结果为负，则表明实际的指向与假设的指向相反。

（3）列平衡方程，求解未知力。以解题简捷为标准，选取相应力系的适当形式的平衡方程；选取恰当的投影轴和矩心，尽可能选取坐标轴与未知力平行或垂直，选取两个未知力的交点为矩心，力求在一个平衡方程中只包含一个未知量，以免求解联立方程。

（4）校核。列出非独立的平衡方程，以校核解答的正确与否。

3.4.2　物体系统的平衡

前面所研究的平衡都是单个物体的平衡问题。但在工程实际中，常遇到**由若干个物体通过一定的约束方式组成的系统，这种系统称为物体系统**。例如图 3.34（*a*）所示的组合梁，就是由梁 *AC* 和梁 *CD* 通过铰 *C* 连接，并支承在 *A*、*B*、*D* 支座上而组成的一个物体系统。

物体系统的平衡是指组成系统的每一物体及系统整体都处于平衡状态。

研究物体系统的平衡问题，不仅要求出支座反力，而且还需计算出系统内各物体之间的相互作用力。为此，把作用在物体系统上的力分为外力和内力。所谓**外力，就是外界物体对所选研究对象的作用力**；所谓**内力，就是指研究对象内部各物体之间相互作用的力**。这就是说，外力和内力是相对于所选研究对象而言的。当选整个系统为研究对象时，系统内各物体间的相互作用力均为内力。但当取系统内某部分物体为研究对象时，则其余部分对该部分的作用力就为外力。例如组合梁图 3.34（*b*）所示的荷载和 *A*、*B*、*D* 支座的反力就是外力，而组合梁铰 *C* 处的相互作用力，对系统来说则是内力，而对梁 *AC* 和梁 *CD* 来说，则是外力。

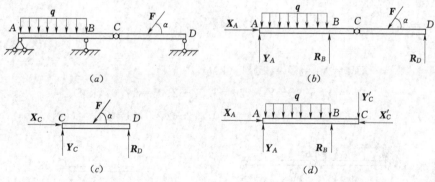

图 3.34

要计算物体间的相互作用力，就必须将物体系统拆开，取其中的一部分为研究对象，这样物体间相互作用力才暴露出来成为外力，于是便可应用平衡方程求得。例如要求图 3.34（*a*）所示的组合梁各支座的反力和铰 *C* 的约束反力，可先取梁 *CD* 为研究对象，将组合梁在铰 *C* 处拆开，画出梁 *CD* 的受力图如图 3.34（*c*）所示。所受各力组成平面一般力系，列出三个平衡方程，求得 R_D、X_C、Y_C 三个未知力。再取梁 *AC* 作为研究对象，画出梁 *AC* 的受力图如图 3.34（*d*）所示，所受各力又组成平面一般力系，而且 X'_C、Y'_C 与

43

X_C、Y_C 是作用与反作用关系已经求得，这样，余下的三个未知力 X_A、Y_A、R_B 又可列出三个平衡方程求得。

一般说来，物体系统由 n 个物体组成，而每个物体又都是受平面一般力系作用，则共可列 $3n$ 个独立的平衡方程，从而求得 $3n$ 个未知力。如果系统中的物体受到的是平面汇交力系或平面平行力系或平面力偶系作用，则独立的平衡方程的个数将相应减少，而所能求的未知量的个数也相应减少。

下面举例说明求解物体系统平衡问题的方法。

【例 3.13】　组合梁由梁 AB 和梁 BC 用铰 B 连接而成，支座与荷载情况如图 3.35（a）所示。已知 $F=20\text{kN}$，$q=5\text{kN/m}$，$\alpha=45°$。求支座 A、C 约束反力及铰 B 处相互作用力。

【解】　（1）先取梁 BC 为研究对象，画出受力图及取坐标系如图 3.35（b）所示，列平衡方程，求未知力。

$$\sum X=0：\qquad X_B-F\cos45°=0$$
$$\sum Y=0：\qquad Y_B+R_C-F\sin45°=0$$
$$\sum M_B=0：\qquad R_C\times2-F\cos45°\times1=0$$

解得

$$X_B=F\cos45°=20\times0.707=14.14(\text{kN})$$
$$R_C=0.5\times F\cos45°\times1=0.5\times20\times0.707\times1=7.07(\text{kN})$$
$$Y_B=F\sin45°-R_C=20\times0.707-7.07=7.07(\text{kN})$$

（2）再取梁 AB 为研究对象。画出受力图及取坐标系如图 3.35（c）所示，列平衡方程，求未知力。

$$\sum X=0：\qquad X_A-X'_B=0$$
$$\sum Y=0：\qquad Y_A-Y'_B-2q=0$$
$$\sum M_A=0：\qquad m_A-Y'_B\times2-2q\times1=0$$

解得

$$X_A=X'_B=X_B=14.14(\text{kN})$$
$$Y_A=Y'_B+2q=Y_B+2q=7.07+2\times5=17.07(\text{kN})$$
$$m_A=Y'_B\times2+2q\times1=7.07\times2+2\times5\times1=24.14(\text{kN})$$

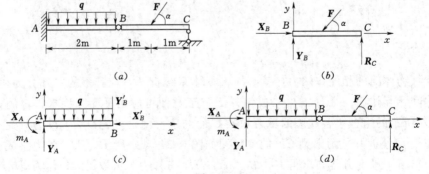

图 3.35

（3）校核。取整个组合梁为研究对象，画出受力图及取坐标系如图 3.35（d）所示。分析以上计算结果是否满足物体系统平衡。

$$\sum M_A = m_A + R_C \times 4 - F\sin45° \times 3 - 2q \times 1$$
$$= 24.14 + 7.07 \times 4 - 20 \times 0.707 \times 3 - 2 \times 5 \times 1 = 0$$

可见计算无误。

【例 3.14】 钢筋混凝土三铰刚架受荷载如图 3.36（a）所示，已知 $q=12\text{kN/m}$，$F=24\text{kN}$，求支座 A、B 和铰 C 的约束反力。

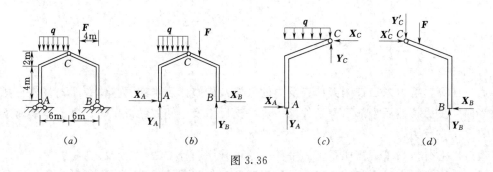

图 3.36

【解】 三铰拱由左、右两个半拱组成，其整体及每个半拱的受力图如图 3.36（b）、（c）、（d）所示。可见都是一般力系，且都含有四个未知量，都是不可解的。但是整体的受力图中 A、B 两点分别是其中三个未知力的交点，可以取它们为矩心求出不过它们的另一个未知力，再进一步求解。这种解法称为利用局部可解条件解法。

（1）取整个三铰刚架为研究对象。画出受力图及取坐系如图 3.36（b）所示，列平衡方程，求未知力。

$$\sum M_A = 0: \qquad -q \times 6 \times 3 - F \times 8 + Y_B \times 12 = 0$$
$$\sum M_B = 0: \qquad q \times 6 \times 9 + F \times 4 - Y_A \times 12 = 0$$

解得

$$Y_B = \frac{1}{12} \times (q \times 6 \times 3 + F \times 8) = \frac{1}{12} \times (12 \times 6 \times 3 + 24 \times 8) = 34(\text{kN})$$

$$Y_A = \frac{1}{12} \times (q \times 6 \times 6 + F \times 4) = \frac{1}{12} \times (12 \times 6 \times 6 + 24 \times 4) = 62(\text{kN})$$

（2）取左半刚架为研究对象。画出受力图及取坐标系如图 3.36（c）所示，列平衡方程，求未知力。

$$\sum X = 0: \qquad X_A - X_C = 0$$
$$\sum Y = 0: \qquad Y_A + Y_C - q \times 6 = 0$$
$$\sum M_C = 0: \qquad X_A \times 6 + q \times 6 \times 3 - Y_A \times 6 = 0$$

解得

$$X_A = \frac{1}{6} \times (Y_A \times 6 - q \times 6 \times 3) = \frac{1}{6} \times (62 \times 6 - 12 \times 6 \times 3) = 26(\text{kN})$$

$$Y_C = q \times 6 - Y_A = 12 \times 6 - 62 = 10(\text{kN})$$
$$X_C = 26(\text{kN})$$

（3）再取整个三铰刚架为研究对象，如图 3.36（b）所示，列平衡方程，求未知力。

$\sum X = 0$： $\qquad\qquad X_A - X_B = 0$

得到

$$X_B = 26\text{kN}$$

（4）校核。取右半刚架为研究对象，画出受力图及取坐标系如图 3.36（d）所示。

由于 $\qquad \sum X = X'_C - X_B = 26 - 26 = 0$

$$\sum M_C = -F \times 2 + Y_B \times 6 - X_B \times 6 = -24 \times 2 + 34 \times 6 - 26 \times 6 = 0$$

$$\sum Y = Y_B - Y'_C - F = 34 - 10 - 24 = 0$$

可见计算无误。

通过计算，可得**求三铰刚架约束反力的方法：先整体后半部再整体**。即先整体平衡条件求竖向支反力；然后半部平衡条件求一水平支反力及中间铰约束反力；再整体平衡条件求另一水平支反力。

通过以上分析，求解物体系统的平衡问题可采用两种方法：

（1）先取物系中某个部分为研究对象；再取其他部分物体或整体为研究对象，逐步求得所有的未知量。

（2）先取整体为研究对象，求得某些未知量；再取物系中某个部分为研究对象，求出其他未知量。

任 务 小 结

本任务主要介绍各类力系的合成和平衡问题。

1. 力的平移定理

当一个力在同一刚体内平行移动到作用线以外时，必须附加一个力偶才能与原力等效，附加力偶的力偶矩等于原力对新作用点的矩。力的平移定理是平面一般力系简化的依据。

2. 平面一般力系向平面内任一点简化

（1）简化方法与结果。

（2）简化的最后结果见表 3.1，或者是一个力，或者是一个力偶，或者平衡。

表 3.1 简 化 结 果 表

简化情况	最 后 结 果
$R'\neq0,M_O=0$	一个力,作用线通过简化中心,$R=R'$
$R'\neq0,M_O\neq0$	一个力,作用线与简化中心距离 $d=\dfrac{\|M_O\|}{R}$,$R=R'$
$R'=0,M_O\neq0$	一个力偶,与简化中心的位置无关,$M=M_O$
$R'=0,M=0$	平衡

3. 平面力系的平衡方程

平面力系平衡方程汇总情况见表3.2。

表 3.2 平面力系平衡方程汇总表

平面力系类型	平衡方程	限制条件	可求未知量数目
汇交力系	$\sum X=0$,$\sum Y=0$		2
力偶系	$\sum m=0$		1
一般力系	基本形式:$\sum X=0$ $\sum Y=0$ $\sum M_O=0$		3
	二力矩式:$\sum X=0$ $\sum M_A=0$ $\sum M_B=0$	A、B 的连线不垂直 x 轴	3
	三力矩式:$\sum M_A=0$ $\sum M_B=0$ $\sum M_C=0$	A、B、C 三点不共线	3
平行力系	基本形式:$\sum Y=0$ $\sum M_O=0$	y 轴平行于各力作用线	2
	二力矩式:$\sum M_A=0$ $\sum M_B=0$	A、B 的连线不平行于各力作用线	2

4. 平面力系平衡方程的应用

应用平面力系的平衡方程,可以求解单个物体及物体系统的平衡问题。求解时要通过受力分析,恰当地选取研究对象,画出受力图;选取合适的平衡方程形式,选择好矩心和投影轴,力求做到一个方程只含有一个未知量,以便简化计算。

思 考 题

1. 某平面汇交力系满足条件 $\sum X=0$,试问此力系合成后可能是什么结果?

2. 平面汇交力系在任意两根轴上的投影的代数和分别等于零,则力系必平衡,对吗?为什么?

3. 平面一般力系向其作用面内一点简化所得的主矢和主矩各有何物理意义?

4. 平面一般力系向作用面内任意点简化后，一般可得一个主矢和一个主矩，为什么主矢与简化中心无关，而主矩与简化中心有关？

5. 当平面一般力系简化的最后结果为一力偶时，则此主矩与简化中心的位置无关，为什么？

6. 平面力系向 A、B 两点简化的结果相同，且主矢和主矩都不为零，问是否可能？

7. 平面一般力系的平衡方程有几种形式？应用时有什么限制条件？

8. 试从平面一般力系的平衡方程，推出平面汇交力系、平面平行力系和平面力偶系的平衡方程。

9. 如思 9 图所示，如选取的坐标系的 y 轴不与各力平行，则平面平行力系的平衡方程是否可写出 $\sum X=0$、$\sum Y=0$ 和 $\sum M_O=0$ 三个独立的平衡方程？为什么？

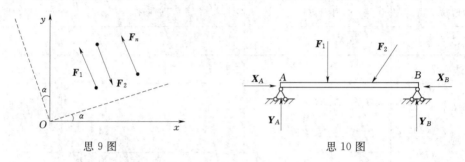

思 9 图　　　　　　　　　　　　　思 10 图

10. 如思 10 图所示的简支梁，两端均为固定铰支座，为了求得支座反力，有人写出下列四个平衡方程 $\sum X=0$，$\sum Y=0$，$\sum M_A=0$，$\sum M_B=0$。问能否从这四个方程中，解出 X_A、Y_A、X_B、Y_B 这四个未知力？为什么？

课 后 练 习 题

一、填空题

1. 力的作用线都相互平行的平面力系称为_____力系；力的作用线都汇交于一点的力系称为_____力系；力的作用线既不汇交于一点，又不相互平行的力系称为_____力系。

2. 平面力偶系合成的结果是一个_____；平面平行力系合成的结果是_____。

3. 平面汇交力系最多可列出的独立平衡方程数为_____个。

4. 力对点之矩与矩心位置_____（填"有关"或"无关"）。

5. 在刚体上加上（或减去）一个任意力，对刚体的作用效应_____（填"会"或"不会"）改变。

6. 力 F 的大小为 80kN，其在 Y 轴上的分力的大小为 40kN，则力 F 与 X 轴所夹的锐角应为_____。

7. 力偶对物体产生的运动效应是使物体_____。

8. 物体受四个互不平行的力作用而平衡，其力多边形是几边形？_____。

9. 一个力偶_____（填"能"或"不能"）与一个力平衡。

10. 平面一般力系简化后的主矢为零、主矩不为零，则该主矩的计算与简化中心是否有关？＿＿＿＿＿＿＿＿。

二、选择题

1. 下图中 A、B 两物体光滑接触，受力 P 作用，则 A、B 两物体（   ）。

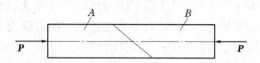

A. 平衡   B. 不一定   C. 不平衡

2. 平面汇交力系平衡的必要和充分条件是该力系的（   ）为零。

A. 合力   B. 合力偶   C. 主矢   D. 主矢和主矩

3. 如图所示的力 $F=2$kN 对 A 点之矩为（   ）kN·m。

A. 2

B. 4

C. -2

D. -4

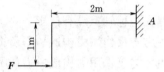

4. 下图中所示不同力系分别作用于刚体，彼此等效的是（   ）。

（d 表示两力作用线间的距离）

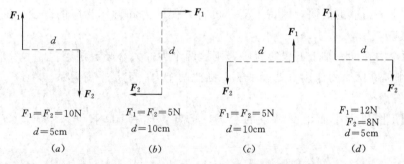

A. （a）和（b）等效   B. （c）和（b）等效

C. （c）和（d）等效   D. （a）和（d）等效

5. 物体系中的作用力和反作用力应是（   ）。

A. 等值、同向、共线、同体   B. 等值、反向、共线、同体

C. 等值、反向、共线、异体   D. 等值、同向、共线、异体

6. 在下列原理、法则、定理中，只适用于刚体的是（   ）。

A. 二力平衡原理   B. 力的平行四边形法则

C. 力的可传性原理   D. 作用与反作用原理

7. 平面一般力系向一点 O 简化结果，得到一个主矢量 R' 和一个主矩 M_O，下列四种情况，属于平衡的应是（   ）。

A. $R'\neq0$ $M_O=0$ B. $R'=0$ $M_O=0$

C. $R'\neq0$ $M_O\neq0$ D. $R'=0$ $M_O\neq0$

8. 一个不平衡的平面汇交力系，若满足 $\sum X = 0$ 的条件，则其合力的方位应是（　　）。

A. 与 x 轴垂直　　　　　　　　B. 与 x 轴平行

C. 与 y 轴垂直　　　　　　　　D. 通过坐标原点 O

9. 平面一般力系的二力矩式平衡方程成立的条件是（　　）。

A. 投影轴通过一个矩心　　　B. 两个矩心连线与投影轴不垂直

C. 两个矩心连线与投影轴垂直　D. 两个矩心连线与投影轴无关

10. 力的平行四边形公理中的两个分力和它们的合力的作用范围是（　　）。

A. 必须在同一个物体的同一个点上　B. 可以在同一个物体的不同点上

C. 可以在物体系统的不同物体上　　D. 可以在两个刚体的不同点上

三、判断题

1. 物体在一个力系作用下，若再加上或去掉另一平衡力系，不会改变原力系对物体的外效应。　　　　　　　　　　　　　　　　　　　　　　　　　　　（　　）

2. 力偶在坐标轴上没有投影。　　　　　　　　　　　　　　　　　　（　　）

3. 作用力与反作用力构成一平衡力系。　　　　　　　　　　　　　　（　　）

4. 作用力与反作用力构成一力偶。　　　　　　　　　　　　　　　　（　　）

5. 力沿作用线移动，力对点之矩不变。　　　　　　　　　　　　　　（　　）

6. 力偶不能与一个力等效，也不能与一个力平衡。　　　　　　　　　（　　）

7. 力偶对其作用平面内任一点的矩与矩心位置有关。　　　　　　　　（　　）

8. 只要平面力偶的力偶矩保持不变，可将力偶的力和臂作相应的改变，而不影响其对刚体的效应。　　　　　　　　　　　　　　　　　　　　　　　　　（　　）

9. 若两个力在同一轴上的投影相等，则这两个力的大小必定相等。　　（　　）

10. 若刚体在两个力作用下处于平衡，则此两个力一定是平衡力系。　（　　）

四、计算题

1. 求题1图所示平面汇交力系的合力。已知：$F_1 = 100\text{N}$、$F_2 = 80\text{N}$、$F_3 = 120\text{N}$、$F_4 = 160\text{N}$。

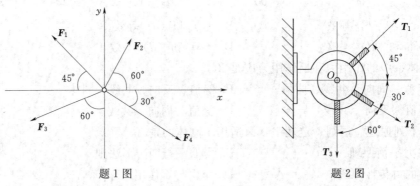

题1图　　　　　　　　　　　　　　　　题2图

2. 一固定环受三根钢绳的拉力作用。已知：$T_1 = 3.0\text{kN}$、$T_2 = 4.0\text{kN}$、$T_3 = 2.0\text{kN}$，各拉力的方向如题2图所示，求这三个力的合力。

3. 题3图示支架由杆 AB 和杆 BC 构成，A、B 和 C 均为铰链，在销钉除悬挂重量为 W 的重物，试分别求题3图（a）和（b）两种情形下，杆 AB 和杆 BC 所受的力。

4. 题 4 图示梁 AB 的 A 端为固定铰支座，B 端为可动铰支座，梁上受力 $F=20\text{kN}$ 作用，试求梁支座 A、B 的约束反力。

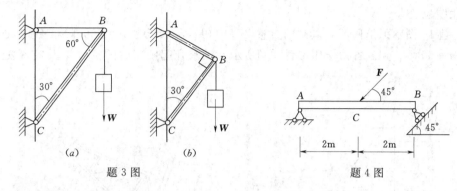

题 3 图　　　　　　　　　　题 4 图

5. 题 5 图示压力机碾子重 $G=20\text{kN}$，半径 $r=40\text{cm}$，若用一通过其中心的水平力拉碾子越过高 $h=8\text{cm}$ 的石坎，问拉力 F 至少应多大？又若此拉力可取任意方向，问要使拉力为最小时，它与水平线的夹角 α 应为多大？并求此拉力的最小值。

6. 题 6 图示三铰刚架，由 AC 和 BC 两部分组成，支座 A、B 均为固定铰，中间用铰链 C 连接。在水平力 F 作用下，试求支座 A、B 的约束反力。

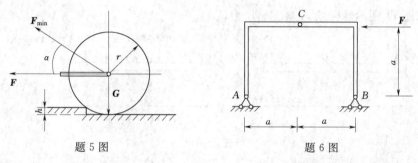

题 5 图　　　　　　　　　　题 6 图

7. 题 7 图示一拔桩架，图中 AC、CB 和 CD、DE 均为绳索。在 D 点用力向下拉时，即有较力 F 大若干倍的力将桩向上拔起。当 AC 和 CD 各为铅直和水平，CB 和 DE 各与铅直和水平方向成 $\alpha=4°$，$F=400\text{N}$ 时，试求桩顶 A 所受的拉力。

8. 不计重量的梁 AB，长 $l=5\text{m}$，在 A、B 两端各作用一力偶，力偶矩分别为 $m_1=20\text{kN}\cdot\text{m}$，$m_2=30\text{kN}\cdot\text{m}$，转向如题 8 图所示，试求支座 A、B 的反力。

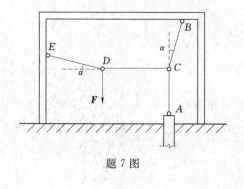

题 7 图　　　　　　　　　　题 8 图

9. 如题 9 图示重力坝受自重和水压力作用，已知自重分别为 $G_1 = 9600\text{kN}$，$G_2 = 21600\text{kN}$，水压力 $P = 10120\text{kN}$，试将该力系向坝底面 O 点简化，并求其合力的大小、方向及作用线位置。

10. 题 10 图示弧形闸门，其闸门自重 $W = 150\text{kN}$，水压力 $P = 3000\text{kN}$，铰 A 处摩擦力偶矩 $m = 60\text{kN}\cdot\text{m}$。各力作用位置如图所示。试求开起闸门时的拉力 T 及铰 A 处的约束反力。

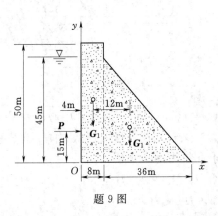

题 9 图

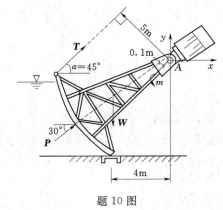

题 10 图

11. 求题 11 图示悬臂梁 A 端支座反力。

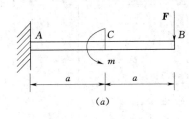

题 11 图

12. 求题 12 图示各梁的支座反力。

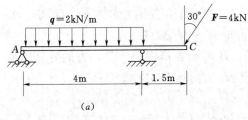

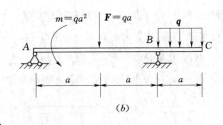

题 12 图

13. 求题 13 图示简支刚架的支座反力。

14. 求题 14 图示组合梁的支座反力。

15. 在题 15 图示组合梁上有起重机。已知起重机重 $G = 50\text{kN}$，其重心位于铅垂线 EC 上，起重量 $W = 10\text{kN}$，梁自重不计，求支座 A、B、D 的约束反力和铰链 C 处所受的力。

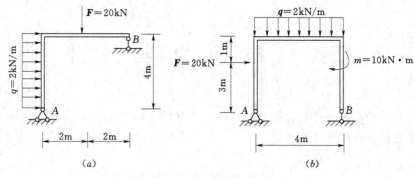

题 13 图

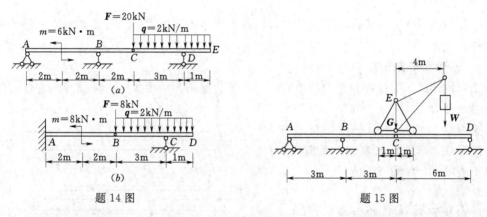

题 14 图   题 15 图

16. 一梁 ABC 的支承及荷载如题 16 图所示。已知 $F=10\text{kN}$，$m=10\text{kN}\cdot\text{m}$，试求固定端 A 的约束反力。

17. 求题 17 图示三铰刚架支座 A、B 的支座反力和铰链 C 处所受的力。

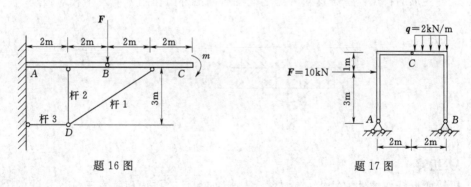

题 16 图   题 17 图

任务4　材料力学基础

学习目标：了解杆件变形的基本形式；掌握材料力学中几个重要的基本概念：内力、截面法、应力；掌握截面法求内力。

4.1　杆件的外力与变形特点

当外力以不同的方式作用于杆件时，杆件将产生不同形式的变形，基本变形形式有以下四种。

4.1.1　轴向拉伸或压缩

轴向拉伸或压缩杆件的外力特点：一对等值、反向、作用线与杆件轴线相重合的外力或外力的合力。

这种变形的特点：杆件保持直线状态，沿轴线方向伸长或缩短，而横截面尺寸缩小或增大，如图 4.1 所示。

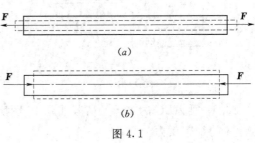

图 4.1

4.1.2　剪切

剪切变形杆件的外力特点：一对等值、反向、平行且相距很近的外力，如图 4.2（b）所示。

这种变形的特点：位于这对外力之间的截面沿外力作用方向发生相对错动。

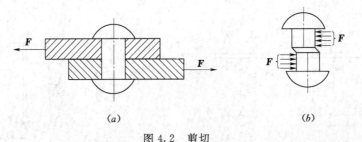

(a)　　　　　　　　　(b)

图 4.2　剪切

4.1.3　扭转

扭转变形杆件的外力特点：一对等值、转向相反、作用面垂直于杆件轴线的力偶。

这种变形的特点：杆件相邻两横截面绕轴线发生相对转动，而杆件轴线仍保持直线，长度及截面尺寸不变，如图 4.3 所示。

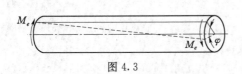

图 4.3

4.1.4　弯曲

弯曲变形杆件外力特点：杆件受包含杆件轴线在内的纵向平面内的力偶或垂直于杆轴的横向外力作用，如图 4.4 所示。

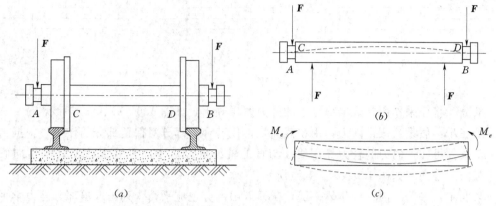

图 4.4

这种变形的特点：杆件的轴线由直线变形成为曲线。

实际杆件的变形是多种多样的，可能只是某一种基本变形，也可能是两种或两种以上基本变形的组合，称组合变形。例如图 4.5 所示杆件同时发生扭转和弯曲变形。

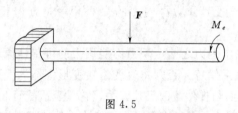

图 4.5

4.2 内 力 与 应 力

4.2.1 内力

当杆件受到外力作用而发生变形时，从杆件的任一截面位置假想将其截开分成两部分，这两部分之间同时发生的相互作用力称为内力。这里的内力不是物体内分子间的结合力，而是由外力引起的一种附加相互作用力，它是物体为抵抗变形保持原形状而产生的抵抗力，所以内力也称为抗力。一般情况下，内力将随着外力的增大而增大，随变形的产生而产生，随变形的增大而增大。采用截面法显示和求解内力。

4.2.2 截面法

截面法是将内力转化为外力而进行求解的一种方法，它是材料力学中求内力的一个最基本的方法，用口诀简记为"一截开、二取出、三假设、四平衡"。

以图 4.6 所示轴向拉伸杆为例，说明用截面法求受轴向拉（压）杆件任一横截面 m—m 上的内力的步骤。

第一步：截开。用一假想平面 m—m 从所要求内力处将杆件截开，分为两部分，即一刀两断，如图 4.6（a）所示。

第二步：取出。取出其中的任一部分（一般取受力较简单的部分）为研究对象，弃去

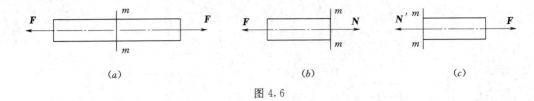

图 4.6

另一部分。将原来作用在取出部分上的外力照样画出，如图 4.6（b）、（c）所示。

第三步：假设。假设内力作用在截面上，代替弃去部分对保留部分的作用。根据力系的平衡条件可知，内力的合力作用线必与杆的轴线重合，该合力用 N 表示，其指向假设离开截面的方向，如图 4.6（b）、（c）所示。

第四步：平衡。因杆件整体平衡，截开取出部分也应平衡，列出取出部分静力学平衡方程，求解未知内力。图 4.6（b）平衡，于是：

$$\sum X = 0: \qquad\qquad N - F = 0$$

得 $\qquad\qquad\qquad\qquad N = F$

计算结果为正，表明所假设内力方向正确。同理取另一部分如图 4.6（c）所示计算结果也一样，可见由截开两部分所得内力的大小相等，方向相反，符合作用与反作用公理。

必须注意：用截面法求内力之前，外力不能用力的可传性原理、力偶的移动和转动性质处理，也不能用等效力系代替，否则将改变力对变形固体的变形效应。

内力只与外力有关，而与杆件截面尺寸无关，它只表示截面上总的受力情况，还不能以此内力的大小为依据来说明构件是否安全。为了解决构件的强度问题，还必须研究截面上内力分布的集度，例如，两根材料相同的拉杆，一根较粗、一根较细，两者承受相同的拉力，当拉力同步增加时，细杆将先被拉断。这表明，虽然两杆截面上的内力相等，但内力的分布集度并不相同，细杆截面上内力分布的集度比粗杆截面上的集度大。所以，在材料相同的情况下，杆件破坏的原因不是内力的大小，而是内力分布的集度，为此，引入应力的概念。

4.2.3 应力

设在受力构件的 $m—m$ 截面上，围绕 M 点取微面积 ΔA，如图 4.7（a）所示，ΔA 上分布内力的合力为 ΔF，则在 ΔA 范围内的单位面积上内力的平均集度为

$$P_m = \frac{\Delta F}{\Delta A}$$

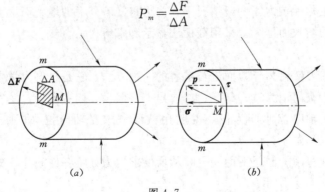

图 4.7

P_m 称为 ΔA 上的平均应力。为消除所取面积 ΔA 大小的影响，可令 ΔA 趋于零，取极限，这样得到：

$$p = \lim_{\Delta A \to 0} P_m = \lim_{\Delta A \to 0} \frac{\Delta F}{\Delta A} = \frac{\mathrm{d}F}{\mathrm{d}A}$$

p 称为 M 点处的总应力，是一个矢量，与 ΔF 同方向，一般既不与截面垂直，也不与截面平行。通常把总应力 p 分解成垂直于截面的法向分量 σ 和与平行于截面的切向分量 τ，如图 4.7 (b) 所示，σ 称为 M 点处的正应力，τ 称为 M 点处的剪应力。

应力的单位为 Pa（帕斯卡），$1\mathrm{Pa} = 1\mathrm{N/m^2}$，工程实际中常采用帕的倍数：kPa（千帕）、MPa（兆帕）和 GPa（吉帕），其关系为：

$$1\mathrm{kPa} = 1 \times 10^3 \mathrm{Pa}$$

$$1\mathrm{MPa} = 1 \times 10^6 \mathrm{Pa} = 1 \times 10^6 \mathrm{N/m^2} = 1 \times 10^6 \times (1/10^6) \mathrm{N/mm^2} = 1\mathrm{N/mm^2}$$

$$1\mathrm{GPa} = 1 \times 10^9 \mathrm{Pa} = 1 \times 10^3 \mathrm{MPa}$$

任 务 小 结

（1）杆件变形的基本形式：轴向拉伸与压缩；剪切；扭转；平面弯曲。

（2）内力：杆件被假想截开成两部分之间的相互作用力。

（3）截面法步骤：

第一步：截开。用一假想平面从所求内力处将杆件截开分为两部分。

第二步：取出。取出其中的任一部分，将原来作用在取出部分上的外力照样画出。

第三步：假设。假设弃去部分对保留部分的作用力。

第四步：平衡。

（4）应力：内力分布的密集程度。

思 考 题

1. 试就日常生活所见，列举杆件变形的一些例子。

2. 指出内力与应力概念的差别。

3. 为什么要引入应力的概念？

4. 应力是矢量还是标量？为什么？

课 后 练 习 题

一、选择题

1. 轴向拉（压）时横截面上的正应力（　　）分布。

A. 均匀　　　　B. 线性　　　　C. 假设均匀　　　　D. 抛物线

2. 剪切变形时，名义剪切应力在剪切面上（　　）分布。

A. 均匀　　　　B. 线性　　　　C. 假设均匀　　　　D. 抛物线

3. 扭转变形时，圆轴横截面上的剪应力（　　）分布。

A. 均匀　　　　B. 线性　　　　C. 假设均匀　　　　D. 抛物线

4. 弯曲变形时，弯曲剪应力在横截面上（　　）分布。

A. 均匀　　　　　B. 线性　　　　　C. 假设均匀　　　　　D. 抛物线

5. 弯曲变形时，弯曲正应力在横截面上（　　）分布。

A. 均匀　　　　　B. 线性　　　　　C. 假设均匀　　　　　D. 抛物线

6. 杆件的能力与杆件的（　　）有关。

A. 外力　　　　　　　　　　B. 外力、截面

C. 外力、截面、材料　　　　D. 外力、截面、杆长、材料

7. 杆件的应力与杆件的（　　）有关。

A. 外力　　　　　　　　　　B. 外力、截面

C. 外力、截面、材料　　　　D. 外力、截面、杆长、材料

8. 杆件的应变与杆件的（　　）有关。

A. 外力　　　　　　　　　　B. 外力、截面

C. 外力、截面、材料　　　　D. 外力、截面、杆长、材料

9. 杆件的变形与杆件的（　　）有关。

A. 外力　　　　　　　　　　B. 外力、截面

C. 外力、截面、材料　　　　D. 外力、截面、杆长、材料

10. 截面上的剪应力的方向（　　）。

A. 平行于截面　　　　　　　B. 垂直于截面

C. 可以与截面任意夹角　　　D. 与截面无关

二、填空题

1. 低碳钢材料由于冷作硬化，会使_____提高。

2. 常用的应力单位是兆帕（MPa），1MPa＝_____ N/m²。

3. 杆件变形的基本形式有四种，即拉伸、_____、扭转、_____。

4. 单位面积上的内力称为_____。

任务5 轴向拉伸与压缩

学习目标：了解连接件的强度计算；掌握轴力图的绘制及轴向拉伸（压缩）杆件的强度计算。

5.1 轴向拉伸与压缩杆件的内力

5.1.1 轴向拉（压）变形的概念及实例

在工程实际中经常有受轴向拉伸和压缩的杆件，如图5.1所示桁架中的各杆件。当杆件两端受到背离杆件的轴向外力作用时，产生沿轴线方向的伸长变形，这种变形称为轴向拉伸，这种杆件称为拉杆，所受外力为拉力；反之，当杆件两端受到指向杆件的轴向外力作用时，产生沿轴线方向的缩短变形，这种变形称为轴向压缩，这种杆件称为压杆，所受外力为压力。

5.1.2 内力—轴力

为了研究轴向受拉（压）杆件的强度和刚度，首先必须研究杆件的内力。

（1）概念：直杆在轴向拉伸或压缩时，横截面上只有作用线与杆轴线重合的内力，这种内力称为轴力，用符号 N 表示。

（2）轴力 N 的计算方法：截面法。

（3）轴力 N 的正负号规定为：离开截面为正，称为拉力；指向截面为负，称为压力。计算中通常假设为拉力，结果为正，说明为拉力；结果为负，说明为压力。

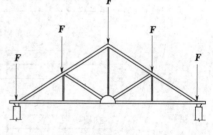

图5.1

（4）轴力 N 的单位：牛［顿］（N）或千牛［顿］（kN）。

（5）轴力 N 的特点：与横截面位置有关，与外力有关，与杆件横截面尺寸无关。

5.1.3 轴力图

1. 轴力图的概念

杆在不同部位受到两个以上轴向外力作用的时候，在杆不同区段中的轴力是不同的。为了形象地表示轴力沿杆件轴线变化的规律，把轴力沿杆件长度变化的规律用一个图形表示出来，这个图形称为轴力图。从轴力图中可以找出强度计算时所需的最大轴力 N_{max}。

2. 轴力图的绘制

（1）坐标轴的建立：在荷载图的正下方或正右方，以与杆件的轴线平行的 x 轴表示横截面位置；以 N 轴垂直于 x 轴，坐标 N 按选定的比例尺表示对应横截面轴力的大小。杆件水平放置时，将正的轴力画在上侧，负的轴力画在下侧。对于竖杆则按顺时针转为水平。

（2）绘图顺序：自左向右。

（3）四个标注：图名、大小、正负、单位。

【**例 5.1**】 如图 5.2（a）所示直杆在 A、B、C、D 四截面分别受到轴向外力，试计算各段的轴力并作轴力图。

【**解**】 （1）求 AB 段的轴力，用一假想的截面 1—1 在 AB 段任一截面将杆截开并取出左段，如图 5.2（b）所示，设截面 1—1 的轴力 N_1 为正，由此段的平衡：

$$\sum X=0： \qquad -10+N_1=0$$

得 $$N_1=10(kN)$$

N_1 为正，说明 N_1 的方向与假设方向相同，为拉力。由于截面 1—1 是在 AB 段内任取的，所以 AB 段内任一截面的轴力都为 10kN。

（2）求 BC 段的轴力，用一假想的截面 2—2 在 BC 段任一截面将杆截开，研究其左段，如图 5.2（c）所示，同样，假设轴力 N_2 为正，由左段的平衡：

$$\sum X=0： \qquad -10+22+N_2=0$$

得 $$N_2=-12(kN)$$

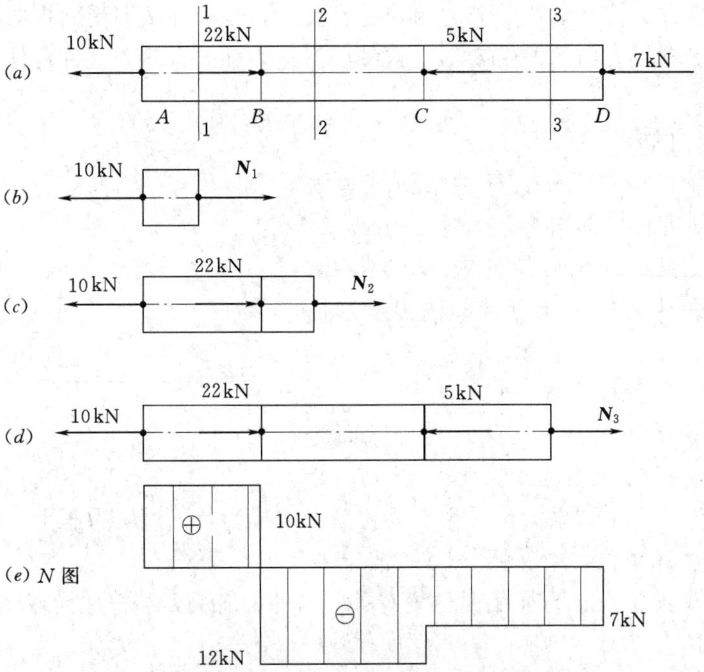

图 5.2

结果 N_2 为负值，说明 N_2 的真实方向应与图设方向相反，为压力。

（3）同理可求 CD 段内任一横截面上的内力 N_3 如图 5.2（d）所示，由

$$\sum X=0： \qquad -10+22-5+N_3=0$$

得 $$N_3=-7(kN)$$

各段内的轴力求出后，在 $x-N$ 坐标系中，标出各段轴力的大小和正负，即得轴力图如图 5.2（e）所示。

总结计算结果可知：任一截面上轴力的大小等于截面任一侧杆上所有外力的代数和。

本例题是通过截面法的四个步骤求出轴力进一步画轴力图的，每求一个轴力就要用一次截面法，过程冗长，篇幅大。为方便起见，有必要归纳出轴力图的特点，为今后画轴力图提供快捷的方法。

3. 轴力图的特点

（1）无荷载段，轴力图为平行于杆轴线的直线。

（2）集中力作用处，轴力图发生突变。左上（即向"左"的集中力处轴力图向"上"突变），右下（即向"右"的集中力处轴力图向"下"突变），突变值等于荷载值。

（3）均布荷载段，轴力图为斜直线。斜直线倾斜方向：左上（即向"左"的均布荷载段轴力图线向"上"倾斜）；右下（即向"右"的均布荷载段轴力图线向"下"倾斜）。斜直线起止点的变化值等于均布荷载合力值。

（4）轴力图由零开始，终归于零。

【例 5.2】 如图 5.3（a）所示直杆在 A、B、E、F 四截面受到轴向集中外力，C、D 段受到均布轴力，试根据轴力图特点快速作轴力图。

【解】 我们利用荷载与轴力之间的关系绘制轴力图，如图 5.3（b）所示。

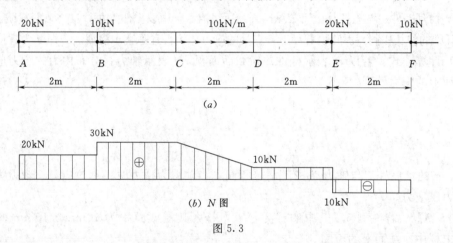

图 5.3

A 点有向左荷载故向上发生突变 20kN。AB 段无荷载所以为水平。B 点有向左荷载故向上发生突变 10kN，其值变为 30kN。BC 段无荷载所以为水平。CD 段有向右均布荷载，所以为向下倾斜直线，直线起止变化值为均布荷载合力 20kN，D 点值变为 10kN。DE 段无荷载所以为水平。E 点有向右荷载故向下发生突变 20kN，其值变为 −10kN。EF 段为无荷载段所以为水平线。F 点有向左荷载故向上突变 10kN，最终其值归零，说明轴力图正确。

5.2 轴向拉（压）杆件横截面上的应力

5.2.1 轴向拉（压）杆横截面上的应力

由于材料的受力与变形之间有一定的关系，因此可以通过观察变形来了解内力的分布，然后再根据合力应该等于截面上的内力集度之和，从而得到内力与应力的关系。

（1）试验。首先在试验直杆的侧面划上两条横向周线 ab、cd 表示两横截面，并在两

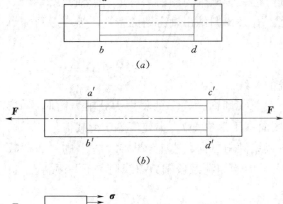

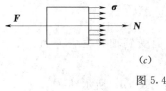

图 5.4

横向周线间划两条纵向线，如图 5.4 (a) 所示；然后，在杆两端加一对轴向拉力，使其产生拉伸变形，如图 5.4 (b) 所示。

（2）现象。由试验观察发现，横向周线仍彼此平行，且垂直于轴线，但其间的距离增大了；各纵向线仍平行于轴线，但都伸长了。

（3）平面假设。上述现象是杆的变形在其表面上的反映，由于横向周线是横截面的外周线，假设内部变形情况也跟表面一样，于是可假设杆件变形前的横截面在变形后仍保持为平面，且仍垂直于轴线。这个假设称为平面假设。

（4）物理条件。设想杆是由无数纵向纤维所组成，则由以上假设可以推之，两横截面间各条纵向纤维的伸长相同，因此横截面上各点处的应力相等，且垂直于横截面，即 σ 为常量。

（5）计算公式。若以 A 表示杆件的横截面面积，N 表示轴力，分布内力的合力应该等于横截面上的内力，即

$$N = \int \mathrm{d}N = \int \sigma \mathrm{d}A = \sigma \int \mathrm{d}A = \sigma A$$

$$\sigma = \frac{N}{A} \tag{5.1}$$

（6）σ 的正负号。与轴力 N 的正负号相同，当轴力为拉力时，称拉应力；轴力为压力时，称为压应力。

【例 5.3】　若 [例 5.1] 中的杆为等直木杆，其横截面积为 10mm×10mm 的正方形，试求杆中横截面上的应力。

【解】　（1）杆的横截面面积：

$$A = 10 \times 10 = 100(\mathrm{mm}^2) = 100 \times 10^{-6}(\mathrm{m}^2)$$

（2）应力：

在 [例 5.1] 中，已求得杆各段轴力分别为 $N_1 = 10\mathrm{kN}$，$N_2 = -12\mathrm{kN}$，$N_3 = -7\mathrm{kN}$，代入正应力计算式 $\sigma = \dfrac{N}{A}$，可得

1）AB 段任一横截面上的应力：

$$\sigma_1 = \frac{N_1}{A} = \frac{10 \times 10^3}{100 \times 10^{-6}} = 100 \times 10^6(\mathrm{Pa}) = 100(\mathrm{MPa})$$

2）BC 段任一横截面上的应力：

$$\sigma_2 = \frac{N_2}{A} = \frac{-12 \times 10^3}{100 \times 10^{-6}} = -120 \times 10^6(\mathrm{Pa}) = -120(\mathrm{MPa})$$

3）CD 段任一横截面上的应力：

$$\sigma_3 = \frac{N_3}{A} = \frac{-7 \times 10^3}{100 \times 10^{-6}} = -70 \times 10^6 (\text{Pa}) = -70(\text{MPa})$$

5.2.2 轴向拉（压）杆斜截面上的应力

上文已分析了拉（压）杆横截面上的正应力，但实验表明拉（压）杆的破坏并不一定沿横截面，而有时是沿斜截面发生的。为了更全面研究拉（压）杆的强度问题，有必要研究各斜截面上的应力。仍以拉杆为例如图 5.5（a）所示，设与横截面成任意 α 角的斜截面 $k-k$ 的面积为 A_α，它与横截面积 A 的关系为

$$A_\alpha = \frac{A}{\cos\alpha}$$

要求 α 截面上的应力，必须先求该截面上的内力。用截面法，沿斜截面 $k-k$ 将杆件截分为二，研究其左段如图 5.5（b）所示，假设 α 斜截面上的内力为 F_α，方向为离开斜截面的方向，与轴线重合。由平衡条件可知：

$$F_\alpha = F \tag{5.2a}$$

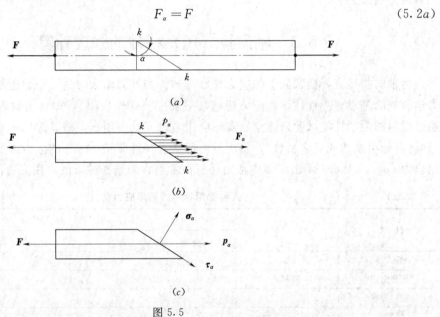

图 5.5

F_α 是斜截面上的合内力。采用与前面一样的试验分析，可知斜截面上的应力也是沿斜截面均匀分布，且平行于杆的轴线。若以 p_α 表示斜截面表示斜截面 $k-k$ 上的应力，于是有

$$p_\alpha = \frac{F_\alpha}{A_\alpha} = \frac{F}{A_\alpha}$$

利用式（5.2a）得

$$p_\alpha = \frac{F}{A}\cos\alpha = \sigma\cos\alpha$$

由于 $\cos\alpha < 1$，所以斜截面上的应力总是小于横截面上的应力。p_α 称为总应力，也是一个矢量。为计算方便，常把它分解成垂直于斜截面的分量 σ_α，即正应力。和与斜截面相切的分量 τ，称为剪应力。由图 5.5（c）所示可得

$$\sigma_\alpha = p_\alpha\cos\alpha = \sigma\cos^2\alpha \tag{5.2b}$$

$$\tau_\alpha = p_\alpha\sin\alpha = \sigma\cos\alpha\sin\alpha = \frac{\sigma}{2}\sin2\alpha \tag{5.2c}$$

63

式（5.2b）和式（5.2c）是在直杆受轴向拉伸情况下得到的，对于受轴向压缩的直杆也适用。

关于 α 的正负号的规定：从相应横截面外法线转锐角到斜截面的外法线，逆时针转向为正，顺时针转向为负。

关于 σ_α 和 τ_α 的正负号规定：σ_α 拉为正，压为负；τ_α 为绕脱离体内侧一点作顺时针转向者为正，反之为负。

从式（5.2b）和式（5.2c）可看出，斜截面上的正应力 σ_α 和剪应力 τ_α 是 α 的函数，斜截面上的方位不同，其上的应力也不相同。当 $\alpha=0$ 时，$\sigma_\alpha=\sigma_0=\sigma$，即在拉（压）杆内某一点，横截面上的正应力是通过该点所有不同方位截面上正应力的最大者。当 $\alpha=45°$ 时，$\tau_\alpha=\tau_{45°}=\dfrac{\sigma}{2}$，即与横截面成 $45°$ 的斜截面上的剪应力是拉（压）杆所有不同方位截面上剪应力的最大者。

5.3 轴向拉（压）杆件的强度计算

由轴向拉压直杆横截面上的应力计算可知，当外力增大时这一应力也随之增大。材料力学研究的是理想弹性体，当应力超过某一限度（弹性极限），即认为材料破坏，其值可通过材料的力学性能试验来测定。实际应用考虑安全等因素，将其除以一个大于 1 的系数（称材料分项系数或安全系数），将所得的值作为杆件能安全工作的应力最大值，这就是许用应力 $[\sigma]$。表 5.1 给出了集中常用材料在常温、静载条件下的许用应力值。

表 5.1 几种常用材料的需用应力

材　料	牌　号	许　用　应　力（MPa）	
		轴　向　拉　伸	轴　向　压　缩
低碳钢	A₃	170	170
低合金钢	16Mn	230	230
灰口铸铁		34~54	160~200
混凝土	C20（200 号）	0.44	7
混凝土	C30（300 号）	0.6	10.3
红松（顺纹）		6.4	10

5.3.1 轴向拉（压）杆的强度条件

对于等截面直杆件，最大的正应力发生在最大轴力 N_{max} 作用的截面上，即

$$\sigma_{max}=\frac{N_{max}}{A} \tag{5.3}$$

通常把 σ_{max} 所在的截面称为危险截面，把 σ_{max} 所在的点称为危险点。为了保证拉（压）杆不因强度不足而破坏，构件的最大工作应力不得超过其材料的许用应力，即

$$\sigma_{max}=\frac{N_{max}}{A}\leqslant[\sigma] \tag{5.4}$$

式（5.4）称为轴向拉（压）杆的强度条件。

5.3.2 轴向拉（压）杆的强度计算

应用轴向拉（压）杆的强度条件可以解决有关强度计算的三类问题。

（1）强度校核。当已知杆的材料许用应力 $[\sigma]$、截面尺寸 A 和承受的荷载 N_{max}，可用式（5.4）校核杆的强度是否满足要求。

（2）设计截面尺寸。已知荷载与材料的许用应力时，可以将式（5.4）改写成：

$$A \geqslant \frac{N_{max}}{[\sigma]}$$

以确定截面尺寸。

（3）确定许用荷载 $[F]$。已知构件截面尺寸和材料的许用应力时，可以将式（5.4）改写成：

$$N_{max} \leqslant A[\sigma]$$

再由内力与外力关系确定许用荷载 $[F]$。

【例5.4】 图5.6所示为一平板闸门，需要的最大启门力 $F = 140$kN。已知提升闸门的钢螺旋杆的内径为 40mm，钢的许用应力 $[\sigma] = 170$MPa，试校核钢螺旋杆的强度能否满足要求。

【解】 （1）求螺旋杆的轴力：

$$N = F$$

（2）强度校核。杆的工作应力：

$$\sigma = \frac{N}{A} = \frac{F}{\pi \dfrac{d^2}{4}} = \frac{140 \times 10^3 \times 4}{\pi \times 40^2 \times 10^{-6}} = 111.5 \times 10^6 (\text{Pa})$$

$$= 111.5 (\text{MPa}) < [\sigma] = 170 (\text{MPa})$$

此螺旋杆的强度能满足要求。

【例5.5】 如图5.7所示桁架的 AB 杆拟用直径 $d = 25$mm 的圆钢，AC 杆用木材。已知钢材的 $[\sigma_1] = 170$MPa，木材的 $[\sigma_y] = 10$MPa。试校核 AB 杆的强度，并确定 AC 杆的横截面面积。

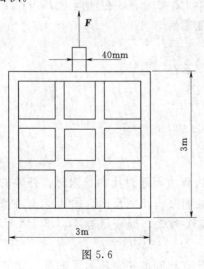

图 5.6

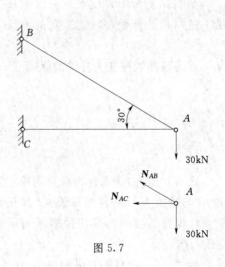

图 5.7

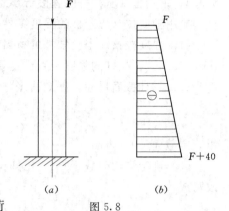

图 5.8

【解】　（1）取结点 A 求内力，得

$$N_{AB} = 60\text{kN}, \quad N_{AC} = -52\text{kN}$$

（2）校核 AB 杆：

$$\sigma_{\max} = \frac{N_{AB}}{A_1} = \frac{4 \times 60 \times 10^3}{3.14 \times 25^2 \times 10^{-6}}$$
$$= 122.3(\text{MPa}) < [\sigma_1]$$

AB 杆的强度在安全范围内。

（3）确定 AC 杆的横截面积：

$$A_2 = \frac{[N_{AC}]}{[\sigma_y]} = \frac{52 \times 10^3}{10 \times 10^6} = 52 \times 10^{-4}(\text{m}^2) = 52(\text{cm}^2)$$

【例 5.6】　如图 5.8（a）所示砖柱柱顶受轴心荷载 F 作用。已知砖柱横截面面积 $A = 0.3\text{m}^2$，自重 $G = 40\text{kN}$，材料的许用应力 $\sigma_y = 1.05\text{MPa}$。试按强度条件确定柱顶的许用荷载 $[F]$。

【解】　（1）求得 N 图如图 5.8（b）所示。

（2）判断柱底截面是危险截面，其上任一点是危险点。

（3）由强度条件：

$$N_{\max} \leqslant A[\sigma] = 1.05 \times 10^6 \times 0.3 = 31500(\text{N}) = 315(\text{kN})$$

即

$$[F] + 40 = 315(\text{kN})$$

得

$$[F] = 315 - 40 = 275(\text{kN})$$

5.4　轴向拉（压）杆件的变形

当杆件承受轴向荷载时，其轴向与横向尺寸均发生变化。杆件沿轴线方向的变形称为轴向变形或纵向变形，垂直于轴线方向的变形称为横向变形。

5.4.1　杆件的轴线变形与虎克定律

如图 5.9 所示，设等直杆的原长为 l，横截面面积为 A，在轴向力 F 作用下，长度由 l 变为 l'。杆件在轴线方向的伸长，即纵向变形为

$$\Delta l = l' - l$$

某一点的纵向线应变为杆件的纵向变形 Δl 除以原长 l，即

$$\varepsilon = \frac{\Delta l}{l}$$

$$\Delta l = \frac{Nl}{EA} = \frac{Fl}{EA} \tag{5.5a}$$

$$\sigma = E\varepsilon \tag{5.5b}$$

式（5.5）的关系称为虎克定律。它表明，当应力不超过比例极限时，杆件的纵向变形 Δl 与轴力 N 和杆件的原长度 l 成正比，与横截面面积 A 成反比。式（5.5）中 EA 是材料弹性模量与拉（压）杆件横截面面积乘积，EA 越大，则变形越小，将 EA 称为抗拉（压）刚度。

由式（5.5）可知，纵向变形 Δl 与轴力 N 具有相同的正负符号，即伸长为正，缩短

为负。

5.4.2 拉（压）杆的横向变形与泊松比

若在图 5.9 中，设变形前杆件的横向尺寸为 d，变形后为 d'，则横向变形为

$$\Delta d = d' - d$$

横向线应变则为

$$\varepsilon' = \frac{\Delta d}{d}$$

试验证明，轴向拉伸时，杆沿轴向伸长，其横向尺寸减小；轴向压缩时，杆沿轴向缩短，其横向尺寸则增大，即横向应变 ε' 与纵向应变 ε 恒为异号。试验还表明，在比例极限内，横向线应变与纵向线应变成正比。将杆的横向线应变与纵向线应变之比的绝对值用 μ 表示，有

$$\mu = \left| \frac{\varepsilon'}{\varepsilon} \right| \tag{5.6}$$

或

$$\varepsilon' = -\mu \varepsilon \tag{5.7}$$

比例系数 μ 称为泊松比或横向变形因数。在比例极限内，μ 是一个常数，其值随材料而异，由试验测定。对于绝大多数各向同性材料，$0 < \mu < 0.5$。

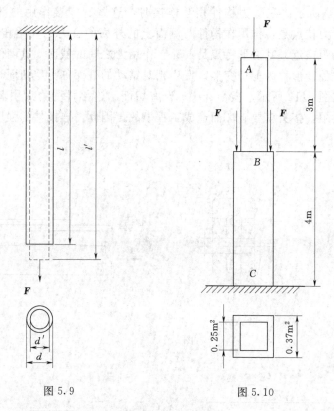

图 5.9　　　　　　　　　　图 5.10

【例 5.7】　一截面为正方形的阶梯形砖柱，由上、下两段组成。其各段长度、截面尺寸和受力情况如图 5.10 所示。已知材料的弹性模量 $E = 0.05 \times 10^5$ MPa，外力 $F = 50$ kN，试求砖柱顶的位移。

【解】　顶点 A 向下位移等于全柱的总缩短：

$$\Delta l = \Delta l_1 + \Delta l_2 = \frac{N_1 l_1}{EA_1} + \frac{N_2 l_2}{EA_2}$$

其中

$$N_1 = -F = -50\text{kN} \qquad l_1 = 3\text{m} \qquad A_1 = 0.25\text{m}^2$$
$$N_2 = -F = -150\text{kN} \qquad l_2 = 4\text{m} \qquad A_2 = 0.37\text{m}^2$$

$$\Delta l = \frac{-50 \times 10^3 \times 3}{(0.03 \times 10^5 \times 10^6) \times 0.25^2} + \frac{-150 \times 10^3 \times 4}{(0.03 \times 10^5 \times 10^6) \times 0.37^2}$$
$$= -0.0023(\text{m}) = -2.3(\text{mm})$$

即砖柱顶缩短了 2.3mm。

5.5 连接件的强度计算

5.5.1 剪切的概念及工程实例

在工程实际中，经常要把若干杆件连接起来组成结构，其连接形式是各种各样的。有螺栓连接、铆钉连接、销轴连接、键连接等。例如，两钢管是通过法兰用螺栓连接，如图 5.11 (a) 所示，吊装重物的吊具是用销轴连接如图 5.11 (b) 所示，连接钢板通常采用铆接如图 5.11 (c) 所示。在受力构件相互连接时，这些起连接作用的部件，简称连接件。这类构件的受力特点是：作用在构件两侧面上的外力的合力的大小相等、方向相反、作用线平行，且相距很近。其变形特点是：介于作用力之间的截面，其两侧将有相对错动的趋势。构件的这种变形称为剪切变形；发生相对错动的截面称为剪切面，剪切面平行于作用力的方向，如图 5.12 所示，截面 m—n 是剪切面。连接件受力后引起的应力，如果超过材料的强度极限，接头就要破坏而造成工程事故。因此，连接件的强度计算在结构设计中非常重要。

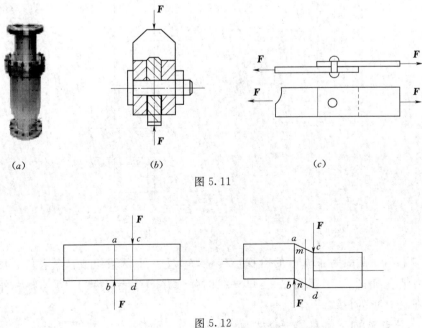

(a) (b) (c)

图 5.11

图 5.12

工程实际中，广泛应用的连接件，如螺栓、铆钉、销钉等，一般尺寸较小，受力与变形也比较复杂，难以从理论上计算它们的真实工作应力。连接件的强度计算通常采用实用计算方法来进行，即在试验和经验的基础上，作出一些假设而得到简化的计算方法。

5.5.2 剪切实用计算

设两块钢板用铆钉连接如图 5.13 (a) 所示，钢板受拉时，铆钉在两钢板之间的截面处受剪切变形如图 5.13 (b) 所示。

(1) 内力—剪力。剪切面上的内力可用截面法求得：将铆钉假想地沿剪切面截开，由平衡条件可知剪切面上存在着与外力 F 大小相等方向相反的内力 Q，称为剪力如图 5.13 (c) 所示。

$$Q = F$$

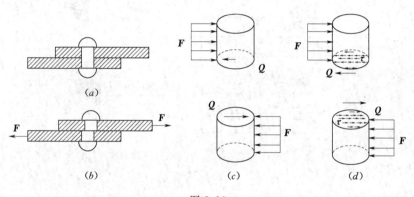

图 5.13

横截面上的剪力是沿截面切线作用的，它由截面上各点处的剪应力 τ 所组成如图 5.13 (d) 所示。

(2) 应力—剪应力。剪切面上的剪应力分布情况较为复杂，实用计算中近似认为剪应力 τ 在剪切面上均匀分布，即

$$\tau = \frac{Q}{A_\tau} \tag{5.8}$$

(3) 剪切强度条件：

$$\tau = \frac{Q}{A_\tau} \leqslant [\tau] \tag{5.9}$$

式中：τ 为剪应力；Q 为剪切面剪力；A_τ 为剪切面面积；$[\tau]$ 为材料的许用剪应力，其值由试验确定。

各种材料的许用剪应力值可以在相关手册中查得。经试验可说明，材料的 $[\tau]$ 和 $[\sigma]$ 之间大致有如下关系：

塑性材料：$\qquad\qquad [\tau] = (0.6 \sim 0.8)[\sigma]$

脆性材料：$\qquad\qquad [\tau] = (0.8 \sim 1.0)[\sigma]$

(4) 剪切强度计算。式 (5.9) 与轴向拉 (压) 强度条件式 (5.4) 一样，可以解决三类强度计算问题，即校核强度、设计截面尺寸和确定许用荷载。

5.5.3 挤压实用计算

连接件除了可能发生剪切破坏外，还可能发生挤压破坏。所谓挤压，是指两个构件相

互传递压力时接触面相互压紧而产生的局部压缩变形。图 5.14 所示铆钉连接中，铆钉与钢板孔壁接触面上的压力过大时，接触面上将发生显著的塑性变形或压溃，铆钉被压扁，圆孔变成了椭圆孔，连接件松动，不能正常使用，如图 5.14 (b) 所示。因此，连接件在满足剪切强度条件的同时还必须满足挤压强度条件。

(1) 外力—挤压力。连接件与被连接件之间相互接触面上的压力 F_j 称为挤压力，挤压力作用的面称为挤压面，垂直于挤压力的方向，如图 5.14 (c) 所示。

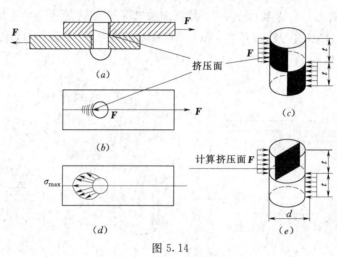

图 5.14

(2) 应力—挤压应力。挤压面上的应力 $\boldsymbol{\sigma}_j$ 称为挤压应力。挤压面上的挤压应力的分布也很复杂，它与接触面的形状及材料性质有关。例如，钢板上铆钉孔附近的挤压应力分布如图 5.14 (d) 所示，挤压面上各点的应力大小与方向都不相同。实用计算中考虑材料的塑性假设挤压应力在挤压面的计算面积 A_j 均匀地分布，即

$$\sigma_j = \frac{F_j}{A_j} \tag{5.10}$$

挤压面计算面积 A_j 是指挤压面积在垂直于挤压力方向平面的投影，如图 5.14 (e) 所示。

(3) 挤压强度条件：

$$\sigma_j = \frac{F_j}{A_j} \leqslant [\sigma_j] \tag{5.11}$$

式中：$\boldsymbol{\sigma}_j$ 为挤压应力；$\boldsymbol{F}_j$ 为挤压力；A_j 为挤压面计算面积；$[\sigma_j]$ 为材料的许用挤压应力，其值由实验测定，各种材料的许用挤压应力值可以在相关手册中查得。

试验说明，材料的 $[\sigma_j]$ 和 $[\sigma]$ 之间大致有如下关系：

塑性材料： $[\sigma_j] = (1.5 \sim 2.5)[\sigma]$

脆性材料： $[\sigma_j] = (0.5 \sim 1.5)[\sigma]$

(4) 挤压强度计算。式 (5.11) 也可以解决三类强度计算问题，即校核强度、设计截面尺寸和确定许用荷载。

【例 5.8】 图 5.15 (a) 所示铆接接头，承受轴向拉力 $\boldsymbol{F}$ 作用。试求该拉力的许用值。已知板厚 $\delta = 3\text{mm}$，板厚 $b = 15\text{mm}$，铆钉直径 $d = 4\text{mm}$，许用剪应力 $[\tau] = 100\text{MPa}$，许用挤压应力 $[\sigma_j] = 300\text{MPa}$，许用拉应力 $[\sigma] = 600\text{MPa}$。

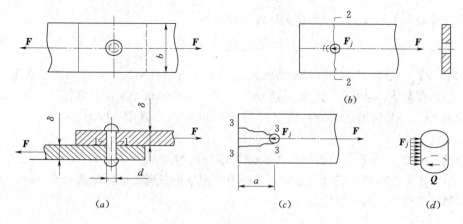

图 5.15

【解】 (1) 接头破坏形式分析。铆接接头的破坏形式可能有以下 4 种：铆钉沿横截面 1—1 被剪断如图 5.15 (a) 所示；铆钉与孔壁互相挤压，产生显著塑性变形如图 5.15 (b) 所示；板沿截面 2—2 被拉断如图 5.15 (b) 所示；板沿截面 3—3 被剪断如图 5.15 (c) 所示。

试验表明，当边距 a 足够大如图 5.15 (c) 所示，例如大于铆钉直径 d 的两倍，最后一种形式的破坏通常即可避免。因此，铆钉接头的强度分析，主要是针对前三种破坏而言。

(2) 剪切强度分析如图 5.15 (a) 所示，铆钉剪切面 1—1 上的剪应力为

$$\tau = \frac{Q}{A} = \frac{4F}{\pi d^2}$$

根据剪切强度条件式 (5.9)，要求：

$$F \leqslant \frac{\pi d^2 [\tau]}{4} = \frac{\pi (4 \times 10^{-3})^2 \times 100 \times 10^6}{4} = 1257(\text{N}) = 1.257(\text{kN})$$

(3) 挤压强度分析。铆钉与孔壁的最大挤压应力为

$$\sigma_j = \frac{F_j}{\delta d}$$

根据挤压强度条件式 (5.11)：

$$F = F_j \leqslant \delta d [\sigma_j] = 2 \times 10^{-3} \times 4 \times 10^{-3} \times 300 \times 10^6$$
$$= 2400(\text{N}) = 2.4(\text{kN})$$

(4) 拉伸强度分析。横截面 2—2 的上应力最大，其值为

$$\sigma_{\max} = \frac{F}{(b-d)\delta}$$

由此得

$$F \leqslant (b-d)\delta [\sigma]$$
$$= (15 \times 10^{-3} - 4 \times 10^{-3}) \times 2 \times 10^{-3} \times 160 \times 10^6$$
$$= 3520(\text{N}) = 3.520(\text{kN})$$

综合考虑以上三方面，可见接头的许用拉力为

$$F = 1.257(\text{kN})$$

【例 5.9】 图 5.16（a）、（b）所示接头，由两块钢板用 4 个直径相同的钢铆钉搭接而成。已知荷载 $F = 80\text{kN}$，板宽 $b = 80\text{mm}$，板厚 $\delta = 10\text{mm}$，铆钉直径 $d = 16\text{mm}$，许用剪应力 $[\tau] = 100\text{MPa}$，许用挤压应力 $[\sigma_j] = 300\text{MPa}$，许用拉应力 $[\sigma] = 160\text{MPa}$。试校核接头的强度。

【解】 （1）校核铆钉的剪切强度。分析铆钉的剪切强度如图 5.16（c）所示，分析表明，当各铆钉的材料与直径均相同，且外力作用线通过铆钉群剪切面的形心时，通常即认为各铆钉剪切面上的剪力均为

$$Q = \frac{F}{4} = \frac{80 \times 10^3}{4} = 2 \times 10^4 (\text{N})$$

相应的剪应力为

$$\tau = \frac{4Q}{\pi d^2} = \frac{4 \times (2 \times 10^4)}{\pi (0.016)^2}$$
$$= 9.95 \times 10^7 (\text{Pa}) = 99.5(\text{MPa}) < [\tau]$$

（2）铆钉的挤压强度校核。分析铆钉的剪切强度如图 5.16（c）所示，由铆钉的受力可以看出，挤压力为 $\frac{F}{4}$，因此，最大挤压应力为

$$\sigma_j = \frac{\dfrac{F}{4}}{\delta d} = \frac{8 \times 10^3}{4 \times 0.01 \times 0.016}$$
$$= 1.25 \times 10^8 (\text{Pa}) = 125(\text{MPa}) < [\sigma_j]$$

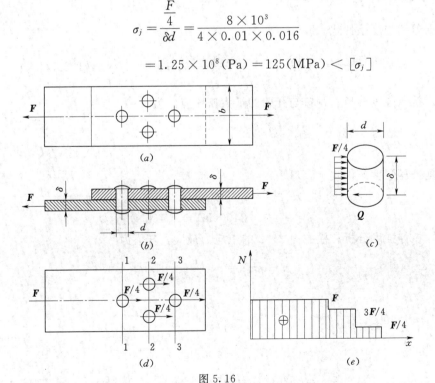

图 5.16

（3）钢板的拉伸强度校核。下方钢板的受力如图 5.16（d）所示，以横截面 1—1、2—2、3—3 为分界面，将板分为 4 段，分段利用截面法即可求出各段的轴力。并画轴力图如图 5.16（e）所示。由轴力图可以看出，截面 1—1 的轴力最大，截面 2—2 削弱最严重，因此，应对此两截面进行强度校核。

截面 1—1 与 2—2 的拉应力分别为

$$\sigma_1 = \frac{N_1}{A_1} = \frac{N_1}{(b-d)\delta}$$

$$= \frac{80 \times 10^3}{(0.080 - 0.016) \times 0.010}$$

$$= 1.25 \times 10^8 (\text{Pa}) = 125 (\text{MPa})$$

$$\sigma_2 = \frac{N_2}{A_2} = \frac{N_2}{4(b-2d)\delta}$$

$$= \frac{3 \times 80 \times 10^3}{4 \times (0.080 - 2 \times 0.016) \times 0.010}$$

$$= 1.25 \times 10^8 (\text{Pa}) = 125 (\text{MPa})$$

可见 $$\sigma_1 = \sigma_2 < [\sigma]$$

即板的拉伸强度也符合要求。因此整个连接满足强度条件。

任 务 小 结

1. 轴力图的绘制

用截面法求出各段的轴力，然后以 x 轴表示截面位置，使之与杆的轴线平行对齐；以垂直于 x 轴的坐标按选定的比例尺表示轴力 N 的大小。对于竖杆则按顺时针转为水平。自左向右绘制。将正的轴力画在上侧，负的轴力画在下侧。标出各段轴力的数值，单位和正负号。

2. 轴力图的特点

（1）无荷载段，轴力图为平行于杆轴线的直线。

（2）均布荷载段，轴力图为斜直线；斜直线倾斜方向：左上，右下；斜直线起止点的变化值等于均布荷载合力值。

（3）集中力作用处，轴力图发生突变：左上，右下；突变值等于荷载值。

（4）从零开始，终归于零。

3. 轴向拉（压）杆应力

（1）横截面应力：$\sigma = \dfrac{N}{A}$。

（2）最大工作应力：$\sigma_{\max} = \dfrac{N_{\max}}{A}$，其作用的横截面称为危险截面。

（3）斜截面应力：$\sigma_\alpha = F_a \cos\alpha = \sigma \cos^2\alpha$

$$\tau_\alpha = F_a \sin\alpha = \sigma\cos\alpha\sin\alpha = \frac{\sigma}{2}\sin2\alpha$$

4. 虎克定律

形式一：

$$\Delta l = \frac{Nl}{EA} = \frac{Fl}{EA}$$

形式二：

$$\sigma = E\varepsilon$$

5. 轴向拉（压）杆强度条件

$$\sigma_{\max} = \frac{N_{\max}}{A} \leqslant [\sigma]$$

6. 应用轴向拉（压）强度条件可以解决有关强度计算的三类问题

(1) 校核强度：$\sigma = \dfrac{N}{A} \leqslant [\sigma]$

(2) 设计截面尺寸：$A \geqslant \dfrac{N_{\max}}{[\sigma]}$

(3) 确定许用荷载：$N_{\max} \leqslant A[\sigma]$

7. 连接件强度计算

剪切强度条件：$\tau = \dfrac{Q}{A_\tau} \leqslant [\tau]$

挤压强度条件：$\sigma_j = \dfrac{F_j}{A_j} \leqslant [\sigma_j]$

思 考 题

1. 轴向拉（压）杆横截面上有什么内力？如何绘制轴力图？它有什么用途？

2. 指出下列各概念的区别：

外力和内力；内力和应力；变形和应变；正应力和剪应力；危险应力和许用应力。

3. 两根不同材料的等截面直杆，承受着相同的拉力，截面积与长度都相等。问：

(1) 两杆的内力是否相等？

(2) 两杆应力是否相等？

(3) 两杆的变形是否相等？

4. 什么是平面假设？提出这个假设有什么实际意义？

5. 在轴向拉（压）杆中，发生最大正应力的横截面上，其剪应力等于零。在发生最大剪应力的截面上，其正应力是否也等于零？

6. 何谓强度条件？可以解决哪些强度计算问题？

7. 什么是挤压？挤压和压缩有什么区别？

8. 指出思 8 图所示构件的剪切面和挤压面。

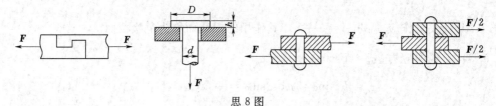

思 8 图

课 后 练 习 题

一、选择题

1. 两根相同截面，不同材料的杆件，受相同的外力作用，它们的纵向绝对变形（　　）。

A. 相同　　　　B. 不一定　　　C. 不相同　　　D. 无法判断

2. 两根相同截面、不同材料的杆件，受相同的外力作用，它们的应力（　　）。

A. 相同　　　　B. 不一定　　　C. 不相同　　　D. 无法判断

3. 截面上内力的大小（　　）。

A. 与截面的尺寸和形状有关　　　　B. 与截面的尺寸有关，但与截面的形状无关

C. 与截面的尺寸和形状无关　　　　D. 与截面的尺寸无关，但与截面的形状有关

4. 一等直拉杆在两端承受轴向拉力作用，若其一半为钢，另一半为铝，则两段的（　　）。

A. 应力相同，变形相同　　　　B. 应力相同，变形不同

C. 应力不同，变形相同　　　　D. 应力不同，变形不同

5. 轴向拉伸杆，正应力最大的截面和剪应力最大的截面（　　）。

A. 分别是横截面、45°斜截面　　　　B. 都是横截面

C. 分别是 45°斜截面、横截面　　　　D. 都是 45°斜截面

6. 在下列关于轴向拉压杆轴力的说法中，错误的是（　　）。

A. 拉压杆的内力只有轴力　　　　B. 轴力的作用线与杆轴线重合

C. 轴力是沿杆轴线作用的外力　　　　D. 轴力与杆的横截面和材料均无关

7. 影响杆件工作应力的因素是（　　）。

A. 荷载　　　　B. 材料性质　　　C. 杆件的形状　　　D. 工作条件

8. 面积相等、材料不同的两等截面直杆，承受相同的轴向拉力，则两杆的（　　）。

A. 轴力相同，横截面上的正应力不同　　B. 轴力相同，横截面上的正应力也相同

C. 轴力不同，横截面上的正应力相同　　D. 轴力不同，横截面上的正应力也不同

9. 在其他条件不变时，若受轴向拉伸的杆件的直径增大一倍，则杆件横截面上的正应力将减少（　　）。

A. 1 倍　　　　B. 1/2 倍　　　C. 2/3 倍　　　　D. 1/4 倍

10. 对于在弹性范围内受力的拉压杆，以下结论中错误的是（　　）。

A. 长度相同、受力相同的杆件，拉压刚度越大，轴向变形越小

B. 材料相同的杆件，正应力越大，轴向正应变越大

C. 杆件受力相同，横截面面积相同但形状不同，其横截面上轴力相等

D. 正应力是由杆件所受外力引起的，故只要所受外力相同，正应力也相同

11. 在如图所示的受力构件中，由力的可传原理，如将力 **P** 由位置 C 移至 B，则（　　）。

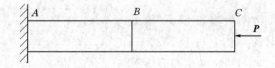

A. 杆件的内力不变，但变形不同　　　　B. 杆件的变形不变，但内力不同

C. 杆件 AB 段的内力和变形均保持不变　D. 固定端 A 的约束反力发生变化

12. 习惯上将 EA 称为杆件截面的（　　）。

A. 抗拉刚度　　　　B. 抗扭刚度　　　　C. 抗弯刚度　　　　D. 抗剪刚度

二、填空题

1. 拉杆、压杆的强度条件是＿＿＿＿＿＿＿＿＿＿。

2. 两根材料不同，截面面积相同的杆件，在相同轴向外力的作用下，它们的纵向绝对变形是＿＿＿＿＿＿＿＿＿＿。

3. 剪切的强度条件是＿＿＿＿＿＿＿＿＿＿。

4. 虎克定律的应用条件是＿＿＿＿＿＿＿＿＿＿。

5. 轴力的正负号规定是：拉力为＿＿＿＿＿＿＿＿＿＿；压力为＿＿＿＿＿＿＿＿＿＿。

6. 集中荷载处，轴力图发生突变，突变值等于＿＿＿＿＿＿＿＿＿＿。

7. 均布荷载段，轴力图为斜直线，斜直线起止点的变化值等于＿＿＿＿＿＿＿＿＿＿。

8. 轴向拉压杆横截面上的应力是＿＿＿＿＿＿＿＿＿分布；斜截面上的应力是＿＿＿＿＿＿＿＿分布。

9. 轴向拉压杆的强度条件是＿＿＿＿＿＿＿＿＿＿。

10. 轴向拉压杆上引起的纵向变形与轴力成正比；与横截面面积成＿＿＿＿＿＿＿比。

11. 剪切变形在剪切面上引起的是＿＿＿＿＿＿＿＿＿＿变形和＿＿＿＿＿＿＿＿＿应力。

三、判断题

1. 截面上内力的大小与截面的尺寸有关，但与截面的形状无关。　　　　　　（　　）

2. 虎克定律应用的条件是应力不超过比例极限。　　　　　　　　　　　　（　　）

3. 一等直拉杆在两端承受轴向拉力作用，若其一半为钢，另一半为铝，则两段的应力相同，变形不同。　　　　　　　　　　　　　　　　　　　　　　　　　（　　）

4. 轴向拉伸杆，正应力最大的截面和剪应力最大的截面分别是横截面、45°斜截面。　　　　　　　　　　　　　　　　　　　　　　　　　　　　　　（　　）

5. 轴力是沿杆轴线作用的外力。　　　　　　　　　　　　　　　　　　　（　　）

6. 杆件受力相同，横截面面积相同但形状不同，其横截面上应力不相等。　（　　）

7. 正应力是由杆件所受外力引起的，故只要所受外力相同，正应力也相同。（　　）

四、计算题

1. 求题 1 图所示各杆 1—1 和 2—2 横截面上的轴力。

2. 求题 2 图所示等直杆横截面 1—1、2—2 和 3—3 上的轴力，并作轴力图。横截面积 $A = 400 \text{mm}^2$，求各横截面上的应力。

3. 求题 3 图所示阶梯状直杆横截面 1—1、2—2 和 3—3 上的轴力，并作轴力图。如横截面积 $A_1 = 200 \text{mm}^2$，$A_2 =$

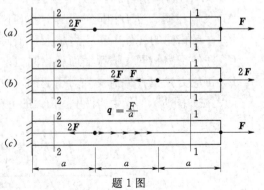

题 1 图

$300 \mathrm{mm}^2$，$A_3 = 400 \mathrm{mm}^2$，求各横截面上的应力。

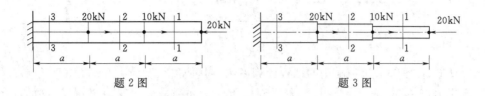

题2图   题3图

4. 石砌桥墩的墩身高 $L = 10\mathrm{m}$，其横截面尺寸如题4图所示。如荷载 $F = 1000\mathrm{kN}$，材料的容重 $\gamma = 23\mathrm{kN/m}^3$，求墩身底部横截面上的压应力。

5. 外径 25mm、内径 12mm 的钢管，承受 $F = 40\mathrm{kN}$ 的轴向拉力，此时杆中的应力有多大？若杆材料的许用应力为 225MPa，则 F 还可以增加多少？

6. 如题6图所示，横截面为 $3\mathrm{cm} \times 1\mathrm{cm}$ 的矩形板状试件，受轴向拉力 $F = 45\mathrm{kN}$。试求出 1—1 和 2—2 斜截面上的应力。

7. 一根等直杆受力如题7图所示。一直杆的横截面面积 A 和材料的弹性模量 E。试作轴力图，并求杆端截面 D 的位移。

8. 一木桩受力如题8图所示。柱的横截面为边长 200mm 的正方形，材料可认为服从虎克定律，其弹性模量 $E = 10\mathrm{GPa}$。如不计柱的自重，试求下列各项：

（1）作轴力图；

（2）各段柱横截面上的应力；

（3）各段柱的纵向线应变；

（4）柱的总变形。

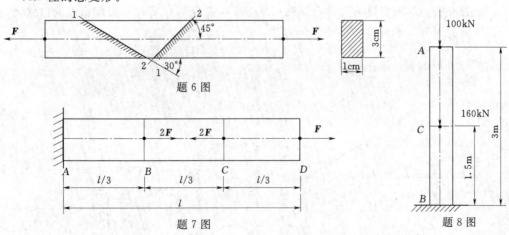

题6图

题7图   题8图

9. 一块厚 10mm、宽 200mm 的钢板，其截面被直径 $d = 20\mathrm{mm}$ 的圆孔所削弱，圆孔的排列对称于杆的轴线，如题9图所示。现用此钢板承受轴向拉力 $F = 200\mathrm{kN}$。如材料的许用应力 $[\sigma] = 170\mathrm{MPa}$，试校核钢板的强度。

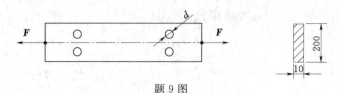

题 9 图

10. 如题 10 图所示为一雨棚的结构计算简图。其伸出长度为 1.8m，宽度为 4m，由两根与水平方向成 30° 的圆钢拉杆拉着。雨棚承受均布荷载 $q = 1200 \text{N/m}^2$，钢的许用应力 $[\sigma] = 170\text{MPa}$，试选择拉杆的直径。

11. 如题 11 图所示，吊架中拉杆 AB 杆为 $\phi6$ 的钢筋，已知 $[\sigma] = 170\text{MPa}$，试求最大许可荷载 q 值为多少？

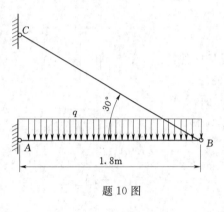

题 10 图

12. 一桁架受力如题 12 图所示。各杆都由等边角钢组成。已知材料的许用应力 $[\sigma] = 170\text{MPa}$，试选择 AC 杆和 CD 杆角钢型号。

13. 题 13 图为一悬吊结构的计算简图，拉杆 AB 由钢材制成，已知许用应力 $[\sigma] = 170\text{MPa}$，求此拉杆所需的横截面积。

14. 混凝土容重 $\gamma = 22\text{kN/m}^2$，许用压应力 $[\sigma] = 2\text{MPa}$。试按强度条件确定题 14 图所示混凝土柱所需的横截面积 A_1 和 A_2。如混凝土的弹性模量 $E = 210\text{GPa}$，求柱顶 A 的位移。

15. 承受力 $F = 30\text{kN}$ 的杆件 AB 被杆 1 和杆 2 吊起并保持水平位置，如题 15 图所示。杆 1 由钢制成，弹性模量 $E_1 = 200\text{GPa}$，横截面积 $A_1 = 200\text{mm}^2$，杆 2 由铜制成，$E_2 = 100\text{GPa}$，$A_2 = 400\text{mm}^2$。

（1）忽略杆 AB 的自重与变形，试确定使 AB 杆能保持水平时 F 力作用点的位置 x。

（2）求此时杆 1 和杆 2 中的应力。

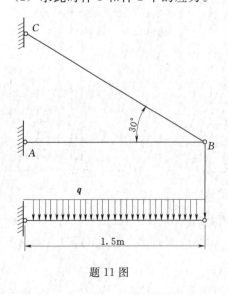

题 11 图

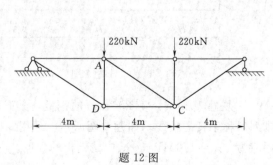

题 12 图

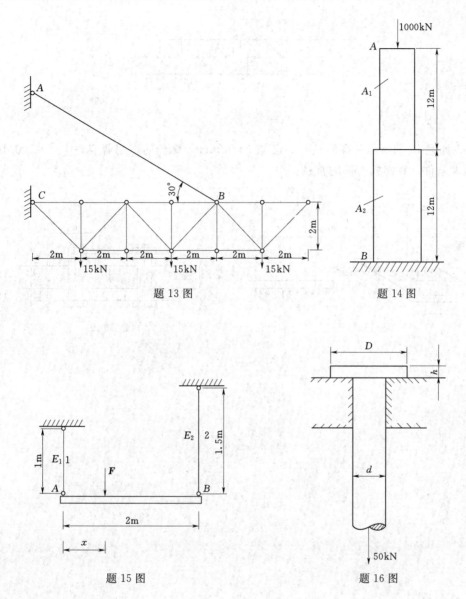

题 13 图

题 14 图

题 15 图

题 16 图

16. 试校核题 16 图所示拉杆头部的剪切强度和挤压强度。已知图中尺寸 $D = 32\text{mm}$、$d = 20\text{mm}$ 和 $h = 12\text{mm}$，杆的许用剪应力 $[\tau] = 100\text{MPa}$，许用挤压应力 $[\sigma_j] = 240\text{MPa}$。

17. 两块钢板厚为 $t = 6\text{mm}$，用 3 个铆钉连接如题 17 图所示。已知 $F = 50\text{kN}$，材料的许用剪应力 $[\tau] = 100\text{MPa}$，许用挤压应力 $[\sigma_j] = 280\text{MPa}$，试求铆钉直径 d。若利用现有直径 $d = 12\text{mm}$ 的铆钉，则铆钉数 n 应该是多少？

18. 正方形截面的混凝土柱，其横截面边长为 200mm，其基底为边长 $a = 1\text{m}$ 的正方形混凝土板。柱承受轴向压力 $F = 100\text{kN}$，如题 18 图所示。假设低级对混凝土板的支反力为均匀分布，混凝土的许用剪应力为 $[\tau] = 1.5\text{MPa}$，问为使柱不穿过板，混凝土所需的最小厚度 t 应为多少？

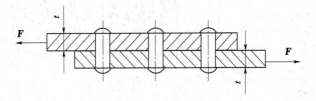

题 17 图

19. 如题 19 图所示一螺栓接头。已知 $F=40$kN，螺栓的许用剪应力 $[\tau]=100$MPa。试按强度条件计算螺栓所需的直径。

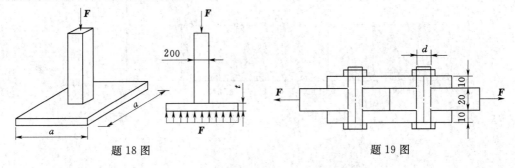

题 18 图　　　　　　　　题 19 图

任务6 截面的几何性质

学习目标：了解惯性半径、极惯性矩的概念；理解重心、形心、面积矩、惯性矩的概念；掌握简单截面图形形心、面积矩、惯性矩的计算；掌握组合截面形心、面积矩、惯性矩的计算。

6.1 截面的形心

6.1.1 形心的坐标公式

均质物体的重心也就是它的几何中心，又称为形心。从理论力学角度上讲，均质薄板的重心坐标为

$$\left.\begin{array}{l} \bar{z} = \dfrac{\int_A z\,dA}{A} \\[3mm] \bar{y} = \dfrac{\int_A y\,dA}{A} \end{array}\right\} \tag{6.1}$$

所以式（6.1）也可以用来计算平面图形或截面如图6.1所示的形心坐标。

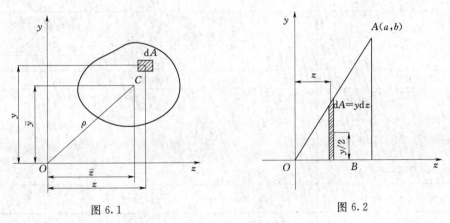

图6.1

图6.2

【例6.1】 如图6.2所示，求三角形 OAB 的形心坐标。

【解】 由式（6.1）有

$$\bar{z} = \frac{\int_0^a zy\,dz}{A} = \frac{\int_0^a z\frac{b}{a}z\,dz}{\frac{1}{2}ab} = \frac{2a}{3}$$

同理

$$\bar{y} = \frac{\int_A \frac{y}{2}\,dA}{A} = \frac{b}{3}$$

注意，在这里微元面 dA 的中心距离 z 轴为 $y/2$。

6.1.2 简单截面的形心

一般情况下，若截面关于 y、z 轴对称，则截面的形心在 y、z 轴的交点。特殊情况下，根据式（6.1），可以得到常见简单截面的形心位置见表6.1。

表 6.1　　　　　　　　　　　　　　　　　简单截面的形心位置

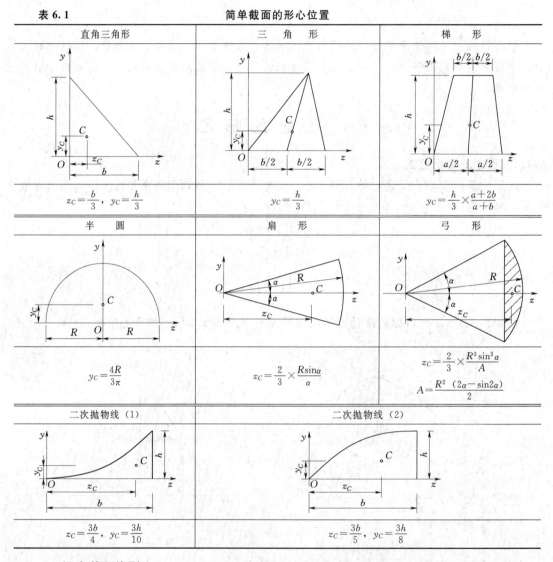

直角三角形	三角形	梯形
$z_C=\dfrac{b}{3}$，$y_C=\dfrac{h}{3}$	$y_C=\dfrac{h}{3}$	$y_C=\dfrac{h}{3}\times\dfrac{a+2b}{a+b}$
半圆	扇形	弓形
$y_C=\dfrac{4R}{3\pi}$	$z_C=\dfrac{2}{3}\times\dfrac{R\sin\alpha}{\alpha}$	$z_C=\dfrac{2}{3}\times\dfrac{R^3\sin^3\alpha}{A}$ $A=\dfrac{R^2\ (2\alpha-\sin2\alpha)}{2}$
二次抛物线（1）	二次抛物线（2）	
$z_C=\dfrac{3b}{4}$，$y_C=\dfrac{3h}{10}$	$z_C=\dfrac{3b}{5}$，$y_C=\dfrac{3h}{8}$	

6.1.3 组合截面的形心

由式（6.1）可以看出，求平面图形的形心坐标公式中，分子可以看作是由图形中各个独立划分的面积与其中心到某轴距离的乘积求和所得到，分母是面积总和。因此，若求不规则的组合体截面形心，可以先将不规则截面划分成多个简单规则的图形（矩形或三角形），然后对各个简单规则图形单独求解求和，则组合截面的形心坐标公式如下：

$$\bar{z}=\frac{\sum\limits_{i=1}^{n}A_i\,\bar{z}_i}{\sum\limits_{i=1}^{n}A_i}$$

$$\bar{y} = \frac{\sum\limits_{i=1}^{n} A_i \bar{y}_i}{\sum\limits_{i=1}^{n} A_i} \tag{6.2}$$

【例 6.2】　一个 L 形截面，尺寸如图 6.3（a）所示，单位：mm。求其截面的形心坐标。

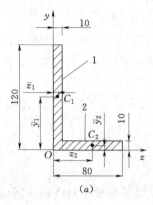
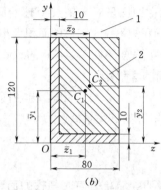

图 6.3

【解】　解法一：分割法。

将 L 形截面划分为 1、2 两个矩形截面，如图 6.3（a）所示。由式（6.2）得

$$\bar{z} = \frac{A_1 \bar{z}_1 + A_2 \bar{z}_2}{A_1 + A_2} = \frac{10 \times 120 \times 5 + 10 \times 70 \times 45}{10 \times 120 + 10 \times 70} = 19.74(\text{mm})$$

$$\bar{y} = \frac{A_1 \bar{y}_1 + A_2 \bar{y}_2}{A_1 + A_2} = \frac{10 \times 120 \times 60 + 10 \times 70 \times 5}{10 \times 120 + 10 \times 70} = 39.74(\text{mm})$$

解法二：负面积法。

如图 6.3（b）所示，将 L 形截面补充成为一个完整的矩形截面 1，补充或挖去部分为截面 2，代入式（6.2）时要对补充或挖去的部分的面积取负值，即得

$$\bar{z} = \frac{A_1 \bar{z}_1 + A_2 \bar{z}_2}{A_1 + A_2} = \frac{80 \times 120 \times 40 - 70 \times 110 \times 45}{80 \times 120 - 70 \times 110} = 19.74(\text{mm})$$

$$\bar{y} = \frac{A_1 \bar{y}_1 + A_2 \bar{y}_2}{A_1 + A_2} = \frac{80 \times 120 \times 60 - 70 \times 110 \times 65}{80 \times 120 - 70 \times 110} = 39.74(\text{mm})$$

由此可见，以上两种方法所得结果相同，其做法本质一样，即通过"划分"或"补充"将"非规则"的截面离散成多个"规则"的截面，然后把各个"规则"部分的面积和它的形心与坐标轴距离的乘积进行相加求和，从而使复杂问题得到解决，而且其结果满足工程精度要求。

6.2　面　积　矩

6.2.1　面积矩的定义

如图 6.1 所示，一面积为 A 的截面以及图形平面内一对直角坐标轴 z 及 y。在图形内任一点（z，y）处取一微元面积 dA，把 ydA 和 zdA 分别称为该微元面积对 z 轴和 y 轴的面积矩。则整个图形面积 A 对 z 轴和 y 轴的面积矩应等于在 A 面积范围内的所有这些微元面积的面积矩的总和，即

$$\left.\begin{array}{l} S_z = \displaystyle\int_A y\,\mathrm{d}A \\[3mm] S_y = \displaystyle\int_A z\,\mathrm{d}A \end{array}\right\} \tag{6.3}$$

式中：S_z、S_y 为截面图形对 z 轴及 y 轴的面积矩，也称静矩。

由此可见，面积矩不仅与图形的面积大小有关，而且与坐标轴的位置有关。同一截面图形对不同的坐标轴的面积矩不同。面积矩的数值可能为正或负，也可能为零，量纲是［长度］^{3}。

6.2.2　简单截面的面积矩

由式（6.1）和式（6.3）可以看出在同一坐标系下，一个简单截面图形的形心和它对于坐标轴的面积矩有如下关系式：

$$\left.\begin{array}{l} S_z = A\,\overline{y} \\[2mm] S_y = A\,\overline{z} \end{array}\right\} \tag{6.4}$$

式（6.4）说明：**简单截面对某轴的面积矩等于面积与形心到该轴距离的乘积。**

6.2.3　组合截面的面积矩

由式（6.3）可以看出，若求不规则的组合体截面形心，可以先将不规则截面划分成多个简单规则的图形如矩形或三角形，然后求各个简单截面的面积矩，再求代数和，即

$$\left.\begin{array}{l} S_z = \displaystyle\sum_{i=1}^{n} A_i\,\overline{y}_i \\[3mm] S_y = \displaystyle\sum_{i=1}^{n} A_i\,\overline{z}_i \end{array}\right\} \tag{6.5}$$

式（6.5）说明：**组合截面对某轴的面积矩等于各简单截面对该轴的面积矩的代数和。**

由式（6.4）、式（6.5）可以得到结论：**截面对形心轴的面积矩等于零；反之，截面对某轴的面积矩等于零，则轴通过截面形心。**

【例 6.3】　如图 6.3（a）所示，求 L 形截面对 y、z 轴的面积矩。

【解】　由式（6.5）得

$$S_z = A_1\,\overline{y}_1 + A_2\,\overline{y}_2 = 10 \times 120 \times 60 + 10 \times 70 \times 5 = 75500\ (\mathrm{mm}^3)$$

$$S_y = A_1\,\overline{z}_1 + A_2\,\overline{z}_2 = 10 \times 120 \times 5 + 10 \times 70 \times 45 = 37500\ (\mathrm{mm}^3)$$

6.2.4　组合截面的形心和面积矩的关系

由式（6.2）和式（6.5）可以得到组合截面的形心和面积矩的关系如下式：

$$\left.\begin{array}{l} \overline{z} = \dfrac{\displaystyle\sum_{i=1}^{n} A_i\,\overline{z}_i}{\displaystyle\sum_{i=1}^{n} A_i} = \dfrac{S_y}{A} \\[8mm] \overline{y} = \dfrac{\displaystyle\sum_{i=1}^{n} A_i\,\overline{y}_i}{\displaystyle\sum_{i=1}^{n} A_i} = \dfrac{S_z}{A} \end{array}\right\} \tag{6.6}$$

式（6.6）说明：**组合截面的形心到某轴的距离，等于组合截面对该轴的面积矩除以组合截面的面积**。实际上，[例 6.2] 的分割法计算截面形心坐标的计算原理可以从式（6.6）得出。

【例 6.4】 如图 6.4 所示，求倒 T 形截面的形心 C 到 z 轴的距离 $\overline{y_C}$（单位：mm）。

【解】 先将倒 T 形划分为两个简单的矩形截面。由式（6.6）得

$$\overline{y_C} = \frac{40 \times 80 \times 60 + 100 \times 20 \times 10}{40 \times 80 + 100 \times 20} = 40.77 \ (\text{mm})$$

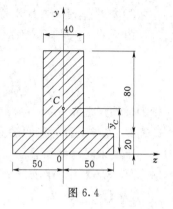

图 6.4

6.3 惯 性 矩

6.3.1 定义

1. 惯性矩

在图 6.1 中，面积为 A 的截面以及图形平面内一对直角坐标轴 z 及 y。在图形内任一点（z，y）处取一微元面积 dA，把 $y^2 dA$ 和 $z^2 dA$ 分别称为该微元面积对 z 轴和 y 轴的惯性矩。则整个图形面积 A 对 z 轴和 y 轴的惯性矩应等于在 A 面积范围内的所有这些微元面积的惯性矩总和，即

$$\left. \begin{array}{l} I_z = \displaystyle\int_A y^2 \, dA \\ I_y = \displaystyle\int_A z^2 \, dA \end{array} \right\} \tag{6.7}$$

式中：I_z、I_y 为截面图形对 z 轴及 y 轴的惯性矩，也称惯矩，总是对轴而言，量纲是 [长度]^4，恒为正值。

仿照式（6.5）面积矩的表达形式，可将惯性矩写成截面面积 A 与某一长度的平方的乘积，即

$$\left. \begin{array}{l} I_z = A i_z^2 \\ I_y = A i_y^2 \end{array} \right\} \tag{6.8}$$

式中：i_z、i_y 为截面图形对 z 轴及 y 轴的惯性半径，也称回转半径，量纲是 [长度]。

即

$$\left. \begin{array}{l} i_z = \sqrt{\dfrac{I_z}{A}} \\ i_y = \sqrt{\dfrac{I_y}{A}} \end{array} \right\}$$

2. 极惯性矩

若 dA 至坐标原点 O 之距为 ρ（图 6.1），称 $\rho^2 dA$ 称为该微元面积对原点 O 的极惯性矩，则整个图形面积 A 对原点 O 的极惯性矩为

$$I_p = \int_A \rho^2 \, dA \tag{6.9}$$

极惯性矩总是对点而言，量纲是 [长度]^4，恒为正值。

3. 极惯性矩和惯性矩的关系

由于 $\rho^2 = y^2 + z^2$，因此由式（6.9）可得

$$I_p = \int_A (y^2 + z^2)\mathrm{d}A = I_z + I_y \tag{6.10}$$

式（6.10）说明：**截面对某点的极惯性矩等于截面对以该点为原点的两相互垂直坐标轴的惯性矩之和。**

6.3.2 简单截面对形心轴的惯性矩

下面来对一些简单的几何截面相对于形心坐标轴的惯性矩进行求解。

【例 6.5】 如图 6.5 所示坐标系下，求矩形截面相对于形心坐标轴的惯性矩。

【解】 先计算截面对于 z 轴的惯性矩 I_z 时，取与 z 轴平行狭长条，则 $\mathrm{d}A = b\mathrm{d}y$，由式（6.7）得

$$I_z = \int_A y^2 \mathrm{d}A = \int_{-\frac{h}{2}}^{\frac{h}{2}} by^2 \mathrm{d}y = \frac{bh^3}{12}$$

同理，计算截面对于 y 轴的惯性矩 I_y 时，取与 y 轴平行狭长条，则 $\mathrm{d}A = h\mathrm{d}z$，由式（6.7）得

$$I_y = \int_A z^2 \mathrm{d}A = \int_{-\frac{b}{2}}^{\frac{b}{2}} hz^2 \mathrm{d}z = \frac{hb^3}{12}$$

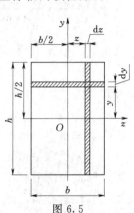

图 6.5

【例 6.6】 计算如图 6.6 所示中圆截面对于其形心轴（即直径轴）的惯性矩。

【解】 先计算截面对于 z 轴的惯性矩 I_z，取与 z 轴平行狭长条，则 $\mathrm{d}A = 2z\mathrm{d}y$，由式（6.7）得

$$I_z = \int_A y^2 \mathrm{d}A = \int_{-\frac{d}{2}}^{\frac{d}{2}} 2zy^2 \mathrm{d}y = 4\int_0^{\frac{d}{2}} y^2 \sqrt{\left(\frac{d}{2}\right)^2 - y^2}\, \mathrm{d}y$$

其中由圆的方程可知 $z = \sqrt{\left(\frac{d}{2}\right)^2 - y^2}$，则其积分得结果为

$$I_z = \frac{\pi d^4}{64}$$

由于圆截面关于 O 点中心对称，因而

$$I_y = I_z = \frac{\pi d^4}{64}$$

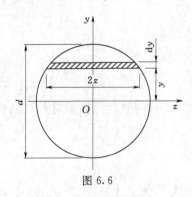

图 6.6

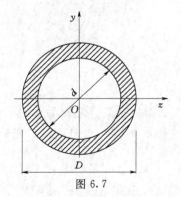

图 6.7

【例 6.7】 计算如图 6.7 所示圆环形截面对于其形心轴（即直径轴）的惯性矩。

【解】 图 6.7 可看作是直径为 D 的圆截面减去中间直径为 d 的圆截面而成的。利用〔例 6.6〕的计算结果，则

$$I_y = I_z = \frac{\pi D^4}{64} - \frac{\pi d^4}{64} = \frac{\pi D^4}{64}(1 - \alpha^4)$$

式中：α 为空心圆截面的内外径比，$\alpha = d/D$。

6.3.3 简单截面对非形心轴的惯性矩

设一面积为 A 的任意形状的截面如图 6.8 所示。截面对任意的坐标轴 z 及 y 的惯性矩为 I_z、I_y。另外，有通过截面自身的形心 C 分别与 z、y 轴平行的形心轴 z_C、y_C 轴。截面对于形心轴的惯性矩为 I_{zC}、I_{yC}。现在来研究对于这两对坐标轴下的截面惯性矩之间的关系。

由图 6.8 可见，截面上任意一微元面积 $\mathrm{d}A$ 在两个坐标系内的坐标分别为 (z, y)、(z_C, y_C)，两者之间的关系为

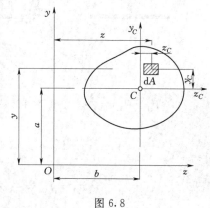

图 6.8

$$\left.\begin{array}{l} z = z_C + b \\ y = y_C + a \end{array}\right\} \quad (6.11)$$

式中：a、b 为截面形心 C 在 zOy 坐标系内的坐标值。将式 (6.11) 中的 y 代入式 (6.7) 中的 I_z，经过展开并逐项积分得

$$I_z = \int_A y^2 \mathrm{d}A = \int_A (y_C + a)^2 \mathrm{d}A = \int_A y_C^2 \mathrm{d}A + 2a \int_A y_C \mathrm{d}A + a^2 \int_A \mathrm{d}A$$

$$\int_A y_C^2 \mathrm{d}A = I_{zC}, \qquad \int_A y_C \mathrm{d}A = S_{zC} = A \, \overline{y_C}, \qquad \int_A \mathrm{d}A = A$$

式中：S_{zC} 为截面对形心轴 z_C 轴的面积矩，其值恒为零（$\overline{y_C} = 0$）。

于是有 $$I_z = I_{zC} + a^2 A \qquad (6.12a)$$

同理可得 $$I_y = I_{yC} + b^2 A \qquad (6.12b)$$

式 (6.12) 称为惯性矩的平行移轴公式。用来计算简单截面对非形心轴的惯性矩。

式 (6.12) 说明：**截面对于某轴的惯性矩，等于截面相对于通过自身形心且平行于该轴的形心轴的惯性矩，加上截面面积与形心轴到该轴距离平方的乘积。**

由式 (6.12) 得：在一组平行的坐标轴中，截面对形心轴的惯性矩最小。

6.3.4 组合截面的惯性矩

在工程中常遇到的组合截面，有的是由几个简单的图形如矩形、圆形或三角形等组成，有的是由几个型钢截面组合而成。根据惯性矩的定义可知，**组合截面对于某坐标轴的惯性矩就等于其各组成部分对于同一坐标轴的惯性矩之和。**用表达式表示：

$$\left.\begin{array}{l} I_z = \sum_{i=1}^{n} I_{zi} \\ I_y = \sum_{i=1}^{n} I_{yi} \end{array}\right\} \quad (6.13)$$

不规则的截面对某坐标轴的惯性矩，可将截面分割成若干个规则的部分，运用惯性矩的平行移轴公式，分别求出各自对某坐标轴的惯性矩，再求和得到整个截面对某坐标轴的惯性矩。

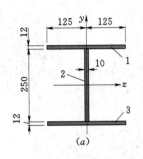 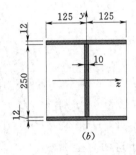

图 6.9

【例 6.8】 某 H 形型钢截面尺寸如图 6.9 所示，单位：mm。计算其截面关于形心轴 z 轴和 y 轴的惯性矩。

【解】 解法一：分割法。

将 H 形截面划分为 1、2、3 三个矩形截面，如图 6.9（a）所示。先分别求出各个矩形截面关于 z 轴和 y 轴的惯性矩。

由式（6.12）得

$$I_{z1} = I_{z3} = \frac{1}{12} \times 250 \times 12^3 + (125+6)^2 \times 250 \times 12 = 5.15 \times 10^7 (\text{mm}^4)$$

$$I_{z2} = \frac{1}{12} \times 10 \times 250^3 = 1.3 \times 10^7 (\text{mm}^4)$$

$$I_{y1} = I_{y3} = \frac{1}{12} \times 12 \times 250^3 = 1.56 \times 10^7 (\text{mm}^4)$$

$$I_{y2} = \frac{1}{12} \times 250 \times 10^3 = 2.1 \times 10^4 (\text{mm}^4)$$

由式（6.13）得

$$I_z = I_{z1} + I_{z2} + I_{z3} = 11.6 \times 10^7 (\text{mm}^4)$$
$$I_y = I_{y1} + I_{y2} + I_{y3} = 3.13 \times 10^7 (\text{mm}^4)$$

解法二：负面积法。

将 H 形截面补充成一个完整的矩形截面，如图 6.9（b）所示，计算时对补充或挖去部分的惯性矩取负值，即

$$I_z = \frac{1}{12} \times 250 \times (250+24)^3 - 2 \times \frac{1}{12} \times (125-5) \times 250^3 = 11.6 \times 10^7 (\text{mm}^4)$$

$$I_y = \frac{1}{12} \times 274 \times 250^3 - 2 \times \left[\frac{1}{12} \times 250 \times (125-5)^3 + 250 \times 120 \times \left(\frac{120}{2} + 5 \right)^2 \right]$$
$$= 3.13 \times 10^7 (\text{mm}^4)$$

【例 6.9】 如图 6.10 所示，根据［例 6.4］的结果，求截面关于通过形心 C 且平行 z、y 轴的形心轴 z′、y′ 的惯性矩。

【解】 由在［例 6.4］的结果可知，形心轴 z′、y′ 所构成的坐标系下，两矩形的形心位置坐标如下：

$$\overline{y}_1 = 19.23\,\text{mm} \qquad \overline{y}_2 = 30.77\,\text{mm}$$
$$\overline{z}_1 = \overline{z}_2 = 0\,\text{mm}$$

截面相对 z′ 轴的惯性矩，由式（6.12）得

$$I_{z1} = \frac{1}{12} \times 40 \times 80^3 + 19.23^2 \times 40 \times 80$$

$$= 2.89 \times 10^6 (\text{mm}^4)$$

$$I_{z2} = \frac{1}{12} \times 100 \times 20^3 + 30.77^2 \times 100 \times 20$$

$$= 1.96 \times 10^6 (\text{mm}^4)$$

由式（6.13）得

$$I_z = I_{z1} + I_{z2} = 4.85 \times 10^6 (\text{mm}^4)$$

同理，截面相对 y 轴的惯性矩：

$$I_y = I_{y1} + I_{y2} = \frac{1}{12} \times 80 \times 40^3 + \frac{1}{12} \times 20 \times 100^3$$

$$= 2.09 \times 10^6 (\text{mm}^4)$$

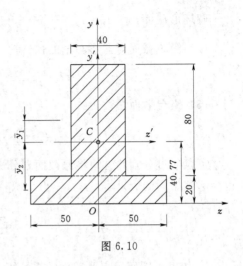

图 6.10

任 务 小 结

1. 截面的几何性质

形心：
$$\bar{z} = \frac{\int_A z \, dA}{A} \qquad \bar{y} = \frac{\int_A y \, dA}{A}$$

面积矩：
$$S_z = \int_A y \, dA \qquad S_y = \int_A z \, dA$$

惯性矩：
$$I_z = \int_A y^2 \, dA \qquad I_y = \int_A z^2 \, dA$$

惯性半径：
$$i_z = \sqrt{\frac{I_z}{A}} \qquad i_y = \sqrt{\frac{I_y}{A}}$$

2. 面积矩的计算

简单截面：
$$S_z = A \bar{y} \qquad S_y = A \bar{z}$$

组合截面：
$$S_z = \sum_{i=1}^{n} A_i \bar{y}_i \qquad S_y = \sum_{i=1}^{n} A_i \bar{z}_i$$

3. 组合截面形心

$$\bar{z} = \frac{\sum_{i=1}^{n} A_i \bar{z}_i}{\sum_{i=1}^{n} A_i} = \frac{S_y}{A} \qquad \bar{y} = \frac{\sum_{i=1}^{n} A_i \bar{y}_i}{\sum_{i=1}^{n} A_i} = \frac{S_z}{A}$$

4. 截面惯性矩的计算

(1) 简单截面对形心轴的惯性矩：

矩形截面：$I_z = \dfrac{bh^3}{12}$，$I_y = \dfrac{hb^3}{12}$（b、h 分别为平行于 z、y 轴的边长）

圆形截面：
$$I_y = I_z = \frac{\pi d^4}{64}$$

圆环形截面：　　　$I_y = I_z = \dfrac{\pi D^4}{64} - \dfrac{\pi d^4}{64} = \dfrac{\pi D^4}{64}(1 - \alpha^4)$　　$(\alpha = d/D)$

（2）简单截面对非形心轴的惯性矩，利用平行移轴公式：

$$I_z = I_{zC} + a^2 A \qquad I_y = I_{yC} + b^2 A$$

（3）组合截面惯性矩：

$$I_z = \sum_{i=1}^{n} I_{zi} \qquad I_y = \sum_{i=1}^{n} I_{yi}$$

可以通过分割的方法将原截面划分成多个简单的截面，另外，灵活采用"负面积法"也会起到相同的效果。

思 考 题

1. 如思 1 图所示，两截面的惯性矩 I_z 是否可按 $I_z = \dfrac{BH^3}{12} - \dfrac{bh^3}{12}$ 来求？为什么？

2. 思 2 图为一等边三角形中心挖去一半径为 r 的圆孔的截面。试证明该截面相对于任何通过形心 C 点的轴线的惯性矩相等。

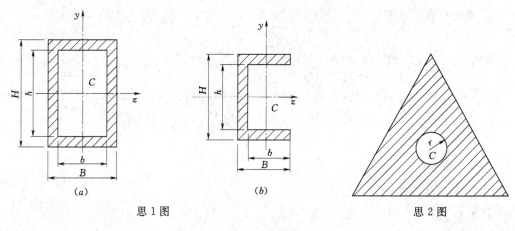

思 1 图　　　　　　　　　　　　　　　　思 2 图

课 后 练 习 题

一、选择题

1. 图示矩形截面 $b \times h$ 对 y 轴的惯性矩为（　　）。

A. $bh^3/12$

B. $hb^3/3$

C. $bh^3/3$

D. $hb^3/12$

2. 设矩形截面对其一对称轴 z 的惯性矩为 I_z，则当长宽分别为原来的 2 倍时，该矩形截面对 z 的惯性矩将变为（　　）。

A. $2I_z$　　　　　　B. $4I_z$　　　　　　C. $8I_z$　　　　　　D. $16I_z$

3. 以下四点叙述了静矩的数值与坐标轴的关系及数值的正负问题，其中正确的为（　　）。

A. 数值大小与坐标轴位置无关　　　　B. 数值大小与坐标轴位置有关

C. 数值永远为正值　　　　　　　　　D. 数值永远为负值

4. 如图所示，边长 $a=20$cm 的正方形匀质薄板挖去边长 $b=10$cm 的正方形，y 轴是薄板对称轴，则其重心 C 的 y 坐标等于（　　）。

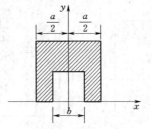

A. $y_C=11\dfrac{2}{3}$ cm

B. $y_C=10$cm

C. $y_C=7.5$cm

D. $y_C=5$cm

5. 如图，若截面图形的 z 轴过形心，则该图形对 z 轴的（　　）。

A. 静矩不为零，惯性矩为零

B. 静矩和惯性矩均为零

C. 静矩和惯性矩均不为零

D. 静矩为零，惯性矩不为零

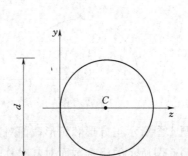

6. 如图所示圆形截面图形的核心为 C，半径为 d，图形对 y 轴的惯性矩为（　　）。

A. $I_y=\dfrac{\pi d^4}{64}$

B. $I_y=\dfrac{\pi d^4}{32}$

C. $I_y=\dfrac{5\pi d^4}{64}$

D. $I_y=\dfrac{\pi d^4}{16}$

二、填空题

1. 均质物体的重心也是它的几何中心，又称为_____。

2. 截面对某轴的面积矩也称为_____。

3. 组合截面的静矩等于各简单图形对该轴的静矩的_____。

4. 图形对形心轴的惯性矩是对所有轴的惯性矩的_____值。

5. 截面对自己形心轴的静矩为_____。

三、判断题

1. 图形对形心轴的静矩恒为零。　　　　　　　　　　　　　　（　　）

2. 使静矩为零的轴一定是对称轴。　　　　　　　　　　　　　（　　）

3. 只要平面有图形存在，该图形对某轴的惯性矩大于零。　　　（　　）

4. 惯性矩大的图形面积一定大。　　　　　　　　　　　　　　（　　）

5. 截面形心位置与选取的坐标系无关，仅仅与截面的尺寸有关。 （ ）

四、计算题

1. 试求题1图所示各截面的阴影部分对 z 轴的面积矩（单位：mm）。

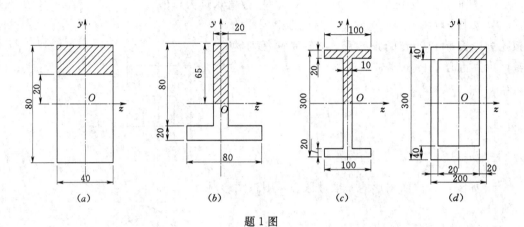

题1图

2. 试用积分法求题2图所示半圆截面对 z 轴的面积矩，并确定其形心的坐标。

3. 试确定题3图所示 1/4 圆形截面对于 z 轴和 y 轴的惯性矩 I_z、I_y。

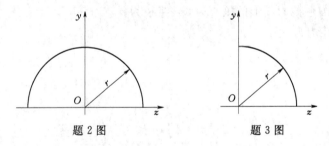

题2图 题3图

4. 试求题4图所示正方形和箱形截面对其对称轴 z 轴的惯性矩（单位：mm）。

5. 试求题5图所示的组合截面对其对称轴 z 的惯性矩（单位：mm）。

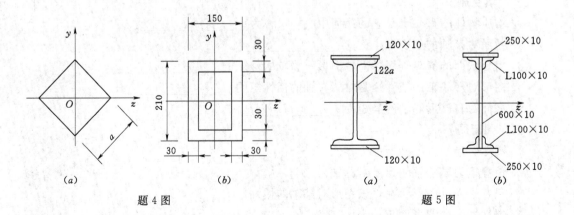

题4图 题5图

6. 如题 6 图所示，试确定阴影部分的形心轴，以及截面对其形心轴 z、y 轴的惯性矩（单位：mm）。

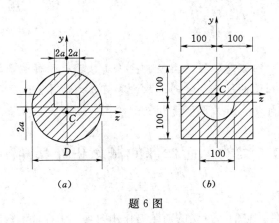

(a)   (b)

题 6 图

任务7 梁 的 平 面 弯 曲

学习目标：了解弯曲的概念、梁的类型、叠加法原理；理解梁平面弯曲的概念、梁的内力特点、剪力图和弯矩图的规律、梁的正应力和剪应力计算公式、提高梁抗弯强度的措施；掌握剪力和弯矩的计算、剪力图和弯矩图的绘制、叠加法作弯矩图、梁的强度计算。

7.1　梁的平面弯曲的概念和计算简图

7.1.1　弯曲的工程实例

工程中有大量的构件，它们所承受的荷载是作用线垂直于杆件轴线的横向力，或者是作用面通过杆轴的外力偶。在这些外力的作用下，杆件的任两横截面要发生相对的转动，杆件的轴线将由直线弯成曲线，这种变形称为弯曲变形。以弯曲为主要变形的杆件称为梁。

梁是工程中应用得非常广泛的一种构件，如图 7.1 所示的楼板梁、公路桥梁以及单位长度的挡土墙等。

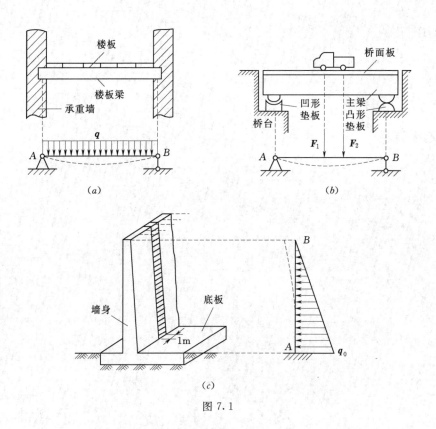

图 7.1

7.1.2 梁的平面弯曲的概念

工程中常用梁的横截面都具有一个竖向对称轴，例如圆形、矩形、工字形和 T 形等，如图 7.2 所示。**梁的轴线与梁的横截面的竖向对称轴构成的平面，称为梁的纵向对称面，**如图 7.3 所示。**如果梁的荷载都作用在梁的纵向对称面内，则梁的轴线将在此对称面内弯成一条曲线，这样的弯曲变形称为平面弯曲。**平面弯曲是工程中最常见的情况，也是最基本的弯曲问题，掌握了它的计算对于工程应用以及进一步研究复杂的弯曲问题具有十分重要的意义。本任务主要研究平面弯曲问题。

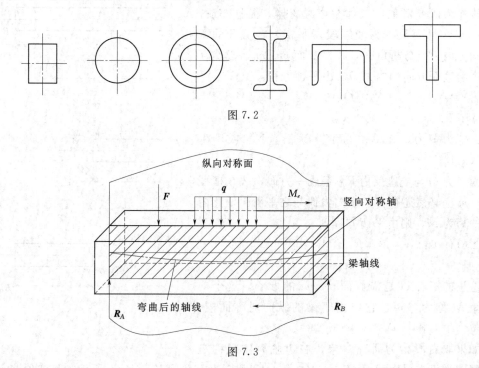

图 7.2

图 7.3

7.1.3 梁的计算简图

为了得到便于分析的计算简图，须对工程中的梁作以下三方面的简化：

（1）梁本身的简化。通常用梁的轴线来代表梁。

（2）荷载的简化。梁上的荷载一般简化为集中力、集中力偶或分布荷载。

（3）支座的简化。梁的支座有固定铰支座、可动铰支座和固定端支座三种理想情况。

楼板梁、公路桥梁和单位长度挡土墙的计算简图分别如图 7.1 所示。梁在两个支座之间的部分称为跨，其长度则称为跨长或跨度。

图 7.4 所示三种梁分别称为悬臂梁、简支梁和外伸梁，它们的支座反力都可由静力平衡方程求出。

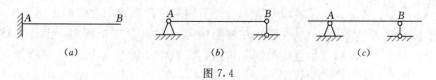

图 7.4

95

7.2 梁的内力——剪力和弯矩

7.2.1 剪力和弯矩的概念

确定了梁上的外力后，梁横截面上的内力可用截面法求得。现以图 7.5（a）所示简支梁为例，求其任意横截面 m—m 上的内力。假想地沿横截面 m—m 把梁截开成两段，取其中任一段，例如左段作为研究对象，又称左边脱离体，简称左脱。由图 7.5（b）可见，为使左段梁平衡，在截开的截面上画上内力。分析可知，在横截面 m—m 上必然存在一个沿截面方向的内力 Q。由平衡方程：

$$\sum Y = 0: \qquad R_A - Q = 0$$

得

$$Q = R_A$$

式中：Q 为剪力，其单位为牛［顿］（N）或千牛［顿］（kN）。

因剪力 Q 与支座反力 R_A 组成一力偶，故在横截面 m—m 上必然还存在一个内力偶与之平衡。设此内力偶的矩为 M，则由平衡方程：

$$\sum M_O = 0: \qquad M - R_A x = 0$$

得

$$M = R_A x$$

这里的矩心 O 是横截面 m—m 的形心。这个内力偶矩 M 称为弯矩，它作用于梁的纵向对称面内，其单位为牛［顿］·米（N·m）。

如果取右段梁为研究对象，右边脱离体简称右脱，则同样可求得横截面 m—m 上的剪力 Q 和弯矩 M 如图 7.5（c）所示，且数值与上述结果相等，只是方向相反。这是因为它们是一对作用力与反作用力。

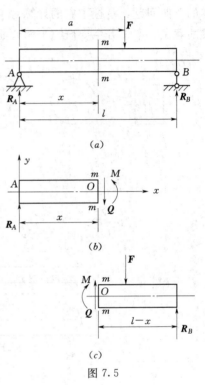

图 7.5

7.2.2 剪力和弯矩的正负号

为了使取左段梁和取右段梁得到的同一横截面上的 Q 和 M 不仅大小相等，而且正负号一致，对梁的内力正负作如下规定：

（1）剪力 Q 对所取梁段内任一点的矩顺时针方向转动时为正，反之为负，如图 7.6（a）所示。

（2）弯矩 M 的指向为由受拉侧绕过所截截面指向受压侧。对于梁习惯以使下侧受拉上侧受压为正，反之为负，分别简称正弯、负弯，如图 7.6（b）所示。在梁的计算中，通常假设弯矩为由梁下侧绕过截面指向上侧即正弯。

注意：在解题中可任意假设弯矩指向，由计算结果才得出弯矩的实际指向，根据弯矩的实际指向可判断箭尾一侧为受拉侧。

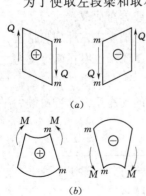

图 7.6

7.2.3 剪力和弯矩的计算规律

剪力和弯矩的计算方法还是以截面法为基础,下面举例说明。

【例 7.1】 简支梁如图 7.7（a）所示。求横截面 1—1、2—2、3—3 上的剪力和弯矩。

【解】 （1）求支座反力。由梁的平衡方程求得支座 A、B 处的反力为

$$R_A = R_B = 10\text{kN}$$

（2）求横截面 1—1 上的剪力和弯矩。假想沿截面 1—1 把梁截开成两段,因左段梁受力较简单,故取它为研究对象,并假设截面上的剪力 Q_1 和弯矩 M_1,如图 7.7（b）所示。列出平衡方程:

$$\sum Y = 0: \qquad\qquad R_A - Q_1 = 0$$
$$\sum M_O = 0: \qquad\qquad M_1 - R_A \times 1 = 0$$

得

$$Q_1 = R_A = 10\text{kN}$$
$$M_1 = R_A \times 1 = 10 \times 1 = 10(\text{kN} \cdot \text{m})$$

计算结果 Q_1 与 M_1 为正说明两者的实际指向与假设相同,Q_1 对脱离体为顺时针转向,M_1 使箭尾一侧即梁段下侧受拉,即 Q_1 为正剪力、M_1 为正弯矩。

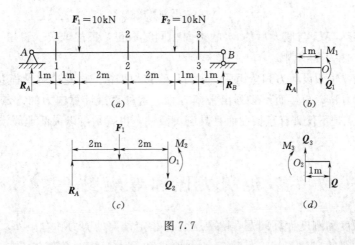

图 7.7

（3）求横截面 2—2 上的剪力和弯矩。假想沿截面 2—2 把梁截开,仍取左段梁为研究对象,假设截面上的剪力 Q_2 和弯矩 M_2,如图 7.7（c）所示。由平衡方程:

$$\sum Y = 0: \qquad\qquad R_A - Q_1 - Q_2 = 0$$
$$\sum M_{O_1} = 0: \qquad\qquad M_1 - R_A \times 4 + F_1 \times 2 = 0$$
$$Q_2 = R_A - Q_1 = 10 - 10 = 0$$

得 $\qquad\qquad M_2 = R_A \times 4 - F_1 \times 2 = 10 \times 4 - 10 \times 2 = 20 \ (\text{kN} \cdot \text{m})$

计算结果 M_2 为正,说明假设指向正确,由 M_2 的指向可判断梁段下侧受拉。

（4）求横截面 3—3 上的剪力和弯矩。假想沿截面 3—3 把梁截开,取右段梁为研究对象,假设截面上的剪力 Q_3 和弯矩 M_3,如图 7.7（d）所示。由平衡方程:

$$\sum Y = 0: \qquad\qquad R_B + Q_3 = 0$$

$$\sum M_{O_2}=0: \qquad\qquad R_B\times1-M_3=0$$
$$Q_3=-R_B=-10\text{kN}$$
得 $$M_3=R_B\times1=10\times1=10 \ (\text{kN}\cdot\text{m})$$

计算结果 Q_3 为负，说明 Q_3 的实际指向与假设相反，即 Q_3 为负剪力。M_3 为正，说明假设指向正确，由 M_3 的指向可判断梁段下侧受拉。

通过上面例题的截面法计算剪力和弯矩过程中使用的平衡条件：$\begin{aligned}Q+\sum F_i=0\\M+\sum M_O=0\end{aligned}$，可以总结出剪力和弯矩计算的规律如下：

（1）梁任一横截面上的剪力，在数值上等于该截面左边（或右边）梁上所有外力在截面切线方向投影的代数和。

即 $$Q=-\sum F_i$$

式中："$-$"固定，荷载 F_i 与假设的 Q 同向时取正，反之取负。得出 Q 的实际指向后，与剪力正负规定比较，进一步明确其正负。

（2）梁任一横截面上的弯矩，在数值上等于该截面左边（或右边）梁上所有外力对该截面形心之矩 0 的代数和。

即 $$M=-\sum M_O$$

式中："$-$"固定，M_O 与假设后的 M 的指向相同时取正，反之取负。得出 M 的实际指向后，明确箭尾一侧为受拉侧。

利用上述规律，假设剪力和弯矩后，就可以直接根据横截面左边梁或右边梁上的外力来求该截面上的剪力和弯矩，而不必列出平衡方程。这种直接计算内力的方法称为**直接计算法**。该方法的优点是不仅具有直接性而且具有灵活性，也就是可以灵活地假设剪力和弯矩的指向。

7.3 剪力图和弯矩图

对于梁的强度和刚度计算问题，除要会计算指定截面的剪力和弯矩外，还必须知道剪力和弯矩沿梁轴线的变化规律，并确定最大剪力和最大弯矩的数值以及它们所在的截面位置。

7.3.1 剪力方程和弯矩方程

从 7.2 节的计算可以看出，在一般情况下，梁横截面上的剪力和弯矩随横截面的位置不同而变化。若以横坐标 x 表示横截面在梁轴线上的位置，纵坐标表示内力，则梁的截面上的内力均为 x 坐标的函数：
$$Q=Q(x)$$
$$M=M(x)$$

以上两函数表达了剪力和弯矩沿梁轴线的变化规律，分别称为梁的剪力方程和弯矩方程。

7.3.2 剪力图和弯矩图

为了形象地表示剪力和弯矩沿梁轴的变化规律，把剪力方程和弯矩方程用其图像表示，称为剪力图和弯矩图。

工程中，习惯上将正剪力画在梁轴线（x 轴）上方，负剪力画在梁轴线的下方；弯矩图画在梁受拉的一侧。

7.3.3 通过内力方程绘制剪力图和弯矩图的步骤

对于一般的情况，通过剪力方程和弯矩方程绘制剪力图和弯矩图，具体步骤可概括如下。

1. 求支座反力

以梁整体为研究对象，根据梁上的荷载和支座情况，由静力平衡方程求出支座反力。

2. 将梁分段

以集中力和集中力偶作用处、分布荷载的起止处以及梁的端面为界点，将梁进行分段。

3. 根据直接法列出各段的剪力方程和弯矩方程

各段列剪力方程和弯矩方程时，所取的坐标原点与坐标轴 x 的正向可视计算方便而定，不必一致。

4. 画剪力图和弯矩图

（1）先根据剪力方程（或弯矩方程）判断剪力图（或弯矩图）的形状：零次函数是与轴线平行的直线；一次函数是斜直线；二次函数是二次抛物线；三次函数是三次抛物线。

（2）然后确定内力控制截面的个数及位置：平行线需要任一个控制截面；斜直线需要起、止两个控制截面；抛物线需要起、中、止三个控制截面。

（3）再根据剪力方程（或弯矩方程）计算控制截面的剪力值（或弯矩值）。

（4）最后描点并画出整个全梁的剪力图（或弯矩图）。

【例 7.2】 简支梁受均布荷载 q 作用如图 7.8（a）所示，试画出梁的剪力图和弯矩图。

【解】 （1）求支座反力。由于荷载对称，支座反力也对称，有

$$R_A = R_B = \frac{ql}{2}$$

（2）列剪力方程和弯矩方程。坐标原点取在左端 A 点处，距原点 A 为 x 处的任意截面，其剪力方程和弯矩方程由直接计算法得来。

1）取左边假设 $Q(x)$ 指向向下，所以

$$Q(x) = -(-R_A + qx)$$
$$= R_A - qx$$
$$= \frac{ql}{2} - qx \quad (0 < x < l) \qquad (a)$$

2）取左边假设 $M(x)$ 为逆时针转，所以

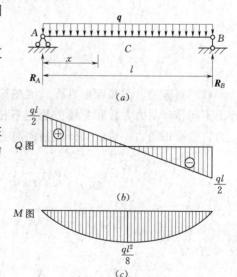

图 7.8

$$M(x) = -\left(-R_A x + \frac{qx^2}{2}\right) = R_A x - \frac{qx^2}{2} = \frac{ql}{2}x - \frac{qx^2}{2} \qquad (0 \leqslant x \leqslant l) \qquad (b)$$

（3）画剪力图和弯矩图：

1）由式（a）可知，$Q(x)$ 是 x 的一次函数，所以剪力图是一条斜直线。由式（a）得控制值：

$x \rightarrow 0$ 时 $\qquad Q_{A左} = \dfrac{ql}{2}$

$x \rightarrow l$ 时 $\qquad Q_{B左} = -\dfrac{ql}{2}$

剪力图如图 7.8（b）所示。

2）由式（b）可知，$M(x)$ 是 x 的二次函数，所以弯矩图是一条二次抛物线，至少需要确定三个控制截面的弯矩值，才能描出曲线的大致形状。由式（b）得弯矩控制值：

$x = 0$ 时 $\qquad M_A = 0$

$x = \dfrac{l}{2}$ 时 $\qquad M_C = \dfrac{ql^2}{8}$

$x = l$ 时 $\qquad M_B = 0$

弯矩图如图 7.8（c）所示。

3）从所作的内力图可知，最大剪力发生在梁端，其值为 $|Q_{\max}| = ql/2$；最大弯矩发生在剪力为零的跨中点截面，其值为 $|M_{\max}| = ql/8$。

【例 7.3】 简支梁受集中力 F 作用如图 7.9（a）所示，试画出梁的剪力图和弯矩图。

【解】 （1）求支座反力。以整梁为研究对象，由平衡方程求支座反力。

$\sum M_B = 0$： $\qquad -R_A l + Fb = 0$

$\sum Y = 0$： $\qquad R_A + R_B - F = 0$

得 $\qquad R_A = \dfrac{Fb}{l}$

$\qquad R_B = \dfrac{Fa}{l}$

（2）列剪力方程和弯矩方程。梁在 C 截面处有集中力 F 作用，AC 段和 CB 段所受的外力不同，其剪力方程和弯矩方程也不相同，需分段列出。取梁左端 A 为坐标原点，取左边，假设正内力，假设 $Q(x)$ 指向向下，$M(x)$ 逆时针转，由直接计算法得

AC 段：

$$Q(x_1) = -(-R_A) = R_A = \frac{Fb}{l} \quad (0 < x_1 < a) \tag{a}$$

$$M(x_1) = -(-R_A x_1) = R_A x_1 = \frac{Fb}{l} x_1 \quad (0 \leqslant x_1 \leqslant a) \tag{b}$$

CB 段：

$$Q(x_2) = -(-R_A + F) = R_A - F = -\frac{Fa}{l} \quad (a < x_2 < l) \tag{c}$$

$$M(x_2) = -[-R_A x_2 + F(x - a)] = R_A x_2 - F(x - a) = Fa - \frac{Fa}{l} x_2 \quad (a \leqslant x_2 \leqslant l) \tag{d}$$

（3）画剪力图。从式（a）可知，AC 段的剪力为常数 Fb/l，剪力图是一条在 x 轴线上

侧与 x 平行的直线。从式（c）可知，CB 段的剪力为常数 $-Fb/l$，剪力图是一条在 x 轴线下侧与 x 轴平行的直线。画出剪力图如图 7.9（b）所示。

（4）画弯矩图。

1）从式（b）可知，AC 段的弯矩是 x_1 的一次函数，弯矩图是一条斜直线，只需确定该段始末两个控制截面的弯矩值，就能画出该段的弯矩图。由式（b）可求得

$$x_1 = 0 \text{ 时} \qquad M_A = 0$$

$$x_1 = a \text{ 时} \qquad M_C = \frac{Fab}{l}$$

2）从式（d）可知，CB 段的弯矩是 x_2 的一次函数，弯矩图也是一条斜直线，由式（d）可求得

$$x_2 = a \text{ 时} \qquad M_C = \frac{Fab}{l}$$

$$x_2 = l \text{ 时} \qquad M_B = 0$$

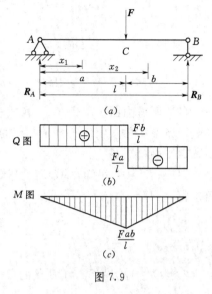

图 7.9

（5）结论。从所作的内力图知，若 $a > b$，则在 CB 段任一截面上的剪力值都相等且比 AC 段的要大，其值 $|Q_{\max}| = Fa/l$，最大弯矩发生在集中力 F 作用的截面上，其值 $|M_{\max}| = Fab/l$。如果集中力 F 作用在梁的跨中，即 $a = b = \dfrac{l}{2}$，则

$$|Q_{\max}| = \frac{F}{2}$$

$$|M_{\max}| = \frac{Fl}{4}$$

【例 7.4】 简支梁受集中力偶 m 作用如图 7.10（a）所示，试画出梁的剪力图和弯矩图。

【解】 （1）求支座反力。以整梁为研究对象，由平衡方程求支座反力。

$$\sum m_B = 0: \qquad R_A l - m = 0$$

$$\sum m_A = 0: \qquad -m - R_B l = 0$$

得

$$R_B = -\frac{m}{l}$$

$$R_A = \frac{m}{l}$$

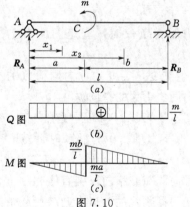

图 7.10

（2）列剪力方程和弯矩方程。梁在 C 截面处有集中力偶作用，需分为 AC 段和 CB 段。取梁左端 A 为坐标原点，取左边，假设正内力，假设 $Q(x)$ 指向向下，$M(x)$ 逆时针转。由直接计算法得

AC 段： $\qquad Q(x_1) = -(-R_A) = R_A = \dfrac{m}{l} \qquad (0 < x_1 \leqslant a)$ $\qquad\qquad$（a）

$$M(x_1) = -(-R_A x_1) = R_A x_1 = \frac{m}{l} x_1 \quad (0 \leqslant x_1 < a) \tag{b}$$

CB 段：
$$Q(x_2) = -(-R_A) = R_A = \frac{m}{l} \quad (a \leqslant x_2 < l) \tag{c}$$

$$M(x_2) = -(-R_A x_2 + m) = R_A x_2 - m = \frac{m}{l} x_2 - m \quad (a < x_2 \leqslant l) \tag{d}$$

（3）画剪力图。从式（a）和式（c）可知，AC 段和 CB 段的剪力为常数 m/l，剪力图是一条在 x 轴线上侧与 x 轴平行的直线。剪力图如图 7.10（b）所示。

（4）画弯矩图。

1）从式（b）可知，AC 段的弯矩是 x_1 的一次函数，弯矩图是一条斜直线，由式（b）可求得：

$x_1 = 0$ 时 $\qquad\qquad\qquad M_A = 0$

$x_1 \to a$ 时 $\qquad\qquad\qquad M_{C左} = \dfrac{ma}{l}$

2）从式（d）可知，CB 段的弯矩也是 x_2 的一次函数，弯矩图也是一条斜直线，由式（d）可求得：

$x_2 \to a$ 时 $\qquad\qquad\qquad M_{C右} = -\dfrac{mb}{l}$

$x_2 = l$ 时 $\qquad\qquad\qquad M_B = 0$

弯矩图如图 7.10（c）所示。

（5）结论。从内力图中可见，全梁所有截面的剪力都相等，处处为最大剪力，其值 $|Q_{max}| = m/l$；若 $b > a$，最大弯矩发生在集中力偶 m 作用处的右侧截面上，其值 $|M_{max}| = mb/l$。

7.3.4 剪力图和弯矩图的规律

由前面例题讨论可知，剪力图和弯矩图存在以下规律。

（1）内力图自左向右绘制，起点由零开始，终点回归到零。

（2）铰处：弯矩值为零。

（3）剪力图为正值时，弯矩图向右下方倾斜；剪力图为负值时，弯矩图向右上方倾斜。

（4）集中力（包括支座反力）作用点处：剪力图发生突变，突变的方向同荷载的指向，突变的大小同荷载值；弯矩图发生转折，尖角的尖向同集中力的指向。

（5）集中力偶（包括支座反力偶）作用点处：剪力图不受影响；弯矩图发生突变，突变方向逆上（即集中力偶逆时针转时弯矩图向上突变）、顺下（即集中力偶顺时针转时弯矩图向下突变），突变值的大小等于集中力偶矩值。

（6）均布荷载作用段：剪力图为一条斜直线，倾斜方向同荷载指向，斜直线起、止点的变化值等于均布荷载合力值；弯矩图为一条二次抛物线，抛物线的开口方向与荷载指向相反（或抛物线所凸的方向同荷载指向）；剪力图中斜直线与杆轴线的相交点（即剪力为零点）为弯矩图的极值点，极值的大小等于该点的弯矩值。

（7）三角形荷载作用段：剪力图为二次抛物线，弯矩图为三次抛物线，抛物线的开口方向与荷载指向相反（或抛物线所凸的方向同荷载指向）。

7.4 控制截面法画弯矩图

由剪力图和弯矩图规律可见，均布荷载为零或常量时，剪力图比较简单，可以按照它的规律自左向右直接绘制，称直接绘制法。而弯矩图常出现斜直线或曲线情形，弯矩值不能方便地自左向右得出，故弯矩图不宜采用直接绘制法而要采用控制截面法来绘制，下面举例说明。

【例 7.5】 绘制图 7.11 所示简支梁的剪力图和弯矩图。

【解】 （1）计算支座反力。由梁的平衡方程 $\sum M_A = 0$，$\sum M_B = 0$，得

$$R_B = 24\text{kN}, \qquad R_A = 16\text{kN}$$

（2）绘制剪力图。按照剪力图规律自左向右直接绘制。

1）R_A 为向上集中力，因此剪力图由 A 点向上突变 $R_A = 16\text{kN}$ 值。

2）AC 段有向下均布荷载段，剪力图为向下倾斜直线，其起、止点剪力变化值为均布荷载合力 $10 \times 2 = 20\text{kN}$，因此，$C$ 点的剪力值为 $16 - 20 = -4\text{kN}$。

3）集中力偶对剪力图没有影响，因此 CDE 段可看成无荷载段，所以 CDE 间剪力图为水平线。

4）E 点有向下集中力 20kN，因此剪力图向下突变 20kN，即 E 点剪力值变为 $-4 - 20 = -24\text{kN}$。

5）EB 为无荷载段为水平线。

6）B 点有向上集中力 $R_B = 24\text{kN}$，所以剪力图向上突变 24kN，B 点剪力值变为 $24 - 24 = 0$。

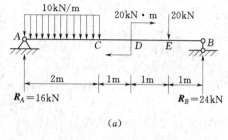

（a）

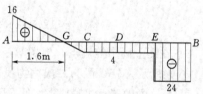

（b）Q 图（kN）

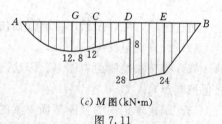

（c）M 图（kN·m）

图 7.11

剪力图起点由零开始终点回归到零，说明剪力图绘制正确，否则错误。梁的剪力图如图 7.11（b）所示。

（3）绘制弯矩图：

1）首先确定控制截面：控制截面为梁的起、止点，集中力作用点，均布荷载的起、止点，集中力偶作用处的左右两点，均布荷载段剪力为零点（弯矩极值点）。由此可知，本题中控制截面为：A、C、$D_{左}$、$D_{右}$、E、B、G 点。

2）然后均假设为正弯，按弯矩计算规律分别求出控制截面的弯矩值。

截面 A、B 为铰，所以 A、B 两点的弯矩为

$$M_A = 0, \qquad M_B = 0$$

截面 C 上的弯矩为

$$M_C = -\left(-R_A \times 2 + \frac{1}{2} \times 10 \times 2 \times 2\right) = R_A \times 2 - \frac{1}{2} \times 10 \times 2 \times 2 = 12(\text{kN} \cdot \text{m})$$

D 点左侧截面上的弯矩为

$$M_{D_{左}} = -(-R_A \times 3 + 10 \times 2 \times 2) = R_A \times 3 - 10 \times 2 \times 2 = 8(\text{kN} \cdot \text{m})$$

截面 D 上受顺时针转向集中力偶的作用，弯矩图向下突变，突变值等于集中力偶矩的大小 $20\text{kN} \cdot \text{m}$。故 D 点右侧截面上的弯矩值为 $-8-20 = -28\text{kN} \cdot \text{m}$。

截面 E 上有向下集中力 20kN，弯矩图发生转折，尖角的尖向向下，弯矩值为

$$M_E = -(-R_B \times 1) = R_B \times 1 = 24(\text{kN} \cdot \text{m})$$

确定 G 点的位置，由剪力图中的相似三角形可得

$$\frac{4}{16} = \frac{GC}{AG}, \quad \frac{4+16}{16} = \frac{GC+AG}{AG}, \quad \frac{20}{16} = \frac{AC}{AG}, \quad AG = 16 \times 2/20 = 1.6(\text{m})$$

截面 G 上的弯矩为

$$M_G = -\left(-R_A \times 1.6 + \frac{1}{2} \times 10 \times 1.6 \times 1.6\right)$$

$$= R_A \times 1.6 - \frac{1}{2} \times 10 \times 1.6 \times 1.6$$

$$= 12.8(\text{kN} \cdot \text{m})$$

3）在图上画出控制点，根据弯矩图的规律，按顺序连接控制点，得到梁的弯矩图如图 7.11（c）所示。（AC 段为二次抛物线开口向上或凸向下；$CD_{左}$、$D_{右}E$、EB 段为斜直线）

可见，梁的最大剪力发生在 EB 段各截面上，其值为 $|Q|_{\max} = 24\text{kN}$。最大弯矩发生在 D 点右侧截面上，其值为 $M_{\max} = 28\text{kN} \cdot \text{m}$。通常最大剪力和最大弯矩在不同截面上。

通过例题，可以归纳出**控制截面法画弯矩图**的步骤：

（1）计算支座反力。

（2）直接法绘制剪力图（只需绘制有均布荷载作用段，以便确定剪力为零点作为弯矩极值控制点）。

（3）确定弯矩图的控制截面：梁的起、止点，集中力作用点，均布荷载起、止点，集中力偶作用处的左、右两点，均布荷载段剪力为零点。

（4）按弯矩计算规律计算弯矩控制值（常假设为正弯）。

（5）绘控制点，按弯矩图规律连接控制点。

控制截面法也适用于绘制三角形荷载作用段的剪力图，在此不作详述。

7.5　叠加法画弯矩图

7.5.1　叠加原理

在图 7.12 中画出了同一根梁 AB 受集中力 F 和均布荷载 q 共同作用、集中力 F 单独作用和均布荷载 q 单独作用等三种受力情况。现在来分析每种情况下的剪力方程和弯矩

方程。

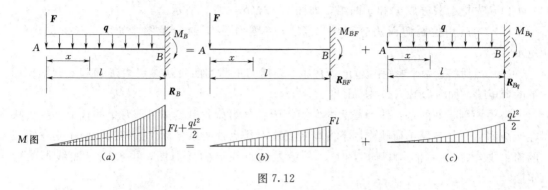

图 7.12

（1）在 F、q 共同作用时：

$$Q_x = -F - qx$$

$$M(x) = -Fx - \frac{1}{2}qx^2$$

（2）在 F 单独作用时：

$$Q_F(x) = -F$$

$$M_F(x) = -Fx$$

（3）在 q 单独作用时：

$$Q_q(x) = -qx$$

$$M_q(x) = -\frac{1}{2}qx^2$$

当要求梁某指定截面（即 x 等于某一常数时）的内力时，上述各式的剪力和弯矩与荷载均为线性关系。比较上面三种情况的计算结果，有

$$Q(x) = Q_F(x) + Q_q(x)$$

$$M(x) = M_F(x) + M_q(x)$$

即在 F、q 共同作用时所产生的内力 Q（或 M）等于 F 与 q 单独作用时所产生的内力 Q_F、Q_q（或 M_F、M_q）的代数和。

这个结论，还可以推广到工程力学中的其他情况。**如果需要确定的某一参数与荷载呈线性关系，则由 n 个荷载共同作用时所引起的某一参数（反力、内力、应力、变形）等于各个荷载单独作用时所引起的该参数值的代数和。这个结论称为叠加原理。**

7.5.2　叠加法画弯矩图

根据叠加原理来绘制内力图的方法称为叠加法。在常见荷载作用下，梁的剪力图比较简单，一般不用叠加法绘制。下面讨论用叠加法画弯矩图的步骤：

（1）先把作用在梁上的复杂的荷载分成几组简单的荷载。

（2）然后用控制截面法分别作出各简单荷载单独作用下的弯矩图。

（3）最后将弯矩图的起止点、转折点、极值点、突变点相应的纵坐标叠加（代数相加），连线就得到梁在复杂荷载作用下的弯矩图。

以画图 7.12（a）所示悬臂梁的弯矩图为例：

（1）先把荷载分成 **F** 和 **q** 两组，如图 7.12（b）、（c）所示。

（2）然后用控制截面法分别作出 **F**、**q** 单独作用下的弯矩图，如图 7.12（b）、（c）所示。

（3）最后将这两个弯矩图起止点叠加，连成向下凸的曲线就得到梁在 **F** 和 **q** 共同作用下的弯矩图，如图 7.12（a）所示。

需要特别强调的是：任一截面的弯矩等于各分组荷载单独作用下弯矩的代数和，反映在弯矩图上，是各简单荷载作用下的弯矩图在对应点处的纵坐标代数相加，而不是弯矩图的简单拼合。用叠加法画弯矩图时，一般先画直线形的弯矩图，再叠画上曲线形的弯矩图。

【例 7.6】 简支梁受荷载 **F** 和 **q** 作用如图 7.13（a）所示。试用叠加法画梁的弯矩图。

【解】 （1）先将作用在梁上的荷载分为 **F** 与 **q** 两组，如图 7.13（b）、（c）所示。

（2）然后分别画出 **F**、**q** 单独作用下的弯矩图，如图 7.13（b）、（c）所示。

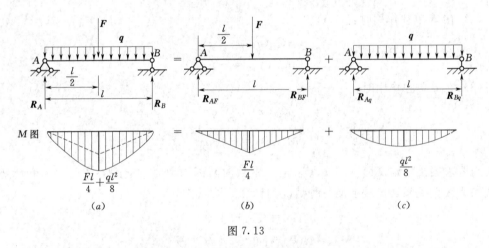

图 7.13

（3）最后将这两个弯矩图起中止点相应的纵坐标叠加起来，连成向下凸的曲线如图 7.13（a）所示，就是简支梁在集中荷载 **F** 和均布荷载 **q** 共同作用下的弯矩图。

【例 7.7】 外伸梁受荷载作用如图 7.14（a）所示，试用叠加法画梁的弯矩图。

【解】 （1）先将荷载分为 **q** 与 **F** 两组。

（2）然后用控制截面法分别画出 **q**、**F** 单独作用下的弯矩图，如图 7.14（b）、（c）所示。

（3）最后将这两个弯矩图 A、B、C 点及 AB 跨中点相应的纵坐标叠加起来，AB 段有向下均布荷载应连成向下凸的曲线，BC 段连成直线。由于荷载 **q** 与 **F** 单独作用时弯矩图有不同的正负号，叠加时可以先画直线弯矩图，再叠画上曲线弯矩图，如图 7.14（a）所示，使两图相互重叠部分正值和负值的纵坐标互相抵消，则剩下的部分就是外伸梁在荷载 **q** 和 **F** 共同作用下的弯矩图。

由 AB 跨弯矩图的叠加可以得出结论：长度为 l 的 AB 跨布满均布荷载 **q** 时，跨中点

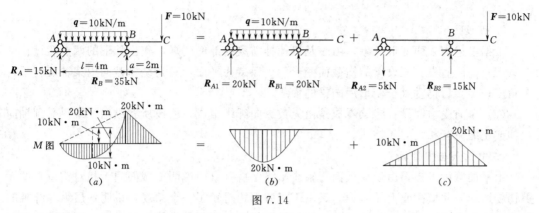

图 7.14

的弯矩值 $M_{AB中}$ 等于以两端弯矩 M_A、M_B 纵坐标连线的中点向 q 指向的一方变化 $\frac{1}{8}ql^2$。

用表达式表示：$M_{AB中} = \frac{M_A + M_B}{2} \pm \frac{1}{8}ql^2$。正负号确定方法：$M_A$、$M_B$ 使上拉时取负，使下拉时取正；q 向下时 $\frac{1}{8}ql^2$ 取正，反之取负。这种方法称为弯矩图的区段叠加法，以后将经常使用。

7.6 梁平面弯曲时横截面上的应力

图 7.15（a）所示的简支梁，荷载与支座反力都作用在梁的纵向对称平面内，其剪力图和弯矩图如图 7.15（b）、（c）所示。由图可知，在梁的 AC、DB 两段内，各横截面上既有剪力又有弯矩，这种弯曲称为剪切弯曲（或横力弯曲）。在梁的 CD 段内，各横截面上只有弯矩而无剪力，这种弯曲称为纯弯曲。为了使研究问题简化，下面首先分析纯弯曲时横截面上的正应力。

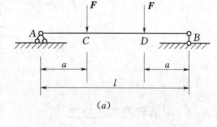

7.6.1 现象与假设

1. 试验条件

取一矩形截面等直梁，先在其表面画两条与轴线垂直的横线 Ⅰ—Ⅰ 和 Ⅱ—Ⅱ 以及两条与轴线平行的纵线 ab 和 cd 如图 7.16（a）所示。然后在梁的两端各施加一个力偶矩为 m 的外力偶，使梁发生纯弯曲变形如图 7.16（b）所示。

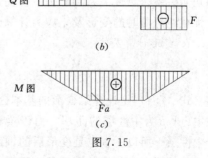

图 7.15

2. 现象

（1）梁变形后，横线 Ⅰ—Ⅰ 和 Ⅱ—Ⅱ 仍为直线，并与变形后梁的轴线垂直，但倾斜了一个角度。

（2）纵向线变成了曲线，靠近凹面的线段 ab 缩短了，靠近凸面的线段 cd 伸长了。

3. 假设

根据上述的表面变形现象，由表及里地推断梁内部的变形，作出如下的两点假设：

（1）平面假设。假设梁的横截面变形后仍保持为平面，只是绕横截面内某轴旋转了一个角度，旋转后仍垂直于变形后的梁的轴线。

（2）单向受力假设。将梁看成是由无数纵向纤维组成，假设所有纵向纤维只受到轴向拉伸或压缩，互相之间无挤压。

4. 中性层与中性轴

由平面假设可知，由于横截面与轴线始终保持垂直，说明横截面间无相对错位，即无剪切变形，因此横截面上无剪力，又由于横截面相对转了一个角度，说明各层纵向纤维的变形是线性变形的，且一侧缩短，一侧伸长，**从缩短层到伸长层之间必有一层长短不变的过渡层称中性层**，如图 7.16（b）中纵向纤维 AB 以及图 7.17 所示。**中性层与横截面的交线即水平形心轴称为中性轴**，如图 7.16（c）n—n 以及图 7.17 所示，中性轴将横截面分为受压和受拉两个区域如图 7.16（c）所示。

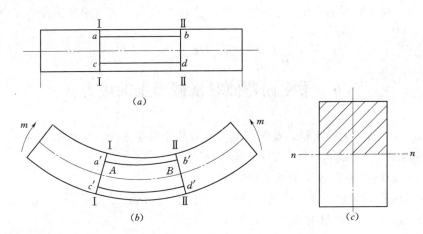

图 7.16

7.6.2　平面弯曲的正应力

根据上述的假设和推断，可以通过变形的几何关系、物理关系和静力平衡关系，推导梁在纯弯曲时的变形及正应力计算公式。

1. 变形计算公式

$$\frac{1}{\rho} = \frac{M}{EI_z} \qquad (7.1)$$

式（7.1）是计算梁变形的基本公式。

式中：$1/\rho$ 为中性层的曲率，由于梁轴线位于中性层，所以 $1/\rho$ 也是变形后的轴线在该截面处的曲率，它反映了梁的变形程度。

弯曲后轴线的曲率与弯矩 M 成正比，

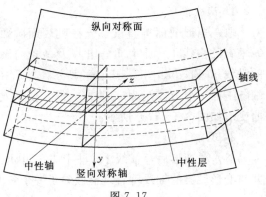

图 7.17

而与 EI_z 成反比。EI_z 愈大，则 $1/\rho$ 愈小，说明梁变形小，刚度大，故称 EI_z 为梁的抗弯刚度。

2. 正应力计算公式

（1）正应力的大小：

$$\sigma = \frac{M}{I_z}y \tag{7.2}$$

式中：σ 为横截面上某点处的正应力；M 为横截面上的弯矩；y 为横截面上该点到中性轴的距离；I_z 为横截面对中性轴 z 的惯性矩。

在使用式（7.2）计算正应力大小时，M、y 以绝对值代入，求得 σ 的大小。

（2）正应力的正负号：根据弯曲变形判断。即中性轴通过截面形心，将截面分为受压和受拉两个区域，弯矩箭尾所在侧为受拉区，对应侧为受压区。受拉区域点的正应力（拉应力）为正，受压区域点的正应力（压应力）为负。

3. 正应力的分布规律

在同一横截面上，弯矩 M 和惯性矩 I_z 为定值，因此，由式（7.2）可以看出，梁横截面上某点处的正应力 σ 与该点到中性轴的距离 y 成正比，因而**正应力的大小沿截面宽度均匀分布，沿截面高度呈线性变化**，如图 7.18 所示。当 $y=0$ 时，$\sigma=0$，中性轴上各点处的正应力为零。中性轴两侧，一侧受拉，另一侧受压。离中性轴最远的上、下边缘 $y=y_{max}$ 处正应力最大，一边为最大拉应力 σ_{lmax}，另一边为最大压应力 σ_{ymax}。

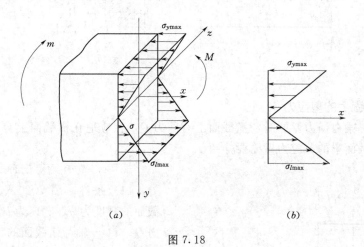

图 7.18

式（7.1）和式（7.2）是梁在纯弯曲情况下导出的。对于发生剪切弯曲的梁，若其跨度 l 与截面高度之比 l/h 大于 5，由弹性力学的分析可证明，按上述公式来计算正应力和变形，产生的误差不大，可以忽略不计。由于工程中常用梁的 l/h 值常远大于 5，所以常将以上公式推广用于剪切弯曲。

【例 7.8】 一悬臂梁的截面为矩形，自由端受集中力 F 作用如图 7.19（a）所示。已知 $F=4kN$，$h=60mm$，$b=40mm$，$l=2.5m$。求固定端截面上 a、b 两点的正应力及固定端截面上的最大正应力。

【解】（1）计算固定端截面上的弯矩 M，假设正弯：

$$M = -Fl = -4 \times 2.5 = -10 (\text{kN} \cdot \text{m})$$

使上侧受拉下侧受压。

（2）计算固定端截面上 a、b 两点的正应力：

$$I_z = \frac{bh^3}{12} = \frac{40 \times 60^3}{12} = 72 \times 10^4 (\text{mm}^4)$$

a 点在受拉侧：

$$\sigma_a = \frac{M}{I_z} y_a = \frac{10 \times 10^3 \times 10 \times 10^{-3}}{72 \times 10^4 \times 10^{-12}} \approx 1.39 \times 10^8 (\text{Pa}) = 139 (\text{MPa}) (\text{拉应力})$$

b 点在受压侧：

$$\sigma_b = -\frac{M}{I_z} y_b = -\frac{10 \times 10^3 \times 20 \times 10^{-3}}{72 \times 10^4 \times 10^{-12}} \approx -2.78 \times 10^8 (\text{Pa}) = -278 (\text{MPa}) (\text{压应力})$$

（3）计算固定端截面上的最大正应力。固定端截面的最大正应力发生在当 y 为最大值 $y_{\max}$ 时该截面的上、下边缘处。由梁的固端弯矩可知，上边缘产生最大拉应力，下边缘产生最大压应力，其应力分布如图 7.19（b）所示。最大正应力值均为

$$\sigma_{\max} = \frac{M}{I_z} y_{\max} = \frac{10 \times 10^3 \times 30 \times 10^{-3}}{72 \times 10^4 \times 10^{-12}} = 4.17 \times 10^8 (\text{Pa}) = 417 (\text{MPa})$$

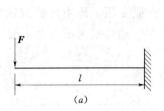

图 7.19

7.6.3 梁横截面上的剪应力

前面已述，梁在横力弯曲时，横截面上有剪力 Q，相应地在横截面上有剪应力 τ。下面对几种常用截面梁的剪应力做简要介绍。

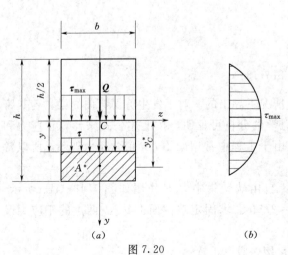

图 7.20

1. 矩形截面梁横截面上的剪应力

（1）条件。图 7.20（a）所示矩形截面的高度为 h，宽度为 b，截面上的剪力 Q。x、y 轴为横截面的对称轴。横截面上剪应力分布做如下两个假设：

1）横截面上各点处的剪应力方向都平行于横截面的侧边。

2）横截面上距中性轴等距离的各点处剪应力大小相等。

（2）剪应力的计算公式：

$$\tau = \frac{QS_z}{I_z b} \qquad (7.3)$$

式中：Q 为横截面上的剪力；I_z 为横截

面对中性轴的惯性矩；b 为横截面的宽度。

S_z 为横截面上所求剪应力点所在横线以外部分面积 A^* 如图 7.20（a）中所示阴影线部分面积对中性轴 z 的面积矩。

（3）剪应力的正负。在使用式（7.3）计算剪应力时，Q、S_z 均用绝对值代入，求得 τ 的大小，而 τ 的指向则与剪力 Q 的指向相同，τ 的正负同 Q 的正负。

（4）剪应力沿截面高度的变化规律。先计算横截面上距中性轴 y 处的剪应力如图 7.20（a）所示。由面积矩公式可得该处横线以外的面积 A^* 对中性轴 z 的面积矩为

$$S_z = A y_C^* = b\left(\frac{h}{2} - y\right)\left[y + \frac{1}{2}\left(\frac{h}{2} - y\right)\right] = \frac{b}{2}\left[\left(\frac{h}{2}\right)^2 - y^2\right]$$

代入式（7.3），得

$$\tau = \frac{3}{2}\frac{Q}{bh}\left(1 - \frac{4y^2}{h^2}\right) \tag{7.4}$$

由式（7.4）可知，**矩形截面梁横截面上的剪应力沿截面高度按抛物线规律变化**，如图 7.20（b）所示。

在上、下边缘 $y = \pm h/2$ 处： $\tau = 0$

在中性轴 $y = 0$ 处： $\tau_{\max} = \frac{3}{2}\frac{Q}{A}$ （7.5）

式中：A 为矩形截面的面积，$A = bh$。

由式（7.5）可知，**矩形截面梁横截面上的最大剪应力值等于截面上平均剪应力值的1.5 倍，最大剪应力发生在中性轴上各点处**。

2. 工字形截面梁横截面上的剪应力

工字形截面由上下翼缘和中间腹板组成如图 7.21（a）所示。腹板是狭长矩形，所以腹板上的剪应力可按式（7.3）进行计算，其剪应力分布如图 7.21（b）所示。最大剪应力仍然发生在中性轴上各点处，按式（7.6）计算，相当于剪力在腹板上的平均剪应力。在腹板与翼缘交接处，由于翼缘面积对中性轴的面积矩仍然有一定值，所以剪应力较大。腹板上的剪应力接近于均匀分布。翼缘上的剪应力的数值比腹板上剪应力的数值小许多，一般忽略不计。

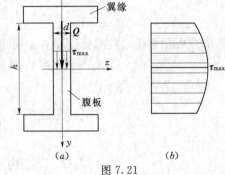

图 7.21

$$\tau_{\max} \approx \frac{Q}{hd} \tag{7.6}$$

3. 圆形截面梁和薄壁圆环形截面梁横截面上的剪应力

圆形截面和薄壁圆环形截面分别如图 7.22 所示。可以证明，梁横截面上的最大剪应力均发生在中性轴上各点处，并沿中性轴均匀分布，其值分别为

圆形截面梁：

$$\tau_{\max} = \frac{4}{3}\frac{Q}{A} \tag{7.7}$$

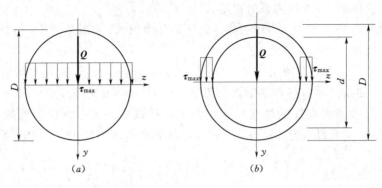

图 7.22

薄壁圆环形截面梁：

$$\tau_{max} = 2 \frac{Q}{A} \qquad (7.8)$$

式中：Q 为横截面上的剪力；A 为横截面面积。

【例 7.9】　已知图 7.23 所示梁横截面上的剪力为 $Q = 50 \text{kN}$，试计算横截面上 a、b 两点处的剪应力。

【解】　（1）a 点处的剪应力。a 点位于中性轴上，由式（7.5），得

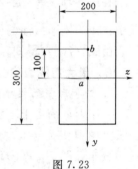

图 7.23

$$\tau_a = \frac{3}{2} \frac{Q}{bh} = \frac{3}{2} \times \frac{50 \times 10^3}{200 \times 300 \times 10^{-6}}$$
$$= 1.25 \times 10^6 (\text{Pa})$$
$$= 1.25 (\text{MPa})$$

（2）b 点处的剪应力。

横截面对 z 轴的惯性矩为

$$I_z = \frac{1}{12} \times 0.2 \times 0.3^3 = 4.5 \times 10^{-4} (\text{m}^4)$$

b 点所在横线以外部分面积对 z 轴的面积矩为

$$S_{zb} = 0.2 \times 0.05 \times 0.125 = 1.25 \times 10^{-3} (\text{m}^3)$$

由式（7.3），得

$$\tau_b = \frac{Q S_{zb}}{I_z b} = \frac{50 \times 10^3 \times 1.25 \times 10^{-3}}{4.5 \times 10^{-4} \times 0.2} = 0.70 \times 10^6 (\text{Pa}) = 0.70 (\text{MPa})$$

7.7　梁的平面弯曲强度计算

7.7.1　最大应力

1. 最大正应力

通常在进行梁的强度计算时，必须算出梁的最大正应力值。对于等直梁，弯曲时的最大正应力在弯矩较大的截面的上、下边缘，该截面称为危险截面，其上、下边缘的点称为危险点。

（1）对于截面以中性轴为对称轴的梁：

最大正应力的值为

$$\sigma_{max} = \frac{M_{max}}{I_z} y_{max}$$

令 $W_z = I_z / y_{max}$，则

$$\sigma_{max} = \frac{M_{max}}{W_z} \tag{7.9}$$

式中：W_z 为抗弯截面系数，它是衡量截面抗弯能力的一个几何量，与截面的形状和尺寸有关，其单位为 ［长度］³。

下面列出几种常见截面的 W_z 的计算表达式。

1）矩形截面，宽为 b，高为 h ［图 7.20（a）］：

$$W_z = \frac{I_z}{y_{max}} = \frac{\frac{bh^3}{12}}{\frac{h}{2}} = \frac{bh^2}{6} \tag{7.10}$$

2）圆形截面，直径为 d ［图 7.22（a）］：

$$W_z = \frac{I_z}{y_{max}} = \frac{\frac{\pi d^4}{64}}{\frac{d}{2}} = \frac{\pi d^3}{32} \approx 0.1d^3 \tag{7.11}$$

3）圆环形截面，外径为 D，内径为 d，$d/D = \alpha$ ［图 7.22（b）］：

$$W_z = \frac{I_z}{y_{max}} = \frac{\frac{\pi(D^4 - d^4)}{64}}{\frac{D}{2}} = \frac{\frac{\pi D^4}{64}(1 - \alpha^4)}{\frac{D}{2}} = \frac{\pi D^3}{32}(1 - \alpha^4)$$

$$\approx 0.1D^3(1 - \alpha^4) \tag{7.12}$$

4）各种型钢截面的抗弯截面系数可从附录型钢表中查得。

（2）对于截面不以中性轴为对称轴的梁：

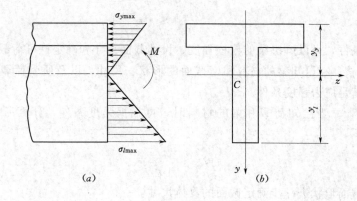

图 7.24

例如图 7.24 所示的 T 形截面梁，在正弯矩 M 作用下，梁下边缘处产生最大拉应力，上边缘处产生最大压应力，其值分别为

$$\sigma_{l\max} = \frac{M}{\dfrac{I_z}{y_l}} \tag{7.13}$$

$$\sigma_{y\max} = \frac{M}{\dfrac{I_z}{y_y}} \tag{7.14}$$

令 $W_{zl} = I_z / y_l$，$W_{zy} = I_z / y_y$，则

$$\sigma_{l\max} = \frac{M}{W_{zl}}, \qquad \sigma_{y\max} = \frac{M}{W_{zy}}$$

2. 最大剪应力

最大剪应力 τ 一定位于最大剪力 $Q_{\max}$ 所在的横截面的中性轴上。对于不同形状的截面，最大剪应力 $\tau_{\max}$ 的统一表达式为

$$\tau_{\max} = \frac{Q_{\max} S_{z\max}}{I_z b} \tag{7.15}$$

式中：$S_{z\max}$ 为中性轴一侧的面积对中性轴的面积矩；b 为横截面上中性轴处的宽度。

7.7.2　强度条件

1. 正应力强度条件

要使梁具有足够的强度，必须使梁内的最大工作应力 $\sigma_{\max}$ 不超过材料的许用应力 $[\sigma]$。

（1）当材料的抗拉和抗压能力相同时，即 $[\sigma_l] = [\sigma_y] = [\sigma]$，则梁的正应力强度条件为

$$\sigma_{\max} = \frac{M_{\max}}{W_z} \leqslant [\sigma] \tag{7.16}$$

（2）当材料的抗拉和抗压能力不相同时，即 $[\sigma_l] \neq [\sigma_y]$，则梁的正应力强度条件为

$$\left. \begin{array}{l} \sigma_{l\max} = \dfrac{M_{\max}}{W_l} \leqslant [\sigma_l] \\[2mm] \sigma_{y\max} = \dfrac{M_{\max}}{W_y} \leqslant [\sigma_y] \end{array} \right\} \tag{7.17}$$

利用强度条件，可以解决梁的校核强度、设计截面尺寸和确定许可荷载三类问题。

1）强度校核。在已知梁的材料和横截面的形状、尺寸，以及所受荷载的情况下，可以检查梁是否满足应力强度条件。

2）截面设计。当已知荷载和梁的材料时，可根据强度条件，计算所需的抗弯截面系数：

$$W_z \geqslant \frac{M_{\max}}{[\sigma]} \tag{7.18}$$

再由梁的截面形状进一步确定截面的具体尺寸。

3）确定许可荷载。当已知梁的材料和截面尺寸时，可根据强度条件，计算出梁所能承受的最大弯矩：

$$M_{\max} \leqslant W_z [\sigma] \tag{7.19}$$

再由 M_{max} 与荷载间的关系计算出许可荷载。

利用上述强度条件同样可解决有关强度方面的三类问题。

【例 7.10】 如图 7.25 所示，一悬臂梁长 $l=1.5m$，自由端受集中力 $F=32kN$ 作用，梁由 No.22a 工字钢制成，自重 $q=0.33kN/m$ 计算，材料的许用应力 $[\sigma]=160MPa$。试校核梁的正应力强度条件。

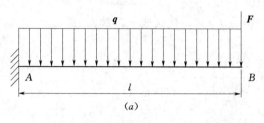
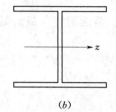

图 7.25

【解】 （1）求最大弯矩。最大弯矩在固定端截面 A 处：

$$|M_{max}| = Fl + \frac{ql^2}{2} = 32 \times 1.5 + \frac{0.33 \times 1.5^2}{2} = 48.4(kN \cdot m)$$

（2）确定 W_z。查附录型钢表，No.22a 工字钢的抗弯截面系数 $W_z=309cm^3$。

（3）校核正应力强度条件：

$$\sigma_{max} = \frac{M_{max}}{W_z} = \frac{48.4 \times 10^3}{309 \times 10^{-6}} = 1.562 \times 10^8 (Pa) = 156.2(MPa) < [\sigma] = 160(MPa)$$

满足正应力强度条件。

本题若不计梁自重时，$|M_{max}| = Fl = 32 \times 1.5 = 48(kN \cdot m)$，则

$$\sigma_{max} = \frac{M_{max}}{W_z} = \frac{48 \times 10^3}{309 \times 10^{-6}} = 1.549 \times 10^8 (Pa) = 154.9(MPa)$$

可见，对于钢材制成的梁，自重对强度的影响很小，工程上一般不予考虑。

【例 7.11】 一圆形截面木梁，梁上荷载如图 7.26 所示，已知 $l=3m$，$F=3kN$，$q=3kN/m$，弯曲时木材的许用应力 $[\sigma]=10MPa$。试选择圆木的直径。

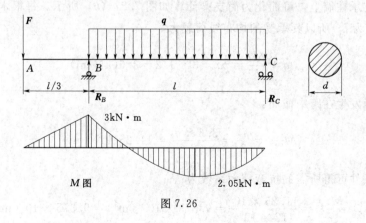

图 7.26

【解】 (1) 确定最大弯矩。由静力平衡条件可计算出支座反力：

$$R_B = 8.5\text{kN}, \quad R_C = 3.5\text{kN}$$

作弯矩图，从弯矩图上可知危险截面在 B 截面，$M_{B\max} = 3\text{kN·m}$。

(2) 设计截面直径。根据强度条件式 (7.16)，此梁所需的抗弯截面系数为

$$W_z = \frac{M_{\max}}{[\sigma]} = \frac{3 \times 10^3}{10 \times 10^6} = 3 \times 10^{-4}(\text{m}^3) = 3 \times 10^5(\text{mm}^3) \tag{7.20}$$

由于圆截面的抗弯截面系数为 $W_z = \pi d^3/32$，代入式 (7.20)，即

$$\frac{\pi d^3}{32} \geqslant 3 \times 10^5$$

$$d \geqslant \sqrt[3]{\frac{3 \times 10^5 \times 32}{\pi}} = 145(\text{mm})$$

取圆木的直径为 $d = 14.5\text{cm}$。

【例 7.12】 矩形截面的木搁栅两端搁在墙上，承受由地板传来的荷载如图 7.27 (a) 所示。若地板的均布面荷载 $p = 3\text{kN/m}^2$，木搁栅的间距 $a = 1.2\text{m}$，跨度 $l = 5\text{m}$，木材的许用应力 $[\sigma] = 12\text{MPa}$。试求：

(1) 当截面的高宽比 $h/b = 1.5$，试设计木梁的截面尺寸 b、h。

(2) 当此木搁栅采用 $b = 140\text{mm}$、$h = 210\text{mm}$ 的矩形截面时，试计算地板的许可面荷载。

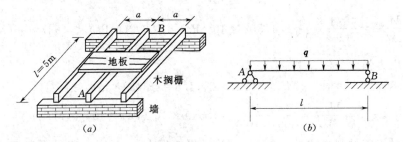

图 7.27

【解】 (1) 设计木搁栅的截面尺寸。

木搁栅支承在墙上，可简化为简支梁计算如图 7.27 (b) 所示。每根木搁栅的受荷宽度为 a，长度为 l，所以其承受的均布线荷载为

$$q = \frac{pal}{l} = pa = 3 \times 1.2 = 3.6(\text{kN/m})$$

最大弯矩发生在跨中截面：

$$M_{\max} = \frac{ql^2}{8} = \frac{3.6 \times 5^2}{8} = 11.25(\text{kN·m})$$

由强度条件可得所需的抗弯截面系数为

$$W_z \geqslant \frac{M_{\max}}{[\sigma]} = \frac{11.25 \times 10^3}{12 \times 10^6} = 9.375 \times 10^{-4}(\text{m}^3) = 9.375 \times 10^5(\text{mm}^3)$$

由于 $h=1.5b$，所以

$$W_z = \frac{bh^2}{6} = \frac{b(1.5b)^2}{6} = \frac{2.25b^3}{6}$$

$$\frac{2.25b^3}{6} \geqslant 9.375 \times 10^5$$

得：

$$b \geqslant 136 \text{mm}$$

为施工方便，取 $b=140\text{mm}$，则

$$h = 1.5b = 210(\text{mm})$$

（2）求地板的许可面荷载 $[p]$。

当木搁栅的截面尺寸为 $b=140\text{mm}$、$h=210\text{mm}$ 时，抗弯截面系数为

$$W_z = \frac{bh^2}{6} = \frac{140 \times 210^2}{6} = 1.029 \times 10^6 (\text{mm})^3$$

木搁栅能承受的最大弯矩为

$$M_{\max} \leqslant W_z[\sigma] = 1.029 \times 10^6 \times 10^{-9} \times 12 \times 10^6$$
$$= 1.23 \times 10^4 (\text{N} \cdot \text{m}) = 12.3 (\text{kN} \cdot \text{m})$$

而

$$M_{\max} = \frac{ql^2}{8} = \frac{pal^2}{8}$$

即

$$\frac{pal^2}{8} \leqslant 12.3 \text{kN} \cdot \text{m}$$

$$p \leqslant \frac{12.3 \times 8}{81.2 \times 5^2} = 3.25(\text{kN/m}^2)$$

所以，地板的许可面荷载 $[p] = 3.25\text{kN/m}^2$。

【例 7.13】 T 形截面外伸梁的受力如图 7.28（a）所示。已知材料的许用拉应力 $[\sigma_l] = 32\text{MPa}$，许用压应力 $[\sigma_y] = 70\text{MPa}$。试按正应力强度条件校核梁的强度。

【解】 （1）画出 M 图，如图 7.28（b）所示，由图中可知，B 截面有最大的负值弯矩，C 截面有最大的正值弯矩。

（2）计算截面形心的位置及截面对中性轴的惯性矩。

取下边界为参考轴 z_0，确定截面形心 C 的位置如图 7.28（c）所示：

$$y_C = \frac{\sum y_i A_i}{\sum A_i} = \frac{30 \times 170 \times 85 + 200 \times 30 \times 185}{30 \times 170 + 200 \times 30} = 139(\text{mm})$$

计算截面对中性轴 z 的惯性矩：

$$I_z = \frac{30 \times 170^3}{12} + 30 \times 170 \times 54^2 + \frac{200 \times 30^3}{12} + 200 \times 30 \times 46^2$$

$$= 40.3 \times 10^6 (\text{mm}^4)$$

（3）校核强度。由于梁的抗拉强度与抗压强度不同，且截面中性轴 z 不是对称轴，所以梁的最大负弯矩截面 B 和最大正弯矩截面 C 都需校核。

1）校核 B 截面的强度。B 截面为最大负弯矩截面，其上边缘产生最大拉应力，下边缘产生最大压应力：

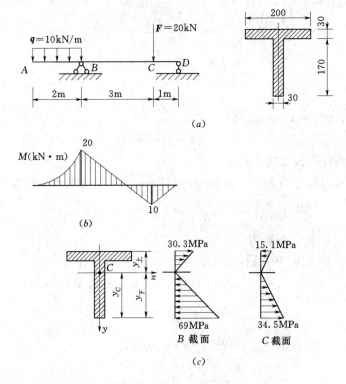

图 7.28

$$\sigma_{l\max}=\frac{M_B}{I_z}y_上=\frac{20\times10^3}{40.3\times10^6\times10^{-12}}\times(200-139)\times10^{-3}$$

$$=3.03\times10^7(\text{Pa})$$

$$=30.3(\text{MPa})<[\sigma_l]$$

$$\sigma_{y\max}=\frac{M_B}{I_z}y_下=\frac{20\times10^3}{40.3\times10^6\times10^{-12}}\times139\times10^{-3}$$

$$=6.9\times10^7(\text{Pa})$$

$$=69(\text{MPa})<[\sigma_y]$$

2）校核 C 截面强度。C 截面为最大正弯矩截面，其上边缘产生最大压应力，下边缘产生最大拉应力：

$$\sigma_{y\max}=\frac{M_C}{I_z}y_上=\frac{10\times10^3}{40.3\times10^6\times10^{-12}}\times(200-139)\times10^{-3}$$

$$=1.51\times10^7(\text{Pa})$$

$$=15.1(\text{MPa})<[\sigma_y]$$

$$\sigma_{l\max}=\frac{M_C}{I_z}y_下=\frac{10\times10^3}{40.3\times10^6\times10^{-12}}\times139\times10^{-3}$$

$$=3.45\times10^7(\text{Pa})$$

$$=34.5(\text{MPa})>[\sigma_l]$$

由以上计算可知梁的强度不够。C 截面弯矩的绝对值虽不是最大，但因截面的受拉边缘距中性轴较远，而求得的最大拉应力较 B 截面大。

因此对于抗拉与抗压性能不同的脆性材料，当截面中性轴 z 不是对称轴时，对梁的最大正弯矩截面与最大负弯矩截面均要校核强度。

2. 剪应力强度条件

梁的最大剪应力产生在剪力最大的横截面的中性轴上，所以梁的剪应力强度条件为

$$\tau_{max} = \frac{Q_{max} S_{zmax}}{I_z b} \leqslant [\tau] \tag{7.21}$$

式中：$[\tau]$ 为材料在剪切弯曲时的许用剪应力。

在梁的强度计算中，必须同时满足正应力强度条件和剪应力强度条件。在工程中，通常是先按正应力强度条件设计出截面尺寸，然后按剪应力强度条件进行校核。对于细长梁，按正应力强度条件设计的梁，一般都能满足剪应力强度要求，不必作剪应力强度校核。但在以下几种特殊情况下，需作剪应力强度校核：

（1）梁的跨度较短。

（2）在支座附近有较大荷载。

（3）工字形截面的梁其腹板厚度很小。

（4）木梁中顺纹的 $[\tau]$ 较 $[\sigma]$ 小很多。

【例 7.14】 简支梁 AB 如图 7.29（a）所示。已知 $l = 2m$，$a = 0.2m$；梁上的荷载 $q = 20kN/m$，$F = 190kN$；材料的许用应力 $[\sigma] = 160MPa$，$[\tau] = 100MPa$。试选择工字钢梁的型号。

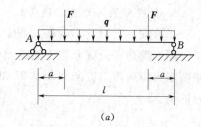

（a）

【解】 （1）画出梁的 Q 图和 M 图，如图 7.29（b）、（c）所示。

（2）根据正应力强度条件选择工字钢型号。

由 M 图可见，最大弯矩为

$$M_{max} = 48kN \cdot m$$

由正应力强度条件得

$$W_z \geqslant \frac{M_{max}}{[\sigma]} = \frac{48 \times 10^3}{160 \times 10^6} = 300 \times 10^{-4} (m^3) = 300 (cm^3)$$

查型钢表，选用 No.22a 工字钢，其 $W_z = 309cm^3$。

（3）剪应力强度校核。

由型钢表中查出 No.22a 工字钢：

$$\frac{I_z}{S_{zmax}} = 18.9cm, \quad d = 0.75cm$$

由 Q 图知，最大剪力为

$$Q_{max} = 210kN$$

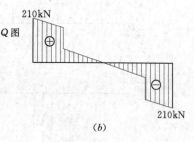

（b）

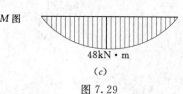

图 7.29

由剪应力强度条件得

$$\tau_{max} = \frac{Q_{max}}{\dfrac{I_z}{S_{zmax}} d} = \frac{210 \times 10^3}{18.9 \times 10^{-2} \times 0.75 \times 10^{-2}}$$

$$=1.48 \times 10^7 (Pa)$$
$$=148(MPa) > [\tau] = 100MPa$$

因 τ_{max} 远大于 $[\tau]$，应重新选择更大的截面。现以 No.25b 工字钢进行试算，由型钢表查得

$$\frac{I_z}{S_{zmax}} = 21.27cm，d = 1cm$$

再次进行剪应力强度校核：

$$\tau_{max} = \frac{Q_{max}}{\frac{I_z}{S_{zmax}}d} = \frac{210 \times 10^3}{21.27 \times 10^{-2} \times 1 \times 10^{-2}} = 9.86 \times 10^7 (Pa) = 98.6(MPa) < [\tau]$$

最后确定选用 No.25b 工字钢。

7.7.3 提高梁弯曲强度的主要措施

梁的强度主要取决于梁的正应力强度条件，即

$$\sigma_{max} = \frac{M_{max}}{W_z} \leqslant [\sigma]$$

由此条件可以看出，欲提高梁的弯曲强度，一方面应降低最大弯矩 M_{max}；另一方面则应提高弯曲截面系数 W_z。从以上两方面出发，工程上主要采取以下三个措施。

1. 合理布置梁的支座和荷载

当荷载一定时，梁的最大弯矩 M_{max} 与梁的跨度有关。因此，首先应合理布置梁的支座。例如受均布荷载 q 作用的简支梁如图 7.30 (a) 所示，其最大弯矩为 $0.125ql^2$，若将梁两端支座向跨中方向移动 $0.2l$ 如图 7.30 (b) 所示，则最大弯矩变为 $0.025ql^2$，仅为前者的 1/5。

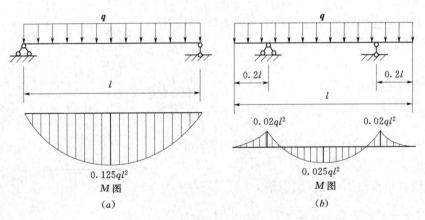

图 7.30

其次，若结构允许，应尽可能合理布置梁上荷载。例如在跨中作用集中荷载 F 的简支梁如图 7.31 (a) 所示，其最大弯矩为 $Fl/4$；若在梁的中间安置一根长为 $l/2$ 的辅助梁如图 7.31 (b) 所示，则最大弯矩变为 $Fl/8$，即为前者的一半。

2. 采用合理的截面

梁的最大弯矩确定后，梁的弯曲强度取决于弯曲截面系数。梁的弯曲截面系数 W_z 越

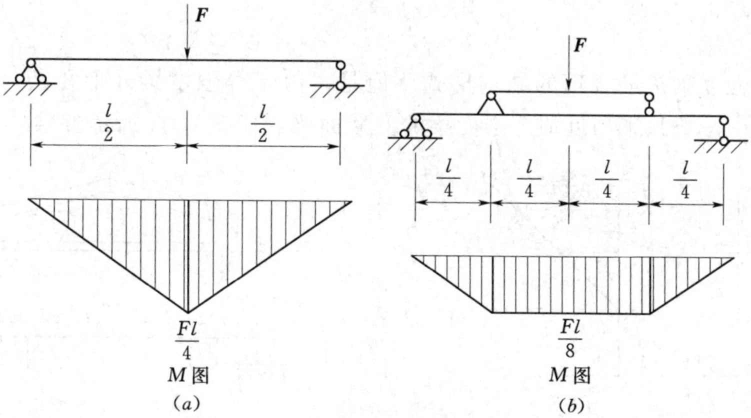

图 7.31

大，正应力越小。因此，在设计中，应当力求在不增加材料（即等长等横截面面积）的前提下，使 W_z 值尽可能增大，即应使截面的 W_z/A 比值尽可能大，这种截面称为合理截面。例如宽为 b、高为 h（$h>b$）的矩形截面梁，如将截面竖置如图 7.32（a）所示，则 $W_{z1}=bh^2/6$；而将截面横置如图 7.32（b）所示，则 $W_{z2}=hb^2/6$；$W_{z1}>W_{z2}$，显然竖置比横置合理。由于梁横截面上的正应力沿截面高度线性分布，中性轴附近应力很小，该处材料远未发挥作用，若将这些材料移置到离中性轴较远处，可使它们得到充分利用，形成合理截面。因此，工程中常采用工字形、箱形截面。

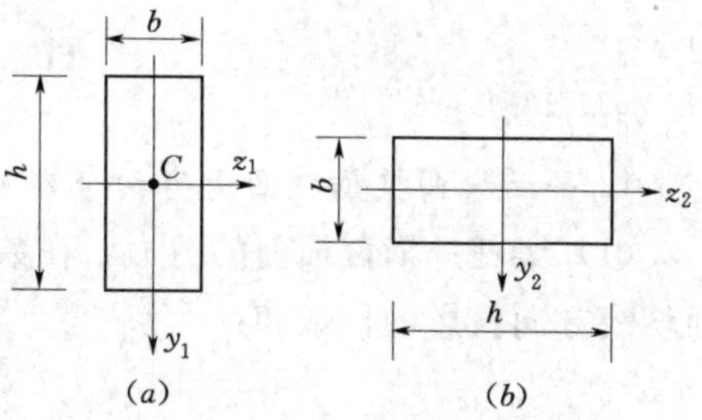

图 7.32

在讨论合理截面时，还应考虑材料的力学性能。当拉压材料同时达到许用应力时材料利用最充分。对于抗拉强度与抗压强度相等的塑性材料，宜采用以中性轴为对称轴的截面，如圆形、矩形、工字形等。对于抗压强度大于抗拉强度的脆性材料，如果采用对称于中性轴的横截面，则由于弯曲拉应力达到材料的许用拉应力 $[\sigma_l]$ 时，弯曲压应力没有达到许用压应力 $[\sigma_y]$，受压一侧的材料没有充分利用。因此，应采用不对称于中性轴的横截面，如 T 形，⊔形等，使拉压材料同时达到许用应力满足式（7.22），如图 7.33（a）所示，又因 $[\sigma_y]>[\sigma_l]$，故使 $y_y>y_l$，使中性轴偏向受拉的一侧，如图 7.33（b）所示。

$$\frac{[\sigma_l]}{[\sigma_y]}=\frac{\sigma_{l\max}}{\sigma_{y\max}}=\frac{y_l}{y_y} \tag{7.22}$$

3. 采用变截面梁

对于等截面梁，当梁危险截面上危险点处的应力值达到材料的许用应力时，其他截面上的应力值均小于许用应力，材料没有得到充分利用。为提高材料的利用率、提高梁的强度，可以设计成各截面应力值均同时达到许用应力值，这种梁称为等强度梁，其抗弯截面系数 W_z 可按式（7.23）确定。

$$W_z(x) = \frac{M(x)}{[\sigma]} \tag{7.23}$$

显然，等强度梁是最合理的结构形式。但是，由于等强度梁外形复杂，加工制造困难，所以工程中一般只采用近似等强度梁的变截面梁，如图 7.34 所示各梁。

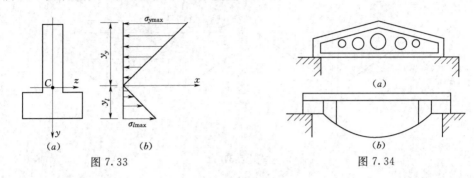

图 7.33   图 7.34

任 务 小 结

1. 平面弯曲梁横截面上有两个内力——剪力和弯矩

（1）梁任一横截面上的剪力，在数值上等于该截面左边（或右边）梁上所有外力在截面切线方向投影的代数和：

$$Q = -\sum F_i$$

（2）梁任一横截面上的弯矩，在数值上等于该截面左边（或右边）梁上所有外力对该截面形心之矩的代数和：

$$M = -\sum M_O$$

2. 绘制剪力图和弯矩图的方法

剪力图和弯矩图是分析危险截面的重要依据。熟练、正确地绘制剪力图和弯矩图是本任务的重点和难点。

（1）剪力方程和弯矩方程画剪力图和弯矩图。

（2）利用剪力图的规律直接画剪力图。

（3）控制截面法和叠加法画弯矩图。

3. 梁的正应力

（1）正应力计算公式：

$$\sigma = \frac{My}{I_z}$$

（2）适用条件：平面弯曲或剪切弯曲的梁，且在弹性范围内工作。

（3）正应力分布：正应力的大小沿截面宽度均匀分布沿截面高度呈线性变化，中性轴上各点为零，上、下边缘处最大。

（4）正应力的正负号：中性轴通过截面形心，并将截面分为受压和受拉两个区域。弯矩所在侧为受拉区，另一侧为受压区。受拉区域点的正应力为正，受压区域点的正应力为负。

（5）正应力强度条件：

$$\sigma_{max} = \frac{M_{max}}{W_z} \leqslant [\sigma]$$

其中抗弯截面系数：

$$W_z = \frac{I_z}{y_{max}}$$

常用截面如矩形、圆形等的抗弯截面系数应熟练掌握。

4. 梁的剪应力

（1）剪应力计算公式：

$$\tau = \frac{QS_z}{I_z b}$$

（2）剪应力分布：剪应力的大小沿截面高度呈抛物线变化，中性轴处最大，上、下边缘处为零。

（3）剪应力公式中的几何参数：S_z 是横截面上所求剪应力处到边缘部分面积对中性轴的面积矩，I_z 是整个截面对中性轴的惯性矩，b 是所求剪应力处的截面宽度。

（4）剪应力强度条件：

$$\tau_{max} = \frac{Q_{max} S_{zmax}}{I_z b} \leqslant [\tau]$$

5. 梁强度计算的方法和步骤

（1）画出梁的 Q 图、M 图，确定危险截面及相应的 Q 值、M 值。

（2）核算最大正应力的危险点：如果梁的截面是上、下对称的，则 M_{lmax} 和 M_{ymax} 相等，危险点在弯矩最大截面上的上、下边缘处；如果梁的截面是上、下非对称的，则 M_{lmax} 和 M_{ymax} 不相等，弯矩值较大的截面的上、下边缘点都要校核。

（3）梁的正应力强度计算是基本的、主要的计算，对于任意一根梁均需进行强度计算。必要时进行剪应力强度校核，其危险点在 $|Q|_{mx}$ 截面的中性轴上。

6. 提高梁弯曲强度的措施

提高梁弯曲强度的措施是根据正应力强度条件提出的：一是降低最大弯矩值，二是选择合理截面。梁的合理截面应该是在截面面积相同时有较大的抗弯截面系数或采用等强度变截面梁。

思 考 题

1. 什么是平面弯曲？

2. 梁的内力有哪些？如何计算？

3. 绘制梁的内力图的方法有哪些？

4. 梁的内力图有什么规律？如何利用规律绘制梁的内力图？

5. 什么是中性层？什么是中性轴？如何确定中性轴的位置？

6. 梁的正应力在横截面上是如何分布的？

7. 矩形截面梁的剪应力在横截面上的分布规律是怎样的？

8. 工字形截面梁的剪应力在横截面上的分布规律是怎样的？

9. 提高梁弯曲强度的主要措施有哪些？选取梁合理截面的原则是什么？

10. 什么是叠加原理？叠加原理成立的条件是什么？

课 后 练 习 题

一、填空题

1. 梁上的荷载一般简化为＿＿＿＿＿＿＿＿、＿＿＿＿＿＿＿＿或＿＿＿＿＿＿＿＿。

2. 梁的支座有＿＿＿＿＿＿＿＿、＿＿＿＿＿＿＿＿和＿＿＿＿＿＿＿＿三种理想情况。

3. 剪力 Q 对所取梁段内任一点的矩＿＿＿＿＿＿＿＿方向转动时为正，反之为负。

4. 在外力的作用下，杆件的任两横截面要发生相对的转动，杆件的轴线将由直线弯成曲线，这种变形称为＿＿＿＿＿＿＿＿。

5. 直接根据截面左边梁或右边梁上的外力来求该截面上的剪力和弯矩，而不必列出平衡方程，这种直接计算内力的方法称为＿＿＿＿＿＿＿＿。

6. 为了形象地表示剪力沿梁轴的变化规律，把剪力方程用其图像表示，称为＿＿＿＿＿＿。

7. 为了形象地表示弯矩沿梁轴的变化规律，把弯矩方程用其图像表示，称为＿＿＿＿＿＿。

8、如果需要确定的某一参数与荷载呈线性关系，则由 n 个荷载共同作用时所引起的某一参数（反力、内力、应力、变形）等于各个荷载单独作用时所引起的该参数值的代数和。这个结论称为＿＿＿＿＿＿，根据叠加原理来绘制内力图的方法称为＿＿＿＿＿＿。

9. Q 为梁横截面上的剪力；A 为横截面面积。

矩形截面梁横截面上的最大剪应力 τ_{max} 为：＿＿＿＿＿＿＿＿＿；

工字形截面上的最大剪应力 τ_{max} 为：＿＿＿＿＿＿＿＿＿；

圆形截面上的最大剪应力 τ_{max} 为：＿＿＿＿＿＿＿＿＿；

薄壁圆环形截面上的最大剪应力 τ_{max} 为：＿＿＿＿＿＿＿＿＿。

10. 梁的最大正应力的值的计算公式为：＿＿＿＿＿＿＿＿＿。

11. 梁的最大剪应力的值的计算公式为：＿＿＿＿＿＿＿＿＿。

12. W_z 为＿＿＿＿＿＿＿＿＿，它是衡量截面抗弯能力的一个几何量，与截面的形状和尺寸有关，其单位为＿＿＿＿＿＿＿＿＿。

13. 截面的 W_z 的计算表达式：

矩形截面：＿＿＿＿＿＿＿；圆形截面：＿＿＿＿＿＿＿；圆环形截面：＿＿＿＿＿＿＿。

14. 欲提高梁的弯曲强度，一方面应＿＿＿＿＿＿＿＿＿；另一方面＿＿＿＿＿＿＿＿＿。

15. 梁任一横截面上的剪力，在数值上等于该截面左边（或右边）梁上所有外力在截面切线方向投影的＿＿＿＿＿＿＿＿＿。

二、选择题

1. 在外力作用下，杆件的任两横截面要发生相对的转动，杆件的轴线将由直线弯成曲线，这种变形称为（　　）。

A. 弯曲变形   B. 剪切变形   C. 轴向拉伸   D. 扭转变形

2. 以（　　）为主要变形的杆件称为梁。

A. 扭转   B. 弯曲   C. 拉伸   D. 剪切

3. 梁截面上的剪力（　　）。

A. 对所取梁段内任一点的矩为逆时针方向转动时为正，反之为负

B. 对所取梁段内任一点的矩为顺时针方向转动时为负，反之为正

C. 对所取梁段内任一点的矩为顺时针方向转动时为正，反之为负

D. 向上为正，向下为负

4. 弯矩的指向为（　　）。

A. 由受拉侧绕过所截截面指向受压侧，对于梁习惯以下侧受压为正，反之为负

B. 由受拉侧绕过所截截面指向受压侧，对于梁习惯以上侧受压为正，反之为负

C. 逆时针为正，顺时针为负

D. 逆时针为负，顺时针为正

5. 梁任一截面上的弯矩（　　）。

A. 在数值上等于该截面左边（或右边）梁上所有外力对该截面形心之矩的代数和

B. 在数值上等于梁上所有外力对该截面形心之矩的代数和

C. 在数值上等于该截面左边（或右边）梁上所有外力对该截面形心之矩的绝对值的和

D. 在数值上等于梁上所有外力对该截面形心之矩的绝对值的和

6. 梁的内力图上（　　）。

A. 集中力作用点处剪力图发生突变，突变的方向同荷载的指向，突变的大小同荷载值

B. 集中力偶作用点处剪力图发生突变，突变的方向逆上顺下，突变的大小同荷载值

C. 集中力作用点处剪力图发生突变，突变的方向左上右下，突变的大小同荷载值

D. 集中力作用点处剪力图发生突变，突变的方向向下，突变的大小同荷载值

7. 矩形截面梁当横截面的高度增加一倍、宽度减小一半时，从正应力强度考虑，该梁的承载能力的变化为（　　）。

A. 不变   B. 增大 1 倍   C. 减小 1/2   D. 增大 3 倍

8. 实心圆形截面轴，当横截面的直径增大一倍时，该轴的扭刚度增大（　　）倍。

A. 4   B. 8   C. 16   D. 32

9. 在下列失效现象中，哪一个是因为不满足强度条件而引起的（　　）。

A. 煤气瓶爆炸

B. 车削较长的轴类零件时，未装上尾架，是加工精度差

C. 吊车梁上的小车在梁上行走困难，好像总在爬坡

D. 水塔的水箱由承压的四根管柱支撑，忽然间管柱弯曲，水箱轰然坠地

10. 梁弯曲时的最大正应力在（　　）。

A. 中性轴上   B. 离中性轴最远处的边缘上

C. 对称轴上   D. 离中性轴最近处的边缘上

11. 构件的许用应力是保证构件安全工作的（　　　）。

A. 最高工作应力　　　　　　　　　　B. 最低工作应力

C. 平均工作应力　　　　　　　　　　D. 加权平均工作应力

12. 按照强度条件，构件危险截面上的工作应力不应超过材料的（　　　）。

A. 许用应力　　　　B. 极限应力　　　　C. 破坏应力　　　　D. 屈服应力

13. 梁纯弯曲时，截面上的内力是（　　　）。

A. 弯矩　　　　　　B. 扭矩　　　　　　C. 剪力　　　　　　D. 轴力

14. 横力弯曲时，梁截面上的内力既有剪力，又有弯矩，则截面上应力应该是（　　　）。

A. 中性轴上切应力最小；上、下边缘正应力最小

B. 中性轴上切应力最小；上、下边缘正应力最大

C. 中性轴上切应力最大；上、下边缘正应力最小

D. 中性轴上切应力最大；上、下边缘正应力最大

15. 下列哪种措施不能提高梁的弯曲刚度？（　　　）

A. 增大梁的抗弯刚度　　　　　　　　B. 减小梁的跨度

C. 增加支承　　　　　　　　　　　　D. 将分布荷载改为几个集中荷载

三、判断题

1. 梁的轴线与梁的横截面的竖向对称轴构成的平面，称为梁的纵向对称面。（　　　）

2. 如果梁的荷载都作用在梁上，则梁的轴线将在此对称面内弯成一条曲线，这样的弯曲变形称为平面弯曲。（　　　）

3. 直接根据截面左边梁或右边梁上的外力来求该截面上的剪力和弯矩，而不必列出平衡方程，这种直接计算内力的方法称为控制截面法。（　　　）

4. 梁的内力图上剪力图为正值时，弯矩图向右下方倾斜。（　　　）

5. 梁的内力图上集中力作用点处剪力图发生突变，突变的方向同荷载的指向，突变的大小同荷载值。（　　　）

6. 从左往右画梁的内力图，集中力偶（包括支座反力偶）作用点处剪力图不受影响；弯矩图发生突变，突变方向逆上顺下，突变值的大小等于集中力偶矩值。（　　　）

7. 正应力的大小沿截面宽度均匀分布沿截面高度呈线性变化，中性轴上各点为零，上、下边缘处最大。（　　　）

8. 梁截面上的剪力对所取梁段内任一点的矩为顺时针方向转动时为正，反之为负。（　　　）

9. 梁任一截面上的弯矩，在数值上等于该截面左边（或右边）梁上所有外力该截面形心之矩的代数和。（　　　）

10. 任一截面的弯矩等于各分组荷载单独作用下弯矩的代数和，反映在弯矩图上，是各简单荷载作用下的弯矩图在对应点处的拼合。（　　　）

四、计算题

1. 用截面法求题 1 图示各梁指定截面上的剪力和弯矩。

2. 用内力方程法绘制题 2 图示各梁的剪力图和弯矩图。

3. 用内力图规律绘制题 3 图示各梁的剪力图和弯矩图。

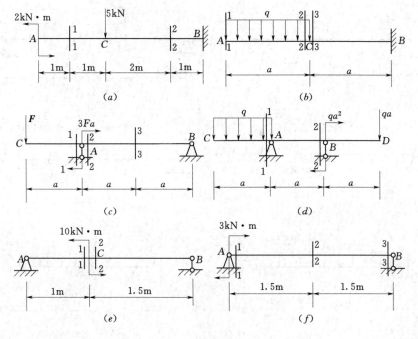

题 1 图

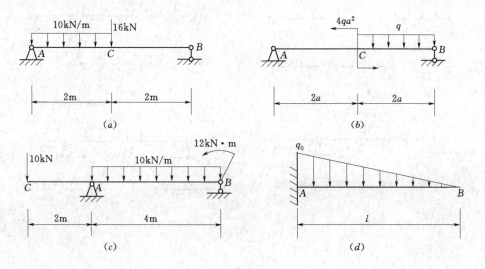

题 2 图

4. 题 4 图所示悬臂梁受集中力 $F=10\text{kN}$ 和均布荷载 $q=28\text{kN/m}$ 作用。计算 A 右侧截面上 a、b、c、d 四点处的正应力。

5. 倒 T 形截面的铸铁梁如题 5 图所示。试求梁内最大拉应力和最大压应力，并画出危险截面上的正应力分布图。

6. 如题 6 图所示简支梁受集中力作用。求：

（1）D 截面上 a 点处的剪应力 τ_a。

（2）全梁的最大剪应力。

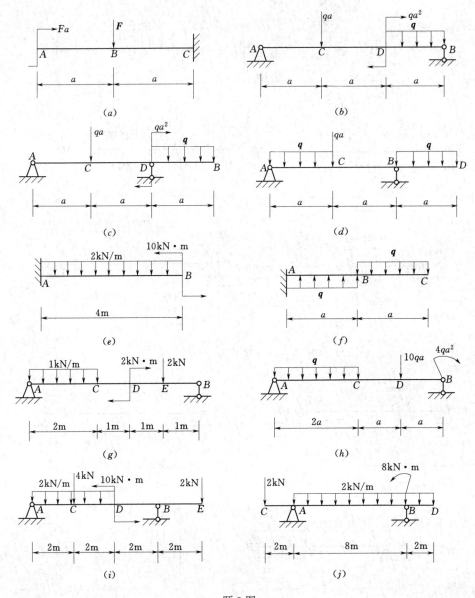

题 3 图

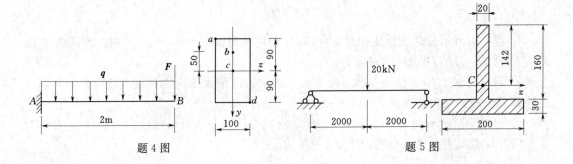

题 4 图   题 5 图

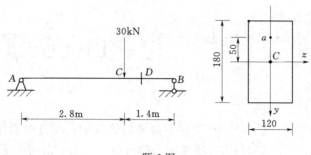

题 6 图

7. 如题 7 图所示槽形截面悬臂梁，材料的许用应力 $[\sigma_l] = 35\text{MPa}$， $[\sigma_y] = 120\text{MPa}$，试校核梁的正应力强度。

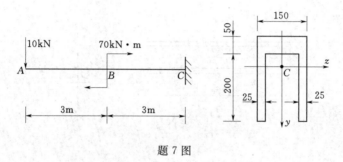

题 7 图

8. 如题 8 图所示外伸梁受集中力作用，已知材料的许用应力 $[\sigma] = 160\text{MPa}$， $[\tau] = 85\text{MPa}$。试选择工字钢的型号。

9. 试为题 9 图所示施工用的钢轨枕木选择矩形截面尺寸。已知矩形截面的宽高比为 $b : h = 3 : 4$，枕木的许用应力 $[\sigma] = 15.6\text{MPa}$， $[\tau] = 1.7\text{MPa}$，钢轨传给枕木的压力 $F = 49\text{kN}$。

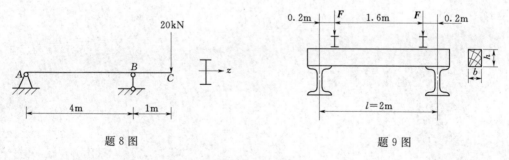

题 8 图   题 9 图

10. 一悬臂钢梁如题 10 图所示。钢的许用应力 $[\sigma] = 170\text{MPa}$。试按正应力强度条件选择下述截面的尺寸，并比较所耗费的材料：

（1）圆形截面；

（2）正方形截面；

（3）宽高之比为 $b : h = 1 : 2$ 的矩形截面；

（4）工字形截面。

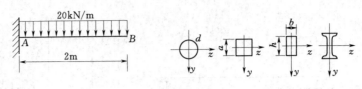

题 10 图

11. 如题 11 图所示一根 No.40a 工字钢制成的悬臂梁，在自由端作用一集中荷载 **F**。已知钢的许用应力 $[\sigma]$＝150MPa，若考虑梁的自重，问 **F** 的许可值是多少？

12. T 形截面铸铁悬臂梁，尺寸及荷载如题 12 图所示。已知材料的许用拉应力 $[\sigma_l]$ ＝40MPa，许用压应力 $[\sigma_y]$ ＝80MPa，截面对形心轴的惯性矩 I_z ＝101.8×10^6 mm^4，h_1 ＝96.4mm。求此梁的许可荷载 **F** 的值。

题 11 图

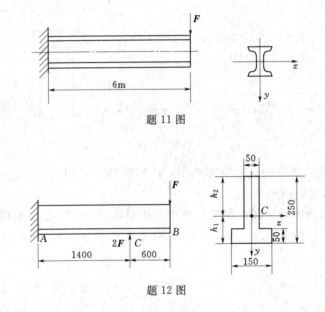

题 12 图

任务 8 压 杆 稳 定

学习目标：了解提高压杆稳定性的措施；理解稳定的概念、欧拉公式的适用范围；掌握压杆的临界力、临界应力、稳定的计算。

8.1 压杆稳定的概念

8.1.1 问题的提出

工程中把承受轴向压力的直杆称为压杆，在前面任务中讨论压杆时，只是从强度角度出发，认为压杆横截面上的正应力不超过材料的许用应力，就能保证杆件正常工作，这种观点对于粗短压杆来说是正确的，但对于细长压杆是不正确的。当细长压杆所受压力达到一定值时，直杆会丧失原有的直线平衡而突然变弯。这里可以做个简单的试验，取一块截面尺寸为 20mm×3mm、高为 20mm 的塑料板，如图 8.1 所示方向施加压力，显然，要想靠人力将其压坏是很困难的，但如果受压的是一根材料相同、截面尺寸相同、长为 500mm 的细长杆，情况就不一样了，不用很大的力就可以将其压弯，力再稍微加大，杆就会被折断。可见，对于细长受压的直杆（简称细长压杆），必须研究其维持直线平衡状态的承载能力。

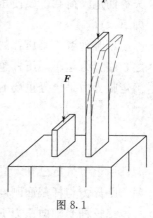

图 8.1

所谓失稳，就是本来挺直的压杆，当其所受的轴向压力超过杆件所能承受的某一极限值即临界力时，将突然弯曲，退出工作。

8.1.2 压杆稳定的概念

压杆的稳定，实质上就是指压杆能保持其原有直线平衡状态的能力。如图 8.2 (a) 所示，一轴心受压直杆，在大小不等的压力 F 作用下，为便于观察压杆直线平衡状态所表现的不同特性，在压杆上施加一横向干扰力 Q，使其产生弹性弯曲变形，如图 8.2 (b) 所示。若再拆去干扰力 Q，会观察到以下情况：

(1) 如图 8.2 (c) 所示，当压力 F 值较小时（小于某一临界值 F_{cr}）。压杆将在直线平衡位置附近左、右摆动，最终恢复到原有的直线平衡状态，表明压杆原有的直线平衡是稳定的。

(2) 如图 8.2 (d) 所示，当压力 F 值恰好等于某一临界值 F_{cr} 时，压杆不能恢复到原有的直线形式，而是处于微弯状态下的平衡，表明压杆可以在偏离直线平衡位置的附近保持微弯的平衡状态，这种状态的平衡为随意平衡，它是介于稳定平衡和不稳定平衡之间的一种临界状态，属于临界平衡。所谓临界平衡状态，是指压杆由稳定的直线平衡状态过渡到不稳定平衡状态的这一特定状态，或者说，压杆的临界平衡状态是压杆的不稳定平衡的开始。与临界平衡状态相对应的压力 F_{cr} 称为临界力或临界荷载。

(3) 如图 8.2 (e) 所示，当压力 F 值大于临界力 F_{cr} 时，压杆不仅不能恢复到原有的

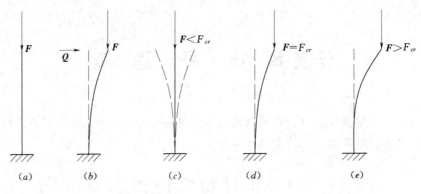

图 8.2

直线平衡状态，而且在微弯的基础上继续弯曲，直至变形过大而折断。

由以上的讨论可知，临界力 F_{cr} 是压杆稳定平衡与不稳定平衡的分界荷载，也是压杆失稳的危险荷载。要使压杆保持稳定平衡，作用于压杆上的压力 F 必须小于临界力 F_{cr}，即 $F < F_{cr}$。

不难理解，某压杆的临界力越大，该压杆越不容易失稳，表明该压杆的稳定性好。反之，临界力越小，压杆越容易失稳，表明压杆的稳定性差。因此，在压杆稳定性分析中，确定临界力是十分重要的。

8.2　压杆的临界力

由上节分析已知，受压直杆是否失稳，主要取决于压力是否达到了临界力值。试验表明，临界力与杆截面刚度、杆长及杆两端约束有关。

细长杆受轴向压力 F 的作用，当 F 增大到临界值 F_{cr} 时，杆在微弯状态下保持新的平衡。在杆的变形不大、杆内应力不超过比例极限的情况下，根据弯曲变形的理论可以求出临界力 F_{cr} 的大小为

$$F_{cr} = \frac{\pi^2 EI}{(\mu l)^2} \tag{8.1}$$

式中：μ 为长度系数，也称支座系数，无量纲，与支座有关，见表 8.1；l 为杆长；μl 为计算长度，也称相当长度，相当于两端铰支压杆的长度，见表 8.1；I 为杆件横截面对形心轴的惯性矩，如无特殊说明，$I = I_{\min} = \min[I_y, I_z]$。

式（8.1）是瑞士科学家欧拉在 18 世纪从理论上证明的，称为"欧拉公式"。

显然，压杆的计算长度与杆端约束形式有关。约束性能愈强，计算长度愈小，所得临界力愈大，表明该压杆的稳定性愈好；反之，约束性能弱，则计算长度大，临界力愈小，表明压杆的稳定性愈差。

现将几种理想支承的压杆临界力公式、长度系数和计算长度列于表 8.1 中，以备查用。

以上讨论的都是理想的支承情况。工程中压杆的实际支承情况比较复杂，有时很难简单地将其归结为哪一种理想情况，需要作具体分析。下面通过几个实例来说明杆端支承情况的简化。

表 8.1 杆端支承方式与相应的临界力

杆端支承情况	两端铰支	一端固定 一端自由	两端固定	一端固定 一端铰支
计算简图	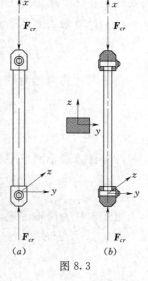			
临界力	$F_{cr} = \dfrac{\pi^2 EI}{l^2}$	$F_{cr} = \dfrac{\pi^2 EI}{(2l)^2}$	$F_{cr} = \dfrac{\pi^2 EI}{(0.5l)^2}$	$F_{cr} = \dfrac{\pi^2 EI}{(0.7l)^2}$
计算长度	l	$2l$	$0.5l$	$0.7l$
长度系数 μ	1.0	2.0	0.5	0.7

（1）柱形铰支承。如图 8.3 所示的链杆，两端为柱形铰支承。考虑链杆在较大刚度平面（水平面 xy 平面抗弯刚度为 EI_z）内弯曲时，两端可简化为铰支如图 8.3（a）所示。若在较小刚度平面（铅垂面 xz 平面抗弯刚度为 EI_y）内弯曲时如图 8.3（b）所示，则应根据两端的实际固结程度而定。如接头的刚性较好，使其不能转动，就可简化为固定端；如果有可能发生微小转动，则应简化为铰支，这样处理比较安全。

（2）焊接或铆接。对于杆端与支承处焊接或铆接的压杆，如图 8.4 中所示桁架的 AC 杆，因为杆受力后，两端连接处仍可能产生微小转动，故不能认为是固定端，而应按铰支端考虑。

（3）固定端。例如与坚实基础固结成一体的柱脚可简化为固定端。

总之，理想的固定端和铰支端是不多见的，实际杆端的支承情况往往介于固定端和铰支端之间。一般来说，只要杆端截面稍有转动的可能，就不应当作理想的固定端处理。

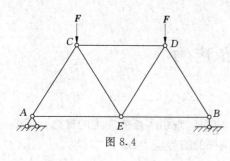

图 8.4

【例 8.1】 钢筋混凝土柱，高 6m，下端与基础固结，上端与屋架焊接（可视为铰支）。柱截面为 $b \times h = 250\text{mm} \times 600\text{mm}$，弹性模量 $E = 26\text{GPa}$，试计算柱的临界压力。

【解】（1）求压杆横截面的最小惯性矩 $I_{\min}$：

$$I_{\min} = \frac{hb^3}{12} = \frac{600 \times 250^3}{12} = 781.3 \times 10^6 \ (\text{mm}^4)$$

（2）确定长度系数 μ 值。据杆端约束情况可视

图 8.3

133

为下端固定，上端铰支，因此 $\mu=0.7$。

（3）求临界压力：

$$F_{cr}=\frac{\pi^2 EI}{(\mu l)^2}=\frac{3.14^2\times 26\times 10^9\times 781.3\times 10^6\times 10^{-12}}{(0.7\times 6)^2}$$

$$=11.35\times 10^6 (\text{N})=11350(\text{kN})$$

【例 8.2】　截面为 $120\text{mm}\times 200\text{mm}$ 的轴向受压木柱，$l=8\text{m}$。柱的支承情况是：在最大刚度平面（xz 面，刚度为 EI_y）内压弯时为两端铰支如图 8.5（a）所示；在最小刚度平面（xy 面，刚度为 EI_z）内压弯时为两端固定如图 8.5（b）所示。木材的弹性模量 $E=10\text{GPa}$。试求木柱的临界压力。

【解】　由于柱在最大与最小刚度平面内压弯时的支承情况不同，所以需要分别计算在两个平面内失稳的临界压力，以便确定在哪个平面内失稳。

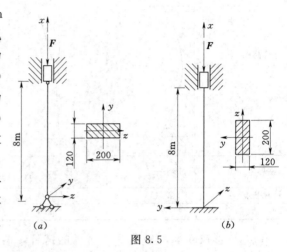

图 8.5

（1）计算最大刚度平面内的临界压力（即绕 y 轴失稳）。由图 8.5（a）知

$$I_y=\frac{120\times 200^3}{12}=80\times 10^6 (\text{mm}^4)=80\times 10^{-6}(\text{m}^4)$$

由于木柱在两端为铰支，所以 $\mu=1$，代入式（8.1）得

$$F_{cr}=\frac{\pi^2 EI_y}{(\mu l)^2}=\frac{3.14^2\times 10\times 10^9\times 80\times 10^{-6}}{(1\times 8)^2}$$

$$=123\times 10^3 (\text{N})=123(\text{kN})$$

（2）计算最小刚度平面内的临界压力（即绕 z 轴失稳）。由图 8.5（b）知

$$I_z=\frac{200\times 120^3}{12}=28.8\times 10^6 (\text{mm}^4)=28.8\times 10^{-6}(\text{m}^4)$$

由于木柱为两端固定，所以 $\mu=0.5$，代入式（8.1）：

$$F_{cr}=\frac{\pi^2 EI_z}{(\mu l)^2}=\frac{3.14^2\times 10\times 10^9\times 28.8\times 10^{-6}}{(0.5\times 8)^2}=178000(\text{N})=178(\text{kN})$$

比较计算结果可知：第一种情况临界压力小，所以木柱将在最大刚度平面内失稳（即绕 y 轴）。此例说明，当最小刚度平面和最大刚度平面内支承情况不同时，压杆不一定在最小刚度平面内失稳，必须经过计算才能最后确定。

8.3 压 杆 的 临 界 应 力

8.3.1 临界应力公式

上节中导出了细长压杆的临界力公式，为了便于应用，现引入临界应力的概念。将临界力 F_{cr} 除以压杆的横截面面积 A，所得的应力称为压杆的临界应力 σ_{cr}：

$$\sigma_{cr} = \frac{F_{cr}}{A} = \frac{\pi^2 EI}{A(\mu l)^2} \tag{8.2}$$

临界应力 $\boldsymbol{\sigma}_{cr}$ 是指在临界压力作用下压杆处于直线状态时的应力。

令 $I/A = i^2$，将它代入式（8.2）并整理后得

$$\sigma_{cr} = \frac{\pi^2 E}{\left(\frac{\mu l}{i}\right)^2} = \frac{\pi^2 E}{\lambda^2} \tag{8.3}$$

其中 $$\lambda = \frac{\mu l}{i} \tag{8.4}$$

式中：i 为横截面的回转半径或惯性半径；λ 为压杆的长细比或柔度，无量纲，它综合反映了压杆长度、杆端支承情况以及横截面的几何性质等对临界应力的影响。

由式（8.3）可知，在材料一定时，$\pi^2 E$ 为常量，因此临界应力 $\boldsymbol{\sigma}_{cr}$ 只与长细比的平方（λ^2）成反比，λ 愈大则 σ_{cr} 愈小，这表明愈是细长的压杆愈容易失稳；反之，λ 愈小则 σ_{cr} 愈大，表明愈是短粗的压杆愈不易失稳。

8.3.2 欧拉公式的适用范围

如前所述，当杆内应力不超过材料的比例极限 σ_p 时，欧拉公式才能适用。于是得到欧拉公式的适用条件为

$$\sigma_{cr} = \frac{\pi^2 E}{\lambda^2} \leqslant \sigma_p = \frac{\pi^2 E}{\lambda_p^2}$$

式中 λ_p 为 σ_{cr} 等于比例极限 σ_p 时相应的柔度，于是

$$\lambda_p = \pi \sqrt{\frac{E}{\sigma_p}}$$

由此可得出以柔度表示的欧拉公式的适用范围为

$$\lambda \geqslant \lambda_p \tag{8.5}$$

式（8.5）说明，只有按式（8.4）计算的柔度 λ 大于 λ_p 时，才能应用欧拉公式（8.1）和式（8.3）分别计算 F_{cr} 和 σ_{cr}。

λ_p 值仅取决于材料的力学性能。例如 A$_3$ 钢，$E = 200\text{GPa}$，$\sigma_p = 200\text{MPa}$ 得

$$\lambda_p = \pi \sqrt{\frac{200 \times 10^3}{200}} \approx 100$$

所以对于用 A$_3$ 钢制成的压杆，只有当它的 $\lambda \geqslant 100$ 时，才能应用欧拉公式计算 F_{cr} 或 σ_{cr}。工程中将 $\lambda \geqslant \lambda_p$ 的压杆称为大柔度杆或细长杆。用其他材料制成的压杆，由于弹性模量 E 和比例极限 σ_p 的值不同，故它们的 λ_p 值也不同，例如 16Mn 钢的 $\lambda_p = 85$，木材的 $\lambda_p = 80$。

8.3.3 超过比例极限时压杆的临界应力

工程中有许多压杆，它们的柔度往往小于 λ_p，对于 $\lambda_s \leqslant \lambda < \lambda_p$，称为中长杆。这类压杆属于临界应力超过比例极限的压杆稳定问题，其临界应力一般用由实验所得到的经验公式来计算，常用的有直线形经验公式和抛物线形经验公式。

1. 直线形经验公式

直线形经验公式把压杆的临界应力 $\boldsymbol{\sigma}_{cr}$ 与压杆的柔度 λ 表示为下列线性关系：

$$\sigma_{cr} = a - b\lambda \qquad (8.6)$$

式中：a、b 为与材料性质有关的常数，见表 8.2。

表 8.2　　　　　　　　　　　直线形经验公式系数 a 和 b　　　　　　　　单位：MPa

材 料		a	b
A₃ 钢	$\sigma_s = 235$ $\sigma_b = 372$	304	1.12
优质碳钢	$\sigma_s = 306$ $\sigma_b = 471$	461	2.568
硅钢	$\sigma_s = 353$ $\sigma_b = 501$	578	3.744
铬钼钢		980.7	5.296
铸铁		332.2	1.454
强铝		373	2.15
松木		28.7	0.19

若以 λ_s 表示对应于屈服极限 σ_s 的柔度值，则由式（8.6）得 $\sigma_s = a - b\lambda_s$，则

$$\lambda_s = \frac{a - \sigma_s}{b} \qquad (8.7)$$

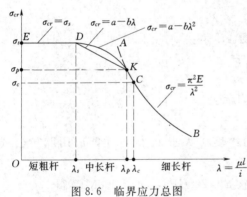

图 8.6 临界应力总图

图 8.6 表示了直线形经验公式与欧拉曲线。

2. 抛物线形经验公式

对于钢压杆，我国根据试验资料分析，提出下列抛物线形经验公式：

$$\sigma_{cr} = a - b\lambda^2 \qquad (8.8)$$

式中：λ 为压杆的柔度；a、b 为与材料的力学性能有关的两个常数，可以通过实验加以测定。

若以 λ_s 表示对应于屈服极限 σ_s 的柔度值，则由式（8.9）得

$$\sigma_s = a - b\lambda_s^2$$

则

$$\lambda_s = \sqrt{\frac{a - \sigma_s}{b}} \qquad (8.9)$$

应注意式（8.6）中的 a、b 值与式（8.8）中的 a、b 是不同的。表 8.3 给出 A₃ 钢及 16Mn 钢的 a、b 值，以供参考。

表 8.3　　　　　　抛物线形经验公式适用范围及常用材料的 a、b 值

材 料		a /MPa	b /MPa	范 围
A₃ 钢	$\sigma_s = 235\mathrm{MPa}$ $E = 2.00 \times 10^5 \mathrm{MPa}$	235	0.00668	$\lambda = 0 \sim 123$
16Mn 钢	$\sigma_s = 343\mathrm{MPa}$ $E = 2.06 \times 10^5 \mathrm{MPa}$	343	0.0142	$\lambda = 0 \sim 102$

对于由塑性材料制成的压杆，还要求其临界应力不超过材料的屈服极限 σ_s，即 $\sigma_{cr} \leqslant \sigma_s$。若以 λ_s 代表对应于 σ_s 的柔度值，由式（8.6）得

$$a - b\lambda \leqslant a - b\lambda_s$$

则

$$\lambda \geqslant \lambda_s$$

由式（8.7）得

$$a - b\lambda^2 \leqslant a - b\lambda_s^2$$

则

$$\lambda \geqslant \lambda_s$$

故当压杆的实际柔度 $\lambda \geqslant \lambda_s$ 时，经验公式才适用。当 $\lambda < \lambda_s$ 时属于小柔度杆，即短粗杆，应按强度问题处理。

如果将式（8.3）、式（8.6）和式（8.8）中的临界应力与柔度之间的函数关系绘在 σ_{cr}—λ 直角坐标系内，将得到临界应力随柔度变化的曲线图形，称为临界应力总图，如图 8.6 所示。对于 A_3 钢，$E = 200\text{GPa}$、$a = 235\text{MPa}$、$b = 0.00668\text{MPa}$。

由抛物线形经验公式得

$$\sigma_{cr} = 235 - 0.00668\lambda^2$$

由欧拉公式得

$$\sigma_{cr} = \frac{\pi^2 \times 200 \times 10^3}{\lambda^2}$$

由上述两方程解得 C 点的横坐标 $\lambda_c = 123$，纵坐标 $\sigma_c = 132\text{MPa}$。由临界应力总图可以看出，A_3 钢应在 $\lambda = 0 \sim 123$ 时用抛物线形经验公式计算临界应力，在 $\lambda > 123$ 时用欧拉公式计算临界应力。

从理论上讲，以 λ_p 作为两段曲线的分界点如图 8.6 所示，但由于材质变异、截面公差以及试件质量方面的影响，实验结果与理论公式常有差别，考虑到实际工程中轴心受压构件不可能处于理想状态，因而由实验得出的 DC 曲线就更能反映压杆的实际工作情况，所以用 λ_c 作为两类公式的分界点比较合适。这就是钢结构规范规定对 A_3 钢，$\lambda > 123$ 时才用欧拉公式的原因。

由图 8.6 还可知临界应力均随柔度 λ 的增大而逐渐衰减，也就是说压杆愈细愈长就愈容易失去稳定。

【例 8.3】 如图 8.7 所示压杆，直径 $d = 16\text{cm}$，长度 $l = 5\text{m}$，材料为 A_3 钢，$E = 2.1 \times 10^5 \text{MPa}$，两端为球铰支承，试求临界力。

【解】 压杆的临界力与杆的柔度有关，柔度愈大，临界力愈小。故应先确定柔度的具体数值，判断它属于哪一类压杆，是否可采用欧拉公式来计算临界力。

对于圆截面直杆：

$$A = \frac{1}{4}\pi d^2, \quad I = \frac{\pi d^4}{64}, \quad i = \sqrt{\frac{I}{A}} = \sqrt{\frac{\frac{\pi d^4}{64}}{\frac{\pi d^2}{4}}} = \frac{d}{4} = \frac{16}{4} = 4 (\text{cm})$$

此杆两端为球铰支承 $\mu = 1$，$l = 5\text{m} = 500\text{cm}$，$\lambda = \mu l / i =$

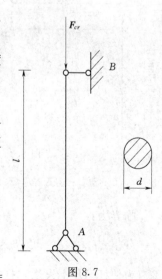

图 8.7

137

$1 \times 500/4 = 125 > \lambda_p = 123$，可见此杆属于大柔度杆，可按欧拉公式计算：

$$F_{cr} = \sigma_{cr}A = \frac{\pi^2 E}{\lambda^2}A = \frac{3.14^2 \times 2.1 \times 10^5 \times 10^6}{125^2} \times \frac{3.14 \times 16^2 \times 10^{-4}}{4}$$

$$= 2.67 \times 10^6 (\text{N}) = 2670 (\text{kN})$$

【例 8.4】 一根 No. 22a 工字钢柱，长 $l = 3$m，两端铰接，承受压力 $F = 500$kN，钢的弹性模量 $E = 200$GPa。试验算此杆是否能够承受。

【解】 由附录型钢表查得 No. 22a 工字钢的截面面积 $A = 42\text{cm}^2$，最小惯性半径 $i = 2.31$cm，柱两端为铰接，故 $\mu = 1$。因此，柔度为 $\lambda = \mu l/i = 1 \times 300/2.31 = 129.9 > \lambda_p = 123$ 属于大柔度杆，可用欧拉公式计算。

临界应力 σ_{cr}：

$$\sigma_{cr} = \frac{\pi^2 E}{\lambda^2} = \frac{\pi^2 \times 200 \times 10^9}{(129.9)^2} = 117 \times 10^6 (\text{N/m}^2) = 117 (\text{MPa})$$

临界力 F_{cr}：

$$F_{cr} = \sigma_{cr} \times A = 117 \times 10^6 \times 42 \times 10^{-4} = 491400 (\text{N}) = 491.4 (\text{kN})$$

实际柱上承受 500kN 的荷载已超过临界力，所以压杆不能安全承受，将会失稳而导致破坏。

【例 8.5】 若［例 8.4］中压杆的支承方式改为两端固定，试计算临界应力及临界力。

【解】 由于钢柱两端固定，故 $\mu = 0.5$，所以属于临界应力超出比例极限的情况，不能用欧拉公式，而应采用抛物线形经验公式（8.7）计算临界应力 σ_{cr}，查表 8.3 得 A_3 钢：$a = 235$MPa，$b = 0.0068$MPa，$\lambda = \mu l/i = 0.5 \times 300/2.31 = 64.93 < \lambda_p = 123$。

临界应力：

$$\sigma_{cr} = a - b\lambda^2 = 235 - 0.00668 \times 64.93^2 = 205.83 (\text{MPa})$$

临界力：

$$F_{cr} = \sigma_{cr} \times A = 205.83 \times 10^6 \times 42 \times 10^{-4} = 864486 (\text{N}) = 864.5 (\text{kN})$$

【例 8.6】 如图 8.8 所示支架中圆截面压杆 AB 的直径为 28mm，材料为 A_3 钢，$E = 200$GPa。试求荷载 F 的最大值。

【解】 AB 杆为压杆，需验算其稳定性。由于 AB 杆两端为铰接，故 $\mu = 1$，惯性半径 $i = \sqrt{I/A} = d/4 = 28/4 = 7$（mm），于是 $\lambda = \mu l/i = 1 \times 1000/7 = 143.9 > \lambda_p = 123$ 属于大柔度杆。

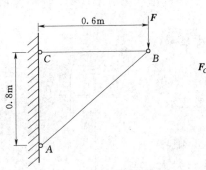

图 8.8

临界应力

$$\sigma_{cr} = \frac{\pi^2 E}{\lambda^2} = \frac{\pi^2 \times 200 \times 10^9}{143.9^2} = 95.3 \times 10^6 (\text{N/m}^2) = 95.3 (\text{MPa})$$

临界力：

$$F_{cr} = \sigma_{cr} \times A = 95.3 \times 10^6 \times \frac{3.14^2}{4} \times 28^2 \times 10^{-6} = 5.87 \times 10^4 (\text{N}) = 58.7 (\text{kN})$$

为使杆 AB 不失稳，杆内轴力不能超过临界压力，即 $F_{AB} = F_{cr}$，以 $F_{cr} = F_{AB}$ 来考虑支架所能承受的荷载。

取结点 B 为分离体，由平衡条件 $\sum X = 0$，得

$$F_{AB} \times \sin\alpha - F = 0$$

$$F = 58.7 \times \frac{4}{5} = 46.96(\text{kN})$$

荷载 F 的最大值不得超过 46.96kN，否则 AB 杆将因失稳而使整个支架破坏。实际工程中应考虑安全系数，荷载 F 应小于此数。

当用欧拉公式计算临界力时，应注意该公式的适用范围。即应首先根据所用材料确定压杆的 λ_p 值，只有压杆的长细比 λ 满足 $\lambda \geqslant \lambda_p$ 时，才可采用；另外，有些压杆可能在不同平面内有不同的支承情况，计算此类压杆的临界力或验算稳定时，应根据支承情况计算和比较不同平面内的 λ 值，压杆总是在 λ 值大的平面内失稳。

通过以上分析，可归纳计算临界力和临界应力时的步骤：

(1) 计算最小惯性矩：$I_{\min}$。

(2) 计算最小惯性半径：$i_{\min} = \sqrt{\dfrac{I_{\min}}{A}}$。

(3) 由支座形式确定长度系数 μ。

(4) 计算柔度：$\lambda_{\max} = \dfrac{\mu l}{i_{\min}}$，$\lambda_p = \sqrt{\dfrac{\pi^2 E}{\sigma_p}}$，$\lambda_s = \dfrac{a - \sigma_s}{b}$（直线形经验公式），或 $\lambda_s = \sqrt{\dfrac{a - \sigma_s}{b}}$（抛物线形经验公式）。

(5) 比较柔度，选择公式计算临界应力：

①当 $\lambda_{\max} \geqslant \lambda_p$ 时，属大柔度杆，用欧拉公式 $\sigma_{cr} = \dfrac{\pi^2 E}{\lambda^2}$。

②当 $\lambda_p > \lambda_{\max} \geqslant \lambda_s$ 时，属中柔度杆，用经验公式 $\sigma_{cr} = a - b\lambda_{\max}$ 或 $\sigma_{cr} = a - b\lambda_{\max}^2$。

③当 $\lambda_{\max} < \lambda_s$ 时，属小柔度杆或短粗杆，按轴向压缩强度条件计算 $\sigma_{cr} = \dfrac{N}{A}$。

(6) 计算临界力：$F_{cr} = A\sigma_{cr}$。

8.4 压杆的稳定计算

8.4.1 压杆的稳定条件

为了保证压杆具有足够的稳定性，应使作用在杆上的压力 F 不超过压杆的临界力 F_{cr}，而且还必须考虑有一定的安全储备，所以压杆的稳定条件为

$$F \leqslant \frac{F_{cr}}{K_w} \tag{8.10}$$

式中：F 为压杆工作荷载；K_w 为稳定安全系数。

将式（8.10）两边除以压杆横截面面积 A，经整理，得以应力形式表达的压杆稳定条件：

$$\sigma = \frac{F}{A} \leqslant \varphi[\sigma] \tag{8.11}$$

式中：φ 为折减系数，其值小于1，随柔度 λ 而变化。

表 8.4 中列出了 A₃ 钢和木材的折减系数。

表 8.4   折 减 系 数 表

| 柔度 λ | 折减系数 φ | | 柔度 λ | 折减系数 φ | |
	A₃ 钢	木材		A₃ 钢	木材
0	1.000	1.000	110	0.536	0.248
10	0.995	0.971	120	0.466	0.208
20	0.981	0.932	130	0.401	0.178
30	0.958	0.883	140	0.349	0.153
40	0.927	0.822	150	0.306	0.133
50	0.888	0.751	160	0.272	0.117
60	0.842	0.668	170	0.243	0.104
70	0.789	0.575	180	0.218	0.093
80	0.731	0.470	190	0.197	0.083
90	0.669	0.370	200	0.180	0.075
100	0.604	0.300			

由于折减系数 φ 可根据 λ 值直接从表中查得，因而按式（8.11）的稳定条件进行稳定计算时，十分简便。此方法称为压杆稳定的实用计算方法，又称为折减系数法。

应该注意到，在利用式（8.11）的稳定条件进行稳定计算时，压杆的横截面面积 A 均采用所谓的"毛面积"，即当杆的横截面有局部削弱（如铆钉孔等）时，可不予考虑，仍采用未削弱的截面尺寸计算惯性矩和横截面面积，因为这种削弱对压杆整体稳定性的影响很小，但是对削弱的横截面则应进行强度核算。

8.4.2 压杆的稳定计算

与强度计算类似，应用稳定条件可解决下列常见的三类基本稳定计算问题。

（1）稳定校核。即当压杆的几何尺寸、所用材料、两端支承情况及轴向压力 F 等已知时，校核压杆是否满足式（8.11）的稳定条件。此时，应首先算出压杆的柔度 λ，由 λ 值查出相应的折减系数 φ，再按式（8.11）校核之。

（2）确定许可荷载。即当压杆的几何尺寸、所用材料及压杆两端的支承情况已知时，按稳定条件计算 F 值：

$$F \leqslant A\varphi[\sigma]$$

此时，也需首先算出柔度 λ，再依 λ 值查出 φ。

（3）选择截面。即当压杆的长度、所用材料、两端支承情况及轴向压力 F 已知时，依选择的截面形状，按稳定条件确定压杆的截面尺寸。确定截面的尺寸需采用"试算法"，因为在稳定条件 $\dfrac{F}{A} \leqslant \varphi[\sigma]$ 中，要想计算截面面积 A，需要知道 φ，但在杆的截面尺寸未确定之前，无法确定杆的柔度 λ，因而就无法确定 φ 值，所以只能采用试算的办法。

试算法是先假定一个 φ 值（φ 在 0~1 之间变化），由稳定条件算出截面面积 A，从而确定截面的尺寸。然后，根据截面尺寸及杆长算出柔度 λ，由 λ 查出 φ，再以算得的截面

面积 A 及查得的 φ 值验算其是否满足稳定条件。如不满足，需在第一次假定的 φ 值与查得的 φ 值之间重新选取 φ 值，重复上述过程，直到满足稳定条件为止。

【例8.7】 木柱高 6m，截面为圆形，$d=20\text{cm}$，两端铰接，承受轴向压力 $F=50\text{kN}$，木材的许用应力 $[\sigma]=10\text{MPa}$。试校核其稳定性。

【解】 截面的惯性半径：

$$i=\sqrt{\frac{I}{A}}=\frac{d}{4}=\frac{20}{4}=5\,(\text{cm})$$

两端铰接时的长度系数 $\mu=1$，所以

$$\lambda=\frac{\mu l}{i}=\frac{1\times6\times10^2}{5}=120$$

由表 9.4 查得

$$\varphi=0.208$$

$$\sigma=\frac{F}{A}=\frac{50\times10^3}{\dfrac{\pi(20\times10^{-2})^2}{4}}=1.59\times10^6\,(\text{N/m}^2)=1.59\,(\text{MPa})$$

$$\varphi[\sigma]=0.208\times10=2.08\,(\text{MPa})$$

因为 $\sigma<\varphi[\sigma]$，所以木柱安全。

【例8.8】 如图 8.9 (a) 所示的结构是由两根直径相同的圆杆组成，杆的材料为 A_3 钢，已知 $h=0.4\text{m}$，$d=20\text{mm}$，荷载 $F=15\text{kN}$，钢材的容许应力 $[\sigma]=160\text{MPa}$。试校核二杆的稳定性（只考虑在纸面平面内的稳定）。

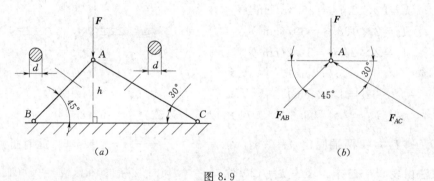

图 8.9

【解】 校核二杆的稳定性，需首先算出每个杆所承受的压力，列出结点 A 的平衡条件：

$\sum X=0$：　　　　　　　　　　$F_{AB}\cos45°-F_{AC}\cos30°=0$

$\sum Y=0$：　　　　　　　　　　$F_{AB}\sin45°+F_{AC}\sin30°-F=0$

解得二杆承受的压力分别为

$$F_{AB}=0.896F$$

$$F_{AC}=0.732F$$

二杆的长度分别为

$$l_{AB}=0.566\text{m}, \qquad l_{AC}=0.8\text{m}$$

二杆的柔度分别为

AB 杆：
$$\lambda_1 = \frac{\mu l_{AB}}{i} = \frac{\mu l_{AB}}{\dfrac{d}{4}} = \frac{1 \times 0.566}{\dfrac{0.02}{4}} = 113$$

AC 杆：
$$\lambda_2 = \frac{\mu l_{AC}}{i} = \frac{\mu l_{AB}}{\dfrac{d}{4}} = \frac{1 \times 0.8}{\dfrac{0.02}{4}} = 160$$

根据 $\lambda_1 = 113$、$\lambda_2 = 160$，$\varphi_1 = 0.515$、$\varphi_2 = 0.272$，可用插入法由表 8.4 查得折减系数。

按稳定条件 $F/A\varphi \leqslant [\sigma]$，分别校核二杆：

AB 杆：
$$\frac{F_{AB}}{A\varphi_1} = \frac{0.896F}{A\varphi_1} = \frac{0.896 \times 15 \times 10^3}{\dfrac{1}{4}\pi \times 0.02^2 \times 0.515} = 83 \times 10^6 (\text{Pa}) = 83(\text{MPa}) < [\sigma]$$

AC 杆：
$$\frac{F_{AC}}{A\varphi_2} = \frac{0.732F}{A\varphi_2} = \frac{0.732 \times 15 \times 10^3}{\dfrac{0.022}{4}\pi \times 0.272} = 128 \times 10^6 (\text{Pa}) = 128(\text{MPa}) < [\sigma]$$

因此，二杆均满足稳定条件。

【例 8.9】 钢柱由两根 10 号槽钢制成，截面如图 8.10 所示。柱高 $l = 10\text{m}$，两端固定，设 $[\sigma] = 140\text{MPa}$。求钢柱能承受的许用荷载 $[F]$。

【解】 由附录型钢表查得两槽钢所组成的截面面积和惯性半径为

$$A = 2 \times 12.74 = 25.48(\text{cm}^2)$$
$$I_z = 2 \times 198.3 = 397(\text{cm}^4)$$
$$I_y = 2 \times 25.6 = 51.2(\text{cm}^4)$$
$$i_z = 3.95(\text{cm})$$
$$z_o = 1.52(\text{cm})$$

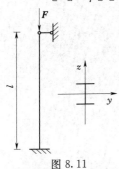

图 8.10

所以
$$I_{y_1} = 2 \times [25.6 + 12.74 \times (2.5 + 1.52)^2] = 463(\text{cm}^4)$$

由于 $I_z < I_{y_1}$，又两端固定 $\mu = 0.5$，故 $\lambda = \dfrac{\mu l}{i_z} = \dfrac{0.5 \times 1000}{3.95} = 126.6$。此时折减系数 φ 可用插入法由表 9.4 查算。表中 $\lambda = 120$ 时，$\varphi = 0.466$；$\lambda = 130$ 时，$\varphi = 0.401$。则 $\lambda = 126.6$ 时，$\varphi = 0.466 + (0.401 - 0.466) \div 10 \times 6.6 = 0.423$。因此有

$$[F] = \varphi[\sigma]A = 0.423 \times 140 \times 10^6 \times 25.48 \times 10^{-4} = 151000(\text{N}) = 151(\text{kN})$$

【例 8.10】 如图 8.11 所示压杆为工字钢（A_3 钢），其上端为球形铰，下端为固定，已知 $l = 4.2\text{m}$，$F = 280\text{kN}$，材料的许用应力 $[\sigma] = 160\text{MPa}$，试从稳定条件选择工字钢的型号。

【解】 选择截面需用试算法。

（1）取 $\varphi_1 = 0.5$（因 φ 在 $0 \sim 1$ 之间变化，可在中间取一个值），由稳定条件 $F/A\varphi \leqslant [\sigma]$ 算出压杆的横截面面积：

$$A_1 = \frac{F}{\varphi_1[\sigma]} = \frac{280 \times 10^3}{0.5 \times 160 \times 10^6} = 0.0035(\text{m}^2) = 35(\text{cm}^2)$$

图 8.11

根据 $A_1 = 35\text{cm}^2$ 由型钢表中选取 I20a 号工字钢。该号工字钢的横截面面积和最小惯性半径分别为

$$A'_1 = 35.5\text{cm}^2 = 35.5 \times 10^{-4}\text{m}^2$$

$$i_1 = 2.12\text{cm} = 2.12 \times 10^{-2}\text{m}$$

对于选取的 I20a 号工字钢压杆，应校核其是否满足稳定条件。压杆的柔度为 $\lambda_1 = \dfrac{\mu l}{i_1} = $ $(0.7 \times 4.2) \div 2.12 \times 10^{-2} = 139$，根据 $\lambda_1 = 139$ 查得折减系数 $\varphi'_1 = 0.354$。

由稳定条件有

$$\frac{F}{\varphi'_1 A'_1} = \frac{280 \times 10^3}{0.354 \times 35.5 \times 10^{-4}} = 223 \times 10^6 (\text{Pa}) > [\sigma]$$

此结果说明选取的 I20a 号工字钢不能满足稳定条件，需要重新选择工字钢型号。

(2) 取 $\varphi_2 = \dfrac{1}{2}(\varphi_1 + \varphi'_1) = \dfrac{1}{2} \times (0.5 + 0.354) = 0.427$，由稳定条件得

$$A_2 = \frac{F}{\varphi_2 [\sigma]} = \frac{280 \times 10^3}{0.427 \times 160 \times 10^6}$$

$$= 0.0041(\text{m}^2) = 41(\text{cm}^2)$$

根据 $A_2 = 41\text{cm}^2$ 由型钢表中选取 I22a 号工字钢。该号工字钢的横截面面积和最小惯性半径分别为

$$A'_2 = 42\text{cm}^2 = 42 \times 10^{-4}\text{m}^2$$

$$i_2 = 2.31\text{cm} = 2.31 \times 10^{-2}\text{m}$$

对选取的 I22a 号工字钢，再校核其是否满足稳定条件。此时，压杆的柔度为

$$\lambda_2 = \frac{\mu l}{i_2} = \frac{0.7 \times 4.2}{2.31 \times 10^{-2}} = 127$$

根据 $\lambda_2 = 127$，查得折减系数 $\varphi'_2 = 0.42$。

由稳定条件有

$$\frac{F}{\varphi'_2 A'_2} = \frac{280 \times 10^3}{0.42 \times 42 \times 10^{-4}}$$

$$= 158.7 \times 10^6 (\text{Pa}) = 158.7(\text{MPa}) < [\sigma]$$

即选取的 I22a 号工字钢能满足稳定条件。

8.5 提高压杆稳定性的措施

如前所述，压杆临界力或临界应力的大小，反映了压杆稳定性的高低。要提高压杆的稳定性，使压杆能够承受更大的荷载而不失稳，关键在于提高压杆的临界力或临界应力。由临界应力总图（图 8.6）可知，临界应力与材料的机械性质及杆的柔度有关，而柔度又综合了杆的长度、支承情况和横截面形状、尺寸等影响因素。因此，可以根据这些因素，采取适当的措施来提高压杆的稳定性。

8.5.1 减小压杆的长度

减小压杆的长度，是降低压杆柔度提高压杆稳定性的有效措施之一。在条件允许的情

况下，应尽量使压杆的长度减小，或者在杆的中间增加支座。例如支承渡槽槽身的多层刚架（图 8.12），其每层间的横梁就相当于在每个立柱中间所增加的支座，从而提高了立柱的稳定性。

8.5.2　改善支承情况，减小长度系数 μ

对于一定材料制成的压杆，临界应力与柔度的平方成反比。为了减小柔度 $\lambda = \mu l / i$，可以改善支座情况。因为压杆的两端固定得愈牢，长度系数 μ 就愈小，λ 值愈小，而临界应力 σ_{cr} 值就愈大，故宜采用 μ 值小的支承方式（如两端固定）或加固端部的支承，如图 8.13 所示。

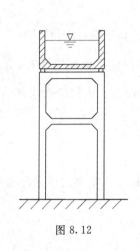

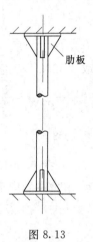
肋板

图 8.12　　　　　　　　　　　　　　　图 8.13

8.5.3　选择合理的截面形状

因为 i 愈大，则 λ 愈小，而 $i = \sqrt{I/A}$，因此在截面积 A 不变的情况下，应选择合理的形状，以加大 I 值来降低 λ 值。例如，空心圆管比截面积相同的实心圆管好，图 8.14（a）所示的组合截面比截面积相同的图 8.14（b）所示组合截面钢柱好。同时，当压杆两端各方向具有相同的支承条件时，它的失稳总是发生在 $I_{\min}$ 的平面，为了充分发挥压杆的承载能力，不但要增大 I 值，还应该选用具有 $I_{\min} = I_{\max}$ 的截面，即使压杆在各方向

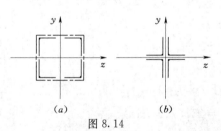

图 8.14

的稳定性相等。如图 8.15 所示各组截面，则图 8.15（a）不如图 8.15（b）好，而图 8.15（b）又不如图 8.15（c）好。

8.5.4　合理选择材料

对于 $\lambda \geqslant \lambda_p$ 的大柔度压杆，$\sigma_{cr} = \dfrac{\pi^2 E}{\lambda^2}$，它的临界应力与材料的弹性模量成正比，故宜选用 E 值较大的材料以提高压杆的稳定性。由于合金钢与普通低碳钢的 E 值大致相等，故选用合金钢作大柔度压杆就不经济了，且临界力与材料的强度指标无关，故选用高强度钢并不能起到提高压杆稳定性的作用。

对于 $\lambda < \lambda_p$ 的中小柔度压杆，$\sigma_{cr} = a - b\lambda^2$。由于钢的质量愈好，$a$ 值愈大，σ_{cr} 值也就愈高，故用优质钢能提高中小柔度压杆的稳定性。

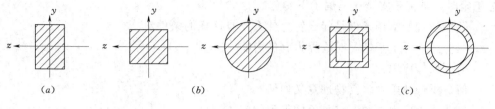

(a)   (b)   (c)

图 8.15

任 务 小 结

1. 临界力 F_{cr} 及临界应力 σ_{cr}

（1）计算最小惯性矩：$I_{\min}$

（2）计算最小惯性半径：$i_{\min} = \sqrt{\dfrac{I_{\min}}{A}}$

（3）由支座形式确定长度系数 μ

（4）计算柔度：$\lambda_{\max} = \dfrac{\mu l}{i_{\min}}$，$\lambda_p = \sqrt{\dfrac{\pi^2 E}{\sigma_p}}$，$\lambda_s = \dfrac{a - \sigma_s}{b}$（直线形经验公式），或 $\lambda_s =$
$\sqrt{\dfrac{a - \sigma_s}{b}}$（抛物线形经验公式）

（5）比较柔度，选择公式计算临界应力：

1）当 $\lambda_{\max} \geqslant \lambda_p$ 时，属大柔度杆，用欧拉公式 $\sigma_{cr} = \dfrac{\pi^2 E}{\lambda^2}$

2）当 $\lambda_p > \lambda_{\max} \geqslant \lambda_s$ 时，属中柔度杆，用经验公式 $\sigma_{cr} = a - b\lambda_{\max}$ 或 $\sigma_{cr} = a - b\lambda_{\max}^2$

3）当 $\lambda_{\max} < \lambda_s$ 时，属小柔度杆或短粗杆，按轴向压缩强度条件计算 $\sigma_{cr} = \dfrac{N}{A}$

（6）计算临界力：$F_{cr} = A\sigma_{cr}$

2. 压杆的稳定计算

压杆的稳定计算，常用折减系数法，其稳定条件为

$$\sigma = \frac{F}{A} \leqslant \varphi [\sigma]$$

按照稳定条件为压杆选择截面时，常用试算法，可先设 φ 值，也可以先设 A 值，经过多次试算，即可得到满意的结果。

3. 提高压杆稳定的措施

提高压杆稳定的措施有：减小压杆的长度、改善支承情况、选择合理的截面形状、合理选择材料。

思 考 题

1. 试说明稳定平衡和不稳定平衡的概念，临界力的概念。

2. 为什么要研究压杆的稳定问题？对受轴向压力的直杆来说，如果只考虑强度而不考虑稳定时，是偏于安全还是偏于不安全？

3. 欧拉公式的适用条件是什么？为什么要有这样的条件？

4. 压杆两端的支承情况对临界力有何影响？

5. 何谓临界应力？

6. 何谓压杆的柔度？其物理意义如何？

7. 何谓临界应力总图？它是怎样得到的？

8. 何谓折减系数？它是如何确定的？

9. 按稳定条件对压杆进行稳定计算的步骤如何？

10. 试判断以下两种说法正确与否？

(1) 临界力是使压杆丧失稳定的最小荷载。

(2) 临界力是压杆维持直线稳定平衡状态的最大荷载。

11. 一压杆如思 11 图所示，若考虑它在 xOy 平面内失稳，问在计算临界力 F_{cr} 时，应该用对哪一个轴的惯性矩和惯性半径？

12. 在对压杆进行稳定计算时，怎样判别压杆在哪个平面内失稳？

13. 提高压杆的稳定性有哪些措施？

14. 压杆失稳所产生的弯曲变形，与梁在横向力作用下产生的弯曲变形，在性质上有何区别？

15. 如何区分大、中、小柔度杆？它们的临界应力各如何确定？

16. 为什么对梁通常采用矩形截面（$h/b = 2 \sim 3$），而对压杆则宜采用方形截面（$h/b = 1$）？

17. 两端铰支，A_3 钢制成的圆柱，试问柱长 l 为直径 d 的多少倍时，才能用欧拉公式？如果该圆柱的长度不变，直径增加一倍时，临界力将增大多少？

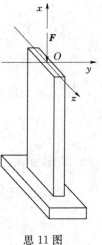

思 11 图

课 后 练 习 题

一、填空题

1. 压杆的稳定，实质上就是_____能力。

2. 临界力与杆_____、_____及_____有关。

3. 压杆临界力 F_{cr} 的大小为_____。

4. 压杆的临界应力 σ_{cr} 为_____。

5. 欧拉公式的适用条件为_____。

6. 提高压杆强度的措施有：_____、_____、_____以及_____。

二、选择题

1. 细长压杆，其他条件不变，若其长度系数增加 1 倍，则（　　）。

A. F_{cr} 增加 1 倍　　　　　　B. F_{cr} 为原来的 4 倍

C. F_{cr} 为原来的 1/2　　　　D. F_{cr} 为原来的 1/4

2. 下列结论中哪些是正确的？答（　　）。

(1) 若压杆中的实际应力不大于该压杆的临界应力，则杆件不会失稳

（2）受压杆件的破坏均由失稳引起

（3）压杆临界应力的大小可以反映压杆稳定性的好坏

（4）若压杆中的实际应力大于 $\sigma_{cr}=\dfrac{\pi^2 E}{\lambda^2}$，则压杆必定破坏

A.（1）及（2）　　B.（2）及（4）　　C.（1）及（3）　　D.（2）及（3）

3. 下列结论中不正确的是（　　）。

A. 若压杆中的实际应力不大于该压杆的临界应力，则杆件不会失稳

B. 受压杆件的破坏可能由失稳引起

C. 压杆临界应力的大小可以反映压杆稳定性的好坏

D. 若压杆中的实际应力大于 $\sigma_{cr}=\dfrac{\pi^2 E}{\lambda^2}$，则压杆必定破坏

4. 两根细长压杆的长度、横截面积、约束状态及材料均相同，若 a、b 杆的横截面形状分别为正方形和圆形，则两根压杆的临界压力 F_a 和 F_b 的关系为（　　）。

A. $F_a < F_b$　　　　B. $F_a > F_b$　　　　C. $F_a = F_b$　　　D. 不可确定

5. 细长杆承受轴向压力 F 的作用，其临界压力与（　　）无关。

A. 杆的材质　　　　　　　　　　B. 杆的长度

C. 杆承受压力的大小　　　　　　D. 杆的横截面形状和尺寸

6. 压杆的柔度集中地反映了压杆的（　　）对临界应力的影响。

A. 长度、约束条件、截面形状和尺寸　　B. 材料、长度和约束条件

C. 材料、约束条件、截面形状和尺寸　　D. 材料、长度、截面尺寸和形状

7. 在材料相同的条件下，柔度增大 2 倍，则（　　）。

A. 临界应力增大到原来的 2 倍　　　　B. 临界应力增大到原来的 4 倍

C. 临界应力为原来的 1/2　　　　　　D. 临界应力为原来的 1/4

8. 对于大中柔度杆，两根材料和柔度都相同的压杆，其（　　）。

A. 临界应力一定相等，临界力不一定相等

B. 临界应力不一定相等，临界力一定相等

C. 临界应力和临界压力一定相等

D. 临界应力和临界压力不一定相等

9. 在下列有关压杆临界应力 $\boldsymbol{\sigma_{cr}}$ 的结论中，（　　）是正确的。

A. 细长杆的 σ_{cr} 值与杆的材料无关　　B. 中长杆的 σ_{cr} 值与杆的柔度无关

C. 中长杆的 σ_{cr} 值与杆的材料无关　　D. 粗短杆的 σ_{cr} 值与杆的柔度无关

10. 下列提高压杆稳定的措施，错误的是（　　）。

A. 减小压杆的长度　　　　　　　　B. 改善支承情况，减小长度系数 μ

C. 选择合理的截面形状，增大惯性矩 I　　D. 合理选择材料，减小弹性模量 E

11. 以下说法错误的是（　　）。

A. 当 $\lambda_{\max} \geqslant \lambda_p$ 时，属大柔度杆，用欧拉公式 $\sigma_{cr}=\dfrac{\pi^2 E}{\lambda^2}$

B. 当 $\lambda_p > \lambda_{\max} \geqslant \lambda_s$ 时，属中柔度杆，用经验公式 $\sigma_{cr}=a-b\lambda_{\max}$ 或 $\sigma_{cr}=a-b\lambda_{\max}^2$

C. 当 $\lambda_{max} < \lambda_s$ 时，属小柔度杆或短粗杆。按轴向压缩强度条件计算 $\sigma_{cr} = \dfrac{N}{A}$

D. 计算临界力：$F_{cr} = \dfrac{\pi^2 EI}{(\mu l)^2}$

12. 如图所示的四根压杆，均为圆形截面的细长杆（$\lambda > \lambda_p$），各杆所用的材料及直径 d 均相同，当压力 F 从零开始以相同的速率增加时，问哪根先失稳？

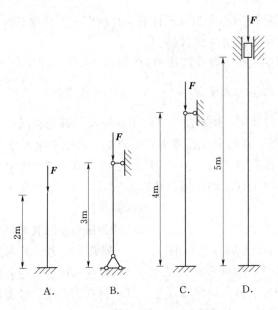

三、判断题

1. 某压杆的临界力越大，压杆的稳定性越好。 （　　）

2. 临界力与杆截面刚度、杆长及杆两端约束有关。 （　　）

3. 压杆的计算长度与杆截面刚度、杆长及杆端约束形式有关。 （　　）

4. λ 为压杆的长细比或柔度，它综合反映了压杆长度、杆端支承情况以及横截面的几何性质等对临界应力的影响。 （　　）

5. 愈是细长的压杆愈容易失稳。 （　　）

6. 减小压杆的长度，是降低压杆柔度提高压杆稳定性的有效措施之一。 （　　）

四、计算题

1. 如题 1 图所示压杆的材料为 A_3 钢，横截面有四种形状，但其面积均为 3200mm^2。试计算它们的临界荷载，并进行比较。已知：$E = 200\text{GPa}$，$\sigma_s = 240\text{MPa}$，$\lambda_p = 100$，$\lambda_s = 61.60$。

2. 如题 2 图所示为一端固定一端铰支的圆截面受压钢杆（A_3 钢）。已知：$l = 1.8\text{m}$，$d = 0.04\text{m}$，材料的弹性模量 $E = 200\text{GPa}$。试求该压杆的临界力。

3. 如题 3 图所示，压杆为下端固定，上端自由。材料为 A_3 钢，弹性模量 $E = 200\text{GPa}$，已知：$l = 2.5\text{m}$，$b = 100\text{mm}$，$h = 200\text{mm}$。试求该压杆的临界力。

4. 如题 4 图所示为一下端固定、上端为可上下移动（不能转动）的圆截面压杆，材料为 A_3 钢，材料的弹性模量 $E = 200\text{GPa}$，已知：$l = 2\text{m}$，$d = 0.03\text{m}$。试求该杆的临界力。

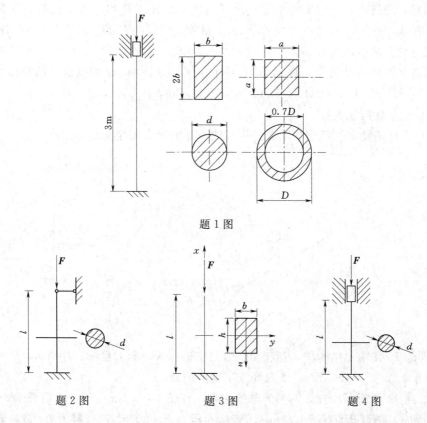

题 1 图

题 2 图   题 3 图   题 4 图

5. 如题 5 图，材料为 A₃ 钢的活塞杆，两端均为球铰的圆截面杆，直径为 d，受力如题 5 图所示。已知：$F=150\text{kN}$，$l=1.6\text{m}$，$d=60\text{mm}$，许用应力 $[\sigma]=160\text{MPa}$。试校核该杆稳定性。

6. 如题 6 图所示结构中，压杆 BC 为 2a 工字钢，两端为球铰。已知：$a=1.5\text{m}$，材料的许用应力为 $[\sigma]=160\text{MPa}$。试由 BC 杆的稳定条件来确定该结构的允许荷载 q_{max}。

7. 如题 7 图所示托架中，BD 杆为两端铰支的圆截面压杆，材料为 A₃ 钢，许用应力 $[\sigma]=160\text{MPa}$。试选择 BD 杆的截面直径 d。

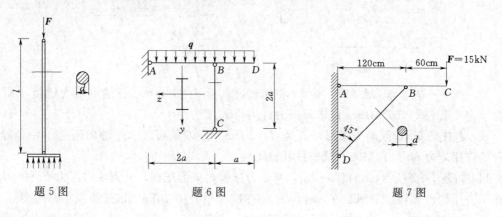

题 5 图   题 6 图   题 7 图

149

8. 如题 8 图所示，桁架由两个圆截面杆组成，已知二杆均为大柔度杆，所用材料均相同，采用 A_3 钢，$h=0.7$m，$d=30$mm，材料的强度许用应力 $[\sigma]=160$MPa、$F=40$kN。试校核二杆的稳定性。

9. 如题 9 图所示结构中，横梁为 16 号工字钢，立柱为 A_3 钢制成的圆截面杆，其许用应力为 $[\sigma]=160$MPa，已知 $q=35$kN/m，$a=1.7$m，$d=50$mm。

（1）校核立柱的稳定性。

（2）从立柱的稳定性考虑，求此结构所能承受的最大安全荷载 q_{max}。

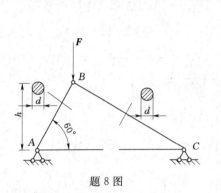

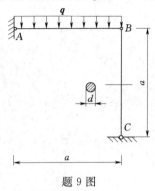

题 8 图　　　　　　　　　　题 9 图

10. 如题 10 图所示结构中，压杆 BC 为工字钢（A_3 钢）。已知：$l=4$m，$F=280$kN，材料的许用应力 $[\sigma]=160$MPa。试选择工字钢的型号。

11. 如题 11 图所示压杆，两端为球铰约束，杆长 $l=2.4$m，压杆由两根 12.5 号等边角钢铆接而成，铆钉孔直径 $d=23$mm。若所受压力 $F=800$kN，材料为 A_3 钢，许用应力 $[\sigma]=160$MPa。试校核此杆是否安全。

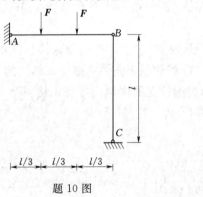

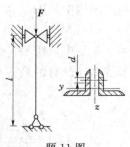

题 10 图　　　　　　　　题 11 图

12. 一压杆系由 A_3 钢制成，长 $l=300$cm，直径 $d=10$mm，杆的上端为铰接，而下端为固定。若 $[\sigma]=160$MPa。试求压杆的许用荷载。

13. 木柱高 6m，截面为圆形，直径 $d=20$cm，两端铰接，承受轴向压力 $F=50$kN，木材的许用应力 $[\sigma]=10$MPa。试校核其稳定性。

14. 如题 14 图所示，长度 $l=3$m，两端为球铰约束的压杆，受到轴向压力 $F=400$kN 的作用。压杆由普通工字钢制成，材料为 A_3 钢，$[\sigma]=160$MPa。试选择工字钢的型号。

15. 如题 15 图所示结构中，AB 梁为 No.14 普通热轧工字钢，CD 为直径为 d 的圆截面杆，两者材料均为 A_3 钢，受力图如题 15 图所示，A、C、D 处均为球铰约束。若已知 $F=25$kN，$a=12.5$m，$b=0.55$m，$d=2$cm，$[\sigma]=160$MPa。试校核此结构是否安全。

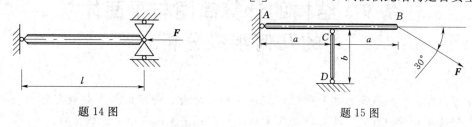

题 14 图　　　　　　　　　　　　　　题 15 图

16. 如题 16 图所示一松木矩形截面柱，高 5m，承受轴向压力 $F=40$kN，材料的容许应力 $[\sigma]=8$MPa，截面的边长比为 $h/b=1.2$，两端铰支。试求柱的截面尺寸 b 和 h。

17. 试求题 17 图所示中心受压柱的许可荷载 $[F]$。已知柱的上端为铰支，下端固定，外径 $D=20$cm，内径 $d=10$cm，柱长 $l=9$m，材料为 A_3 钢，许用应力 $[\sigma]=160$MPa。

18. 如题 18 图所示托架承受均布荷载 $q=50$kN/m，撑杆 AB 为圆截面木柱，材料的 $[\sigma]=11$MPa。试设计 AB 杆的直径。

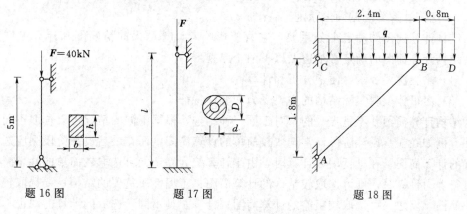

题 16 图　　　　　题 17 图　　　　　题 18 图

任务 9　结构的计算简图与平面体系
的几何组成分析

学习目标：了解杆系结构的简化、杆系结构的分类、静定结构和超静定结构的概念；理解几何组成分析的目的、几何不变体系组成规则；掌握几何组成分析方法。

9.1　结构的计算简图

工程力学所研究的结构是将实际结构加以抽象和简化，略去一些次要因素，突出主要特点，进行科学抽象的简化了的理想模型。这种在结构计算中用以代替实际结构并能反映结构主要受力和变形特点的理想模型，称为结构的计算简图。

9.1.1　结构计算简图的简化原则

结构计算简图的确定十分重要，它直接影响着计算结果的精确度和计算工作量的大小。结构计算简图的确定必须遵循以下两个原则：

（1）略去次要因素，便于分析和计算。

（2）尽可能反映实际结构的主要受力和变形特征。

结构计算简图并不是唯一的，对于同一种结构，根据不同的情况可以选取不同的计算简图。例如在初步设计阶段，常选取较简单的计算简图，而在最后设计阶段则应选取比较精确的计算简图；在进行动力计算时，由于计算较为复杂，可选取较简单的计算简图，而在进行静力计算时，则可选取较精确的计算简图；工程性质重要的结构，要选取较精确的计算简图，反之，可选取较粗略的计算简图；计算工具不同，选取的计算简图也不同，手算时的计算简图可选取简单些，而电算时可选取复杂、精确的计算简图。

9.1.2　结构计算简图的简化内容

1. 结构体系的简化

一般的工程结构都是空间结构，如房屋建筑是由许多纵向梁柱和横向梁柱组成的。工程中，常将其简化为由若干个纵向梁柱组成的纵向平面结构和由若干个横向梁柱组成的横向平面结构。并且，简化后的荷载与梁、柱各轴线位于同一平面内，即略去了横、纵向的联系作用，把原来的空间结构简化为若干个平面结构来分析。同时，在平面简化过程中，用梁、柱的轴线来代替实体杆件，以各杆轴线所形成的几何轮廓代替原结构。这种从空间到平面，从实体到杆轴线几何轮廓的简化称为结构体系的简化。

2. 结点的简化

在杆件结构中，杆件的相互连接处称为结点。根据结点的构造情况和结构的受力特点，可将其简化为刚结点、铰结点、组合结点三种。

（1）刚结点。刚结点的特征是汇交于结点各杆件在变形前后结点处各杆杆端切线夹角保持不变，即结点对杆端有约束相对移动和转动的作用，故产生杆端轴力、杆端剪

力和杆端弯矩。如图 9.1（a）所示钢筋混凝土
结构的某一结点，其特点是上柱、下柱和梁之间
用钢筋连成整体并用混凝土浇筑在一起，这种结
点即可视为刚结点，其计算简图如图 9.1（b）
所示。

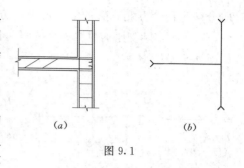

（2）铰结点。铰结点的特征是汇交于结点的
各杆件都可绕结点自由转动，即结点对各杆端仅
限制相对移动而没有约束相对转动的作用，故不

图 9.1

引起杆端弯矩，而只能产生杆端剪力和杆端轴力。应指出，在实际结构中完全理想的铰是
不存在的，这种简化有一定的近似性。如图 9.2（a）所示木屋架的端结点，其构造特点
大致符合上述的约束要求，因此可取图 9.2（b）所示的计算简图，铰结点用一个小圆圈
表示，其中杆件之间的夹角 α 是可变的。

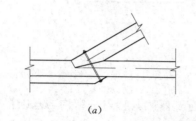

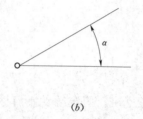

图 9.2

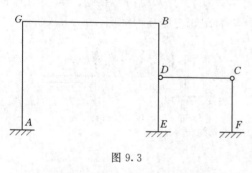

图 9.3

在实际结构中，根据其受力特点，如果杆
件只受有轴力，则此杆两端可用铰与其他部分
相连。

（3）组合结点。有时会遇到铰结点与刚结
点共存的组合结点，如图 9.3 所示。图中 C 处
为铰结点，D 为组合结点。D 点为 BD、ED、
CD 三杆结点，其中 BD 与 ED 二杆是刚性连
接，CD 杆与其他两杆则由铰连接。组合结点
处的铰称为不完全铰。

3. 支座的简化

结构与基础相连接的装置称为支座。平面结构的支座可简化为可动铰支座、固定铰支
座、固定端支座和定向支座四种。

（1）可动铰支座。可动铰支座又称滚轴支座，其特点是结构既可以绕铰自由转动，又
可以沿支承面切线方向移动，但不能沿支承面法线方向移动。故可动铰支座只能产生一个
通过铰并垂直于支承面的约束反力，方向待定，用字母 **R** 表示。这种支座在计算简图上
常用一根链杆来表示。图 9.4（a）、（b）、（c）中所示为实际支座的结构图，各支座均可
视为可动铰支座，其计算简图与支座反力如图 9.4（d）所示。

（2）固定铰支座。固定铰支座的特点是结构可以绕铰自由转动，但不能移动。故固
定铰支座可产生通过铰心沿任意方向的约束反力，为计算方便可将其沿水平和铅垂方

153

向分解为两个互相垂直的约束反力，方向待定，用字母 R_x、R_y 表示。图 9.5 (a)、(b)、(c) 所示为实际支座的材料和结构图，各支座均可视为固定铰支座，计算简图和支座反力如图 9.5 (d) 所示。

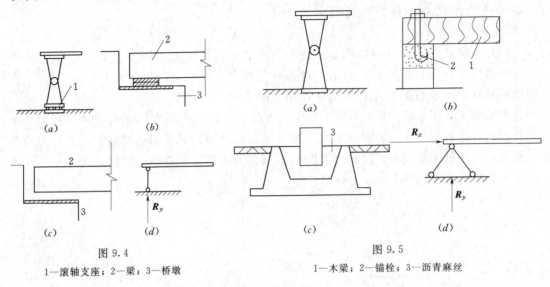

图 9.4
1—滚轴支座；2—梁；3—桥墩

图 9.5
1—木梁；2—锚栓；3—沥青麻丝

（3）固定端支座。固定端支座简称固定支座。其特点是结构与基础相连接处既不能产生转动也不能产生移动，因此固定支座可以产生互相垂直的两个约束反力和一个反力偶，方向待定，用字母 R_x、R_y、M 表示。图 9.6 (a)、(b)、(c) 中所示为实际支座的材料和结构图，各支座均可视为固定支座，其计算简图与支座反力如图 9.6 (d) 所示。

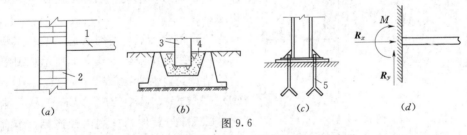

图 9.6
1—雨篷；2—砖墙；3—柱；4—混凝土；5—地脚螺栓

（4）定向支座。定向支座又称滑动支座，其特点是只允许沿某一指定方向移动，因此其可以产生一个反力偶和一个与移动方向垂直的反力，方向待定，用字母 M、R 表示。如图 9.7 (a) 所示为定向支座的结构图，像平板闸门的门槽、龙门架的滑道等均可视为

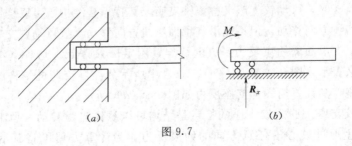

图 9.7

定向支座。其计算简图和支座反力如图 9.7 (b) 所示。

4. 荷载的简化

荷载是作用在结构上的主动力，可分为体积力和表面力。体积力指的是结构的自重或惯性力等；表面力是由其他物体通过接触面传递给结构的作用力，如土压力、起重机的轮压力等。由于杆件结构中把杆件简化为轴线，因此不管是体积力还是表面力，都认为这些荷载作用在杆件轴线上。根据其作用的具体情况，荷载又可简化为集中荷载和分布荷载。集中荷载是指作用在结构上某一点处的荷载，当实际结构上所作用的分布荷载其作用尺寸远小于结构尺寸时，为了计算方便，可将此分布荷载的总和视为作用在某一点上的集中荷载。分布荷载是指连续分布在结构某一部分上的荷载，它又可分为均布荷载和非均布荷载。当分布荷载的集度处处相同时，称为均布荷载，例如等截面直杆的自重则可简化为沿杆长作用的均布荷载；当分布荷载集度不相同时，称为非均布荷载，如作用在池壁上的水压力和挡土墙上的土压力，均可简化为按直线变化的非均布荷载（又称线性分布荷载）。

荷载可按其不同的特征进行分类，其分类见静力学基础部分。

9.1.3 结构计算简图示例

【例 9.1】 图 9.8 (a) 所示为工业建筑中采用的一种桁架式组合吊车梁，横梁 AB 和竖杆 CD 由钢筋混凝土做成，但 CD 杆的截面尺寸比 AB 梁的尺寸小很多，斜杆 AD、BD 则为 16Mn 钢。吊车梁两端由柱子上的牛腿支承。

【解】 (1) 杆件简化。各杆用轴线代替。

(2) 结点简化。因 AB 是一根整体的钢筋混凝土梁，截面抗弯刚度较大，故计算简图中 AB 取为连续杆，而竖杆 CD 和钢拉杆 AD、BD 与横梁 AB 相比，其截面的抗弯刚度小得多，其主要产生轴力，则杆 CD、AD、BD 两端皆可看做铰结点。其中结点 D 为铰结点，结点 C 为组合结点，铰 C 在梁 AB 的下方。

(3) 支座简化。吊车梁两端的预埋钢板仅通过较短的焊缝与柱子牛腿上的预埋钢板相连，其对吊车梁的转动起不了多大的约束作用，又考虑到梁的受力情况和计算方便，则梁的一端 A 可以简化为固定铰支座，而另一端 B 可简化为可动铰支座。

最后得图 9.8 (b) 所示的计算简图。这个计算简图保证了横梁 AB 的受力特点（具有弯矩、剪力、轴力），其余三杆保留了主要内力为轴力这一特点，而忽略了较小的弯矩、剪力的影响；对于支座保留了主要的竖向支承作用，而忽略了微小转动的约束作用。实践证明，分析时这样选取的计算简图是合理的，它既反映了结构主要的变形和受力特点，又能使得计算比较简便。

【例 9.2】 如图 9.9 (a) 所示为桥梁工程中的钢筋混凝土 T 形梁，两端通过橡胶支座搁置于桥墩上，桥面上作用有汽车荷载。

【解】 (1) 杆件简化：在对它进行结构简化时，首先考虑到梁的横截面尺寸比其长度小得多，故可把它作为杆件用纵轴线代替。

(2) 支座简化：梁的两端用橡胶支座搁置于墩台上，整个梁不能竖向移动，也不能水平移动，但当荷载作用于梁上而发生微小弯曲时，两端可有微小的自由转动；此外，当温度改变时，梁还能自由伸缩，虽然此梁的两端都有相同的橡胶支座，但为了反映上述支座对梁的约束作用和便于计算，可将其一端简化为固定铰支座，另一端简化为可动铰支座。

（3）荷载简化：作用于梁上的荷载有自重和汽车荷载，梁的自重可简化为沿梁轴线均匀分布的线荷载 q，汽车荷载通过车轮作用于梁上，由于车轮和梁的接触面很小，故简化为集中荷载 F_1 和 F_2。

最后得图 9.9（b）所示的计算简图。

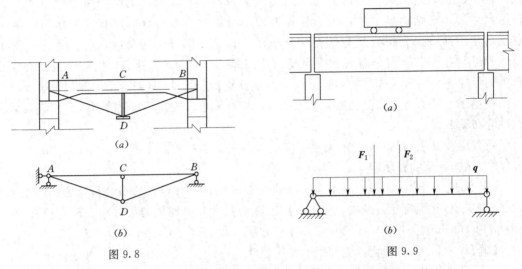

图 9.8　　　　　　　　　　　　　　图 9.9

【例 9.3】　　如图 9.10（a）所示为一水利工程钢筋混凝土渡槽。

【解】　　在进行纵向计算时，可把槽身视为支承在支架上的简支梁，所受的荷载为均布的水重和自重，梁的截面为 U 形，计算简图如图 9.10（b）所示。在进行横向计算时，则用两个垂直于纵向轴线的平面从槽身中截出单位长度的一段，计算简图为 U 形刚架，如图 9.10（c）所示。所受荷载为水压力，底部的水压力为均匀分布，两侧则为三角形分布。由于每段槽身都是整个槽身的一部分，所以每段槽身上的竖向荷载靠整个槽身横截面

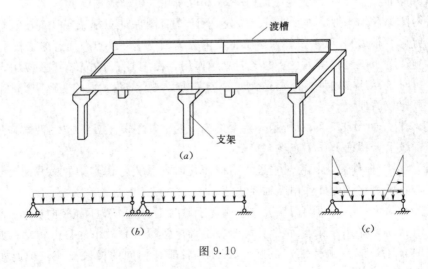

图 9.10

上的竖向剪力来支承，实际上主要靠渡槽的两侧壁板内的竖向剪力来支承，图 9.10 （c）中的支座实际上代表两侧壁板的竖向剪力所起的支承作用。

【例 9.4】 如图 9.11 （a）所示为实际结构示意图，是常用的简单空间刚架。

【解】 假设有纵向力 F_P 和横向力 F_Q 作用，当力 F_P 单独作用时，横梁 AE、BF 等基本不受力，则可取图 9.11 （b）所示计算简图；当力 F_Q 单独作用时，纵梁 AB、EF 等基本不受力，可取图 9.11 （c）所示计算简图；即把空间结构简化为多个平面结构。把空间结构简化为平面结构是有条件的，并非所有的空间结构都可简化为平面结构，必须按照结构的具体构造、受力特征和几何特征等多方面综合加以考虑，不能一概认为空间结构都可简化为平面结构。例如图 9.11 （a）中力 F_Q 不相等且相差甚为悬殊时或力 F_Q 虽然相等但与 F_Q 平行的各平面刚架尺寸不同且相差悬殊时，则不能按图 9.11 （c）平面刚架考虑，而只能按空间刚架来计算。

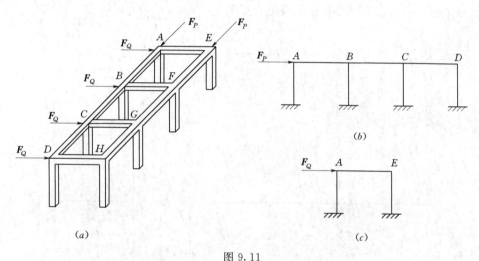

图 9.11

9.2 平面杆系结构的分类

平面杆系结构是本课程的研究对象，其分类实际上是指对计算简图的分类。按照内力特点的不同，平面杆系结构可分为以下几种结构：

（1）梁。梁是一种以弯曲变形为主要变形的构件，轴线通常为直线，也有曲线的。梁可以是单跨的如图 9.12 （a）、（c）所示，也可以是多跨的如图 9.12 （b）、（d）所示。

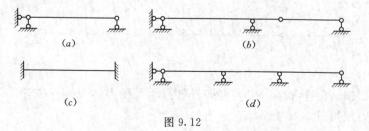

图 9.12

（2）拱。拱是轴线为曲线、且在竖向荷载作用下产生水平支座反力的结构，如图9.13所示。这种水平支座反力将使拱的弯矩远小于与其跨度、荷载及支承情况相同的梁的弯矩。该结构也称为推力结构，截面上的内力以压力为主。

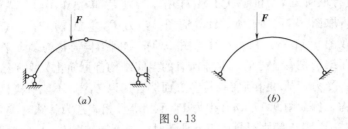

图 9.13

（3）刚架。刚架是由梁和柱组成具有刚结点的结构，如图9.14所示。刚架中的结点主要是刚结点，也可以有部分铰结点或组合结点。

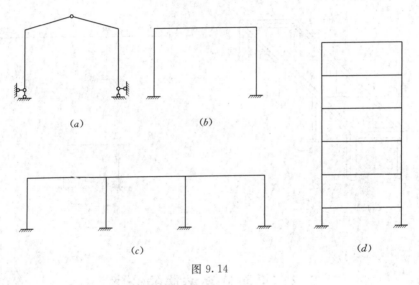

图 9.14

（4）桁架。桁架是由直杆组成的各杆端都以理想铰连接而成的结构，在结点荷载作用下，各杆只产生轴力，如图9.15所示。

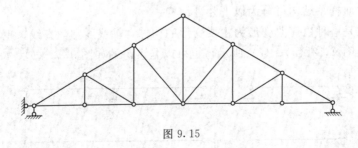

图 9.15

（5）组合结构。在这种结构中，有些杆件只承受轴力，而另一些杆件则同时承受弯矩、剪力和轴力，如图9.16所示。

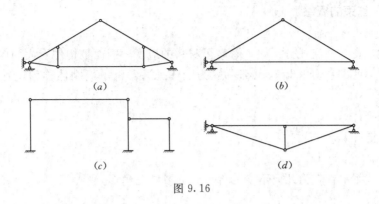

图 9.16

9.3 平面体系的几何组成分析

9.3.1 概述

1. 平面体系的分类

杆件体系是由若干个杆件相互连接而形成的，并与地基连接成一体的体系。当不考虑各杆件自身的变形，杆件只有按照一定的组成规则连接起来，才能保持其原来的几何形状和位置不变，形成几何不变体系，才能够承受荷载而作为结构使用。如图 9.17 (*a*)、(*b*) 所示的杆件体系，前者能够承受荷载，是结构；后者受载后将倾倒，即不能承受荷载，因而不能作为结构。

在结构的几何组成分析中，把所有的杆件都假想地看成不变形的刚体，这种杆件体系可分为两大类：

(1) 几何不变体系：在任意力系作用下，其几何形状和位置都保持不变的体系。

(2) 几何可变体系：在任意力系作用下，其几何形状和位置发生改变的体系。

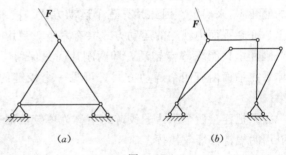

图 9.17

工程结构在使用过程中应能使自身的几何形状和位置保持不变，因而必须是几何不变体系。只有几何不变体系才能够承受荷载而作为结构使用。

2. 平面体系几何组成分析的目的

(1) 判别体系是否为几何不变体系，从而确定它能否作为结构使用。

(2) 正确区分静定结构和超静定结构，以便选择相应的计算方法，为结构的内力分析打下必要的基础。

(3) 明确体系的几何组成顺序，有助于了解结构各部分之间的受力和变形关系，确定相应的计算顺序。

9.3.2　刚片、约束的概念

1. 刚片

综上所述，在几何组成分析中，忽略了材料的应变，因而把构件看成刚体。同样，体系中已为几何不变的部分和地基也都可视为刚体。通常将平面刚体称为刚片，常见的刚片有：

（1）一个构件。

（2）一根链杆。

（3）地基。

（4）平面体系中肯定为几何不变的部分，如铰结三角形。

2. 约束

约束是指减少物体运动方式的装置。减少一个运动方式的装置，就称为一个约束；减少 n 个运动方式的装置，就称为 n 个约束。以下介绍工程中常见的几种约束。

（1）链杆约束。凡刚性杆件，不论直杆或曲杆，只要两端用铰相连，都称为链杆（即为二力杆）。

如果在刚片与基础之间用一根链杆相连如图 9.18（a）所示，则刚片不能沿铅垂方向移动，因而减少一个运动方式，故**一根链杆或一个可动铰支座相当于一个约束**。

如果在刚片与基础之间再增加一根链杆如图 9.18（b）所示，则刚片又不能沿水平方向移动，又减少一个运动方式，此时刚片只能绕 A 点转动，而去掉了移动的可能，即减少了两个运动方式，故**两根链杆相当于两个约束**。

（2）铰链约束：

1）单铰。如图 9.18（c）所示，对刚片Ⅰ而言，其位置可由 A 点的坐标 x、y 和 AB 线的倾角 φ_1 来确定，因此其有三个运动方式。同理，刚片Ⅱ也有三个运动方式。因而刚片Ⅰ、Ⅱ在平面内独立的运动方式共有六个。现用一个铰将刚片Ⅰ、Ⅱ连接起来，刚片Ⅱ相对刚片Ⅰ只能绕 A 点转动，即两刚片间只保留了相对转角 φ_2，则由刚片Ⅰ、Ⅱ所组成的体系在平面内有四个运动方式。可见一个铰链约束减少了两个运动方式，相当于两个约束。

如果把连接两个刚片的铰链约束称为单铰，则**一个单铰相当于两个约束**，故一个单铰可以用两根链杆等效代替。

单铰分为：

实铰——两根链杆直接相交形成的铰，如图 9.18（b）所示固定铰支座。

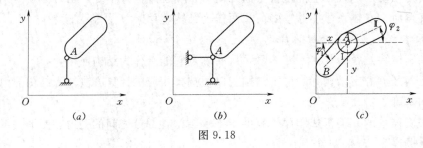

图 9.18

虚铰——两根链杆延长线相交形成的铰如图 9.22（a）所示，或者两根平行链杆无穷远处相交形成的铰。

2）复铰。若用一个铰链约束同时连接三个或三个以上的刚片，则这种铰称为复铰如图 9.19 所示。刚片Ⅰ、Ⅱ、Ⅲ各有三个运动方式共有九个运动方式，现用一复铰连接。设其中一刚片可沿 x、y 方向移动和绕结点转动，则其余两刚片都只能绕其转动，共有五个运动方式，因此各减少两个运动方式，共减少四个运动方式。像这种连接三刚片的复铰相当于两个单铰的作用，由此可见，**连接 n 个刚片的复铰，相当于（$n-1$）个单铰的作用，相当于 2（$n-1$）个约束。**

（3）刚性连接。通过类似的分析可知，固定端支座相当于三根链杆的约束，连接两杆件的刚性结点也相当于三根链杆的约束，即**固定端支座、刚性连接都相当于三个约束。**

3. 约束的分类

根据约束对运动方式的影响，分为：

（1）必要约束——影响体系运动方式数目增减的约束。

（2）多余约束——不影响体系运动方式数目增减的约束。

如图 9.20（a）所示，一点 A 与基础的连接，链杆①、②约束了点 A 的两个运动方式，即点 A 被固定了，则链杆①、②是必要约束。若再增加一根链杆如图 9.20（b）所示，实际上仍然是减少两个运动方式，则有一根是多余约束，可把三根链杆中任何一根看作是多余约束。

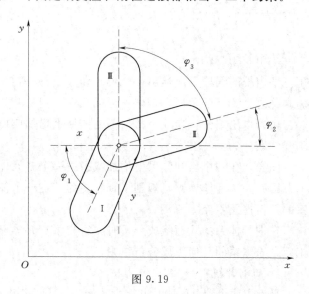

图 9.19

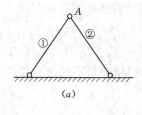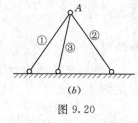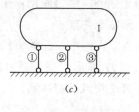

图 9.20

又如图 9.20（c）所示用三根平行链杆将刚片Ⅰ与基础连接，此时刚片Ⅰ仍可作平行移动，即存在一个运动方式，三根链杆实际上只减少了两个运动方式。因此，有两根链杆是必要约束，另一根链杆则为多余约束。

实际上，一个平面体系通常都是由若干个刚片加入许多约束所组成的。如果在组成体系的各刚片之间恰当地加入足够的约束，就能使各刚片之间不能发生相对运动，从而使该体系成为几何不变体系。

9.3.3　几何不变体系的简单组成规则

1. 二元体规则

由两根不共线的链杆连接一个结点的装置称为二元体。平面内一个点的运动方式有 2 个，若用两根不共线的链杆相连，即约束数为 2，则 A 点被固定。如图 9.21（a）所示为一个点与刚片的连接装置，显然它是个几何不变体系，且无多余约束。

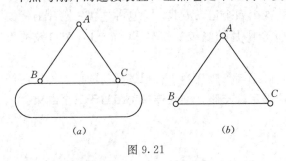

图 9.21

由此可见：一个点与一刚片用两根不共线的链杆相连接（三个铰不在同一直线上），则组成几何不变体系，且无多余约束。

若将刚片看成为链杆如图 9.21（b）所示，则形成一用三铰连接三链杆的装置，这一情况如同用三条线 AB、BC、CA 作一三角形。由平面几何知识可知，用三条定长的线段只能作出一个形状和大小都一定的三角形，即此三角形是几何不变的，通常称之为铰结三角形，是体系形成几何不变的基本单元。

可以得出结论：在一个几何不变体系上增加或撤去一个二元体，则该体系仍然是几何不变体系。

同样，在一个已知体系上增加或撤去一个二元体，则该体系的几何性质不变。

因此，二元体规则（规则Ⅰ）叙述为：**在一个体系上依次增加或撤去二元体，则该体系的几何性质不变。**

在进行体系的几何组成分析时，宜先将二元体撤除，再对剩余部分进行分析，所得结论就是原体系的几何组成分析结论。

2. 两刚片规则

平面中两个独立的刚片共有六个运动方式，若将它们组成一个刚片，则只有三个运动方式。由此可知，在两刚片之间至少应用三个约束相连，才可能组成一个几何不变的体系。

规则Ⅱ：两刚片之间用不全交于一点也不全平行的三根链杆相连接，则组成几何不变体系，且无多余约束。

由前所知，一个铰的约束相当于两根链杆的约束，若将 AB、CD 的约束看成一铰 O，如图 9.22（b）所示，则可得出**推论Ⅰ：两刚片之间用一个铰和一根不通过该铰的链杆相连接，则组成几何不变体系，且无多余约束。**

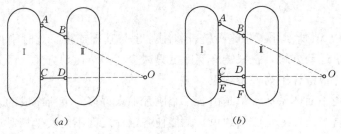

图 9.22

3. 三刚片规则

平面中三个独立的刚片共有九个运动方式，若组成一个刚体则只有三个运动方式，由此可知，在三个刚片之间至少应增加六个链杆或三个铰，才可能将三刚片组成为几何不变体系。

如图 9.23（a）所示，刚片Ⅰ、Ⅱ、Ⅲ用不在同一直线上的三个铰 A、B、C 两两相连形成三角形，为几何不变体系，由此得出规则Ⅲ。

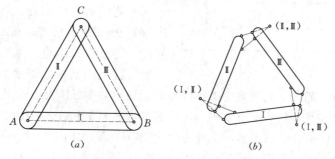

图 9.23

规则Ⅲ：三刚片之间用不在同一直线上的三个铰两两相连，组成几何不变体系，且无多余约束。

若将每一个铰换为两根链杆相连如图 9.23（b）所示，显然该体系为几何不变体系。

推论Ⅱ：三刚片之间用六根链杆两两相连，只要六根链杆所形成的三个虚铰不在同一直线上，则组成几何不变体系，且无多余约束。

实际上，上述规则及推论中若将刚片皆看成链杆时，则三个规则及推论所述的皆是铰结三角形，都是同一个问题，只是在叙述的方式上有所不同。这也就得出一个结论：**铰结三角形是组成几何不变体系的基本单元。**

9.3.4　几何可变体系的简单组成规则

上述几何组成规则及其推论中，皆有一定的限制条件，如果不能满足这些条件，则将会出现如下几何可变体系。几何可变体系分为在某一瞬时产生微小运动的瞬变体系和经常产生运动的常变体系。

1. 瞬变体系

（1）两刚片用三根延长线汇交于一点的链杆相连组成几何瞬变体系。 如图 9.24（a）所示为两刚片用三根相交于一点的链杆相连接，由于其延长线相交于 O 点，此时两刚片可绕 O 点作相对转动，但在产生微小转动后，三根链杆就不再交于一点，则不能继续产生相对运动，是瞬变体系。

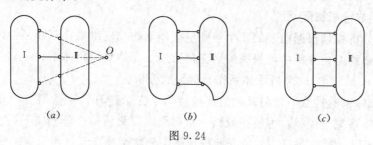

图 9.24

（2）**两刚片用三根平行不等长的链杆相连组成几何瞬变体系**。又如图 9.24（b）中两刚片用三根平行不等长链杆相连，此时两刚片可沿垂直链杆方向产生相对移动，但在发生一微小移动后，三链杆就不再互相平行，体系不再继续产生运动，为瞬变体系。

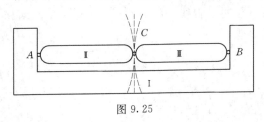

图 9.25

（3）**三刚片用共线的三铰相连组成几何瞬变体系**。如图 9.25 所示，若三刚片用位于同一直线的三铰相连，此时 C 点为 AC、BC 两个圆弧的公切点，故 C 点可沿公切线方向产生微小的移动。当微小运动产生后，三个铰就不在同一直线上，运动就不再继续，故为瞬变体系。瞬变体系只发生微小的相对运动，似乎可作为结构使用，但实际上当它受力时将会产生很大的内力而导致破坏，或者产生过大变形而影响使用。

如图 9.26（a）所示瞬变体系，在外力 F 作用下，铰 C 向下产生一微小的位移而到 C′ 位置，如图 9.26（b）所示，由隔离体的平衡条件 $\sum F_y = 0$ 可得

$$N = \frac{F}{2\sin\varphi}$$

因为 φ 为一无穷小量，所以

$$N = \lim_{\varphi \to 0} \frac{F}{2\sin\varphi} = \infty$$

由此可见，杆 AC 和 BC 将产生很大的内力和变形，将首先产生破坏。因此瞬变体系是属于几何可变体系的一类，绝对不能在工程结构中采用。

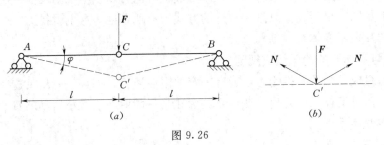

图 9.26

2. 常变体系

（1）**两刚片用直接汇交于一点的三根链杆相连组成几何常变体系**。

（2）**两刚片用平行且等长的三根链杆相连组成几何常变体系**。如图 9.24（c）所示，当两刚片发生一微小移动后，三链杆仍为平行，运动将继续发生，为常变体系。

9.3.5　几何组成分析举例

几何组成分析就是根据前述的三个规则检查体系的几何组成，判断是否为几何不变体系，且有无多余约束。分析中可根据铰结三角形或二元体来简化体系。

【**例 9.5**】　试对图 9.27 所示体系作几何组成分析。

【**解**】　该体系的特点一是与基础的连接使用了三个链杆，称为简支，分析时可以暂不考虑；二是体系完全铰结，可使用铰结三角形概念简化结构。分析如下：

ABC 部分是从铰结三角形 BGF 开始按规则Ⅰ依次增加二元体所形成的一几何不变的

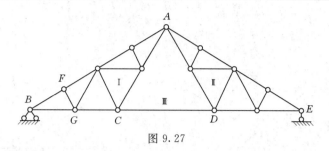

图 9.27

部分，作为刚片Ⅰ；同理，ADE 部分也是几何不变，作为刚片Ⅱ；杆件 CD 作为刚片Ⅲ。刚片Ⅰ、Ⅱ用铰 A 相连，刚片Ⅱ、Ⅲ用铰 D 相连，刚片Ⅰ、Ⅲ用铰 C 相连，A、C、D 三铰不在同一直线上，符合规则Ⅲ。将 ABE 看做一刚片，与基础用三链杆相连为简支，符合规则Ⅱ，组成几何不变体系，且无多余约束。

【例 9.6】 试对图 9.28 所示体系进行几何组成分析。

【解】 该体系有铰结部分，可以运用铰结三角形或二元体规则进行分析。首先在基础上依次增加 A—D—B 和 A—C—D 两个二元体，则该部分可与基础作为一个刚片；再将 EF 看作另一刚片。该两刚片通过链杆 DE 和支座 F 处的两水平链杆相连接，符合规则Ⅱ，则为几何不变体系，且无多余约束。

【例 9.7】 试对图 9.29 所示体系进行几何组成分析。

【解】 将基础看做刚片Ⅰ，BDE 看做刚片Ⅱ，AB 看做链杆，则刚片Ⅰ、Ⅱ之间用链杆 AB 及 D 和 E 处的两根链杆相连接，因三链杆交于一点 C，则该体系为瞬变体系。

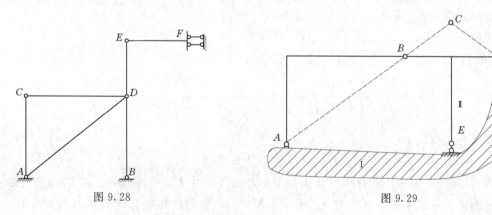

图 9.28　　　　　　　　　　　　　　　　图 9.29

【例 9.8】 试对图 9.30 所示体系进行几何组成分析。

【解】 如图 9.30 所示，铰结三角形 BCF 和 ADE 分别作为刚片Ⅰ、Ⅱ，两者由 AB、CD、EF 三根链杆相连接，符合规则Ⅱ，则为几何不变体系，且无多余约束，形成一大刚片；再与基础Ⅲ由 1、2、3 三根链杆相连接，符合规则Ⅱ，该体系为几何不变体系，且无多余约束。

【例 9.9】 试对图 9.31 所示体系进行几何组成分析。

【解】 由规则Ⅱ，先依次去掉二元体 G—J—H、D—G—F、F—H—E 和 D—F—E，使体系得到简化。ADC 和 BEC 部分分别为铰结三角形基础上增加二元体所形成的几何不变部分，分别作为刚片Ⅰ、Ⅱ，基础看作刚片Ⅲ，刚片Ⅰ、Ⅱ、Ⅲ之间分别用 C、

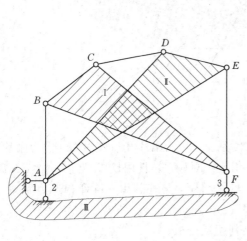

图 9.30

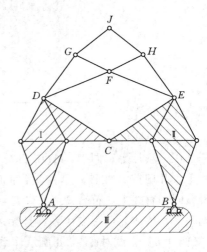

图 9.31

B、A 三个铰相连，且三铰不在同一直线上，符合规则Ⅲ，则该体系为几何不变体系，且无多余联系。

【例 9.10】　试对图 9.32 所示体系进行几何组成分析。

【解】　杆件 AB 与基础简支，符合规则Ⅱ，为几何不变部分；再增加二元体 A—C—E 和 B—D—F，为几何不变体系，此外多一根链杆 CD，则此体系为具有一个多余约束的几何不变体系。

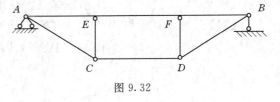

图 9.32

【例 9.11】　试对图 9.33 所示体系进行几何组成分析。

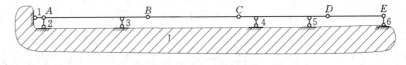

图 9.33

【解】　链杆 6 和 DE 可看作二元体去掉。基础为刚片Ⅰ，与刚片 AB 用 1、2、3 三根链杆相连接，且三链杆不全交于一点也不互相平行，符合规则Ⅱ，组成几何不变部分。作为大刚片Ⅱ，其与刚片 CD 用链杆 BC 和 4、5 两根链杆相连接，符合规则Ⅱ，则所形成的体系为几何不变体系，且无多余约束。

【例 9.12】　试对图 9.34 所示体系进行几何组成分析。

【解】　把地基看作刚片Ⅰ，三角形 BDF 看作刚片Ⅱ，其余杆件 EC 看作刚片Ⅲ，由于 A 点为固定铰，可以把它和地基看作一个刚片，杆可看作连接刚片的链杆，并分别标上编号 1、2、3、4、5、6。此时，刚片Ⅰ和刚片Ⅱ通过链杆 1 和 6 相连，1 和 6 交于虚铰 B；刚片Ⅰ和刚片Ⅲ通过链杆 2 和 5 相连，2 和 5 交于虚铰 C；刚片Ⅱ和刚片Ⅲ通过链杆 3 和 4 相连，由于 3 和 4 平行，则虚铰在无穷远处。由于虚铰在 BC 的延长线上，可认为三个虚铰在同一直线上，由此可知，此体系是瞬变体系。

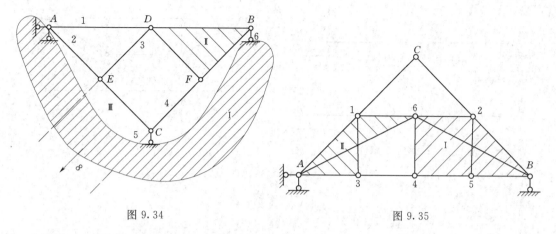

图 9.34   图 9.35

【例 9.13】　试对图 9.35 所示体系作几何组成分析。

【解】　　由于地基和杆系是通过一个固定铰支座和一个可动铰支座相连接，故可撤去地基只考虑杆系本身的几何不变性或可变性。

1—C—2 为二元体，先去掉二元体，仅分析余下的部分。5—2—B 为一几何不变体，依次增加二元体 B—6—2 和 5—4—6，可把 52B64 看作刚片 I；同样，A—3—1 为几何不变体，增加二元体 1—6—A，则组成的 A316 看作刚片 II；两个刚片之间通过杆 34 和铰 6 相连，符合规则 II，所以杆系是几何不变体系且无多余约束。把杆系看作大刚片，与地基简支相连符合规则 II。故原体系为几何不变体系且无多余约束。

通过以上分析，可以归纳出利用简单组成规则进行几何组成分析的一般方法：观察体系有无二元体，如有，则先去掉二元体，分析余下的部分；从体系中找出几何不变的部分作为刚片，如给出的体系可以看作两个或三个刚片，则可直接用规则分析；如果给出的体系不能归结为两个或三个刚片，就要考虑反复使用规则逐步进行分析；对于杆系与基础间仅用三根既不完全平行也不完全交于一点的支座链杆相连即简支支座的体系，杆系与原体系的几何性质相同，可撤去支座只分析杆系本身的几何可变性或几何不变性。

9.4　静定结构与超静定结构

用来作为结构的杆件体系，必须是几何不变体系，而几何不变体系又分为无多余约束和有多余约束两类。后者的约束数目除满足几何不变的要求外尚有多余。如图 9.36（a）所示连续梁，若将 C、D 两处支座链杆去掉，得如图 9.36（b）所示，剩余的部分恰好满足两刚片连接的要求成为几何不变体系，则它有两个多余约束。

又如图 9.37（a）所示加筋梁，若将链杆 ab 去掉得如图 9.37（b）所示，成为无多余约束的几何不变体系，故此加筋梁为具有一个多余约束的几何不变体系。

对于无多余约束的结构，其全部反力和内力都可由静力平衡条件求解，这类结构称为静定结构（图 9.38）。对于具有多余约束的几何不变体系，仅依静力平衡条件是不能求解出其全部反力和内力的，如图 9.39 所示连续梁，其支座反力有五个，而静力平衡条件只有三个，显然静力平衡条件无法求得其全部反力，从而也就不可能求得其全部内力。这种

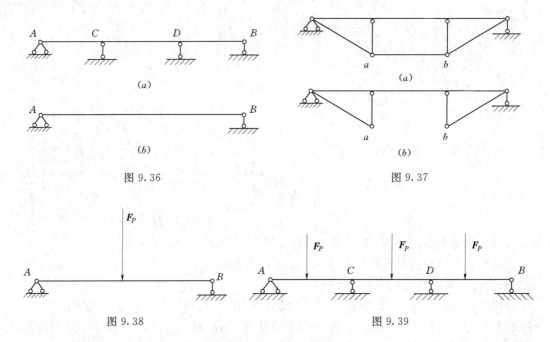

图 9.36　　　　　　　　　　　图 9.37

图 9.38　　　　　　　　　　　图 9.39

具有多余约束而用静力平衡条件无法求得其全部反力和内力的几何不变体系，称为超静定结构。超静定结构必须要借助于变形条件方可求解。

任 务 小 结

1. 平面杆件体系的分类

$$
\text{体系}\begin{cases}
\text{几何不变}\begin{cases}\text{无多余约束}\text{——静定结构}\\ \text{有多余约束}\text{——超静定结构}\end{cases}\\
\text{几何可变}\begin{cases}\text{常变体系}\\ \text{瞬变体系}\end{cases}
\end{cases}
$$

只有几何不变体系可作为结构。

2. 约束

（1）一根链杆或一个可动铰支座相当于一个约束，能使平面体系减少一个运动方式。

（2）一个单铰、固定铰支座、定向支座相当于两个约束，能使平面体系减少两个运动方式。

（3）一个刚性连接或固定端相当于三个约束，能使平面体系减少三个运动方式。

3. 几何不变体系的简单组成规则

凡是符合以下各规则所组成的体系，都是几何不变体系，且无多余约束。

（1）不在一条直线上的两根链杆固定一个点。

（2）两个刚片用不全平行也不全交于一点的三根链杆连接。

（3）两个刚片用一个铰和不通过该铰的链杆连接。

（4）三个刚片用不在同一条直线上的三个铰两两相连。

应用上述组成规则时，应特别注意必须满足各规则的限制条件。

4．几何组成分析的目的

（1）保证结构的几何不变性，确保其承载能力。

（2）确定结构是静定的还是超静定的，从而选择确定反力及内力的相应计算方法。

（3）明确结构的构成特点，从而选择受力分析的顺序。

5．静定结构和超静定结构

（1）静定结构中全部支座反力和内力可用静力平衡条件求得。

（2）超静定结构中的支座反力和内力不能只用静力平衡条件求得，须用其他辅助条件和静力平衡条件共同求得。

思 考 题

1．链杆能否作为刚片？刚片能否作为链杆？两者有何区别？

2．体系中任何两根链杆是否都相当于在其交点处的一个虚铰？

3．思 3 图中，$B—A—C$ 是否为二元体，$B—D—C$ 能否看成是二元体。

4．瞬变体系与常变体系各有何特征？为什么土木工程中要避免采用瞬变和接近瞬变的体系？

5．在进行几何组成分析时，应注意体系的哪些特点，才能使分析得到简化。

6．思 6 图所示因 A、B、C 三铰共线，所以是瞬变，这样分析正确否？

7．何为多余约束？如何确定多余约束的个数？

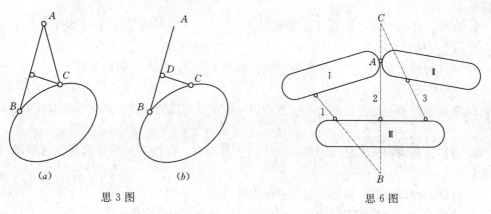

思 3 图   思 6 图

课 后 练 习 题

一、选择题

1．一个点和一个刚片用（   ）的链杆相连，组成几何不变体系。

A. 两根共线的链杆   B. 两根不共线的链杆

C. 三根不共线的链杆   D. 三根共线的链杆

2．静定结构的几何组成特征是（   ）。

A. 体系几何可变 　　　　　　B. 体系几何瞬变

C. 体系几何不变 　　　　　　D. 体系几何不变且无多余约束

3. 下列不能作为刚片的是（　　　）。

A. 一个构件 　　　　　　　　B. 地基

C. 一根链杆 　　　　　　　　D. 平面体系中的多边形

4. 去掉一个固定铰支座是去掉（　　　）。

A. 一个约束 　　　B. 两个约束 　　　C. 三个约束 　　　D. 无法确定

5. 去掉一个可动铰支座是去掉（　　　）。

A. 一个约束 　　　B. 两个约束 　　　C. 三个约束 　　　D. 无法确定

6. 截断一根梁式杆是去掉（　　　）。

A. 一个约束 　　　B. 两个约束 　　　C. 三个约束 　　　D. 无法确定

二、填空题

1. 一个点和一个刚片用_____的链杆相连，组成几何不变体系。

2. 静定结构的几何组成特征是_____。

3. 在一个几何不变体系上_____一个二元体，则该体系仍然是几何不变体系。

4. 两刚片之间用一个铰和一根不通过该铰的链杆相连接，则_____。

5. 两刚片用三根平行不等长的链杆相连组成几何_____。

6. 三刚片之间用不在_____的三个铰两两相连，组成几何不变体系，且无多余约束。

7. 几何不变体系，在任意力系作用下，其几何形状和位置都保持_____的体系。

8. 在平面体系中一个固定铰支座相当于_____约束，一个可动铰支座相当于_____约束，一个链杆相当于_____约束。

9. 从几何组成上讲，静定和超静定结构都是_____体系，但后者有_____。

三、判断题

1. 在任意荷载下，仅用静力平衡方程即可确定全部反力和内力的体系是几何不变体系。 （　　　）

2. 结构计算简图并不是唯一的，对于同一种结构，根据不同的情况可以选取不同的计算简图。 （　　　）

3. 梁是一种以弯曲变形为主要变形的构件，轴线为直线。 （　　　）

4. 超静定结构是具有多余约束而无法求得其全部反力和内力。 （　　　）

5. 在一个几何不变体系上增加或撤去一个二元体，则该体系仍然是几何不变体系。 （　　　）

6. 三刚片之间用六根链杆两两相连，只要六根链杆不在同一直线上，则组成几何不变体系，且无多余约束。 （　　　）

7. 两刚片用平行的三根链杆相连组成几何瞬变体系。 （　　　）

四、结构分析题

试对图示体系作几何组成分析。若为有多余约束的几何不变体系，则指出其多余约束的数目。

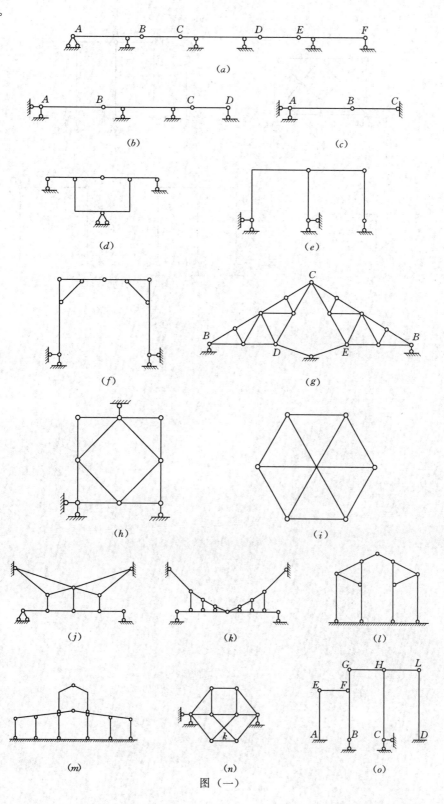

图（一）

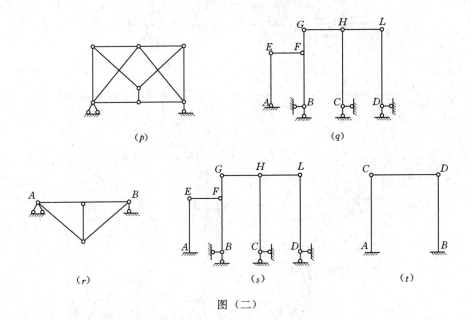

图（二）

任务10 静定结构的内力计算

学习目标：理解多跨静定梁、静定平面刚架、静定平面桁架的特点及分类；掌握多跨静定梁、静定平面刚架的内力分析和内力图绘制；掌握结点法、截面法计算静定平面桁架内力。

10.1 多跨静定梁

10.1.1 多跨静定梁的几何组成

1. 多跨静定梁的定义

多跨静定梁是由单跨静定梁通过铰连接而成的静定结构。多跨静定梁一般要跨越几个相连的跨度，它是工程中广泛使用的一种结构形式，最常见的有如图 10.1（a）所示的公路桥梁和如图 10.2（a）、图 10.3（a）所示的房屋中的檩条梁等。各跨梁通过螺栓将搭接头系紧，由于该接头处不能传递弯矩，只能限制相连构件的横向或纵向位移，因此应视为中间铰结点，如图 10.1（b）、图 10.2（b）、图 10.3（b）所示，中间铰结点就是各跨的分界点。

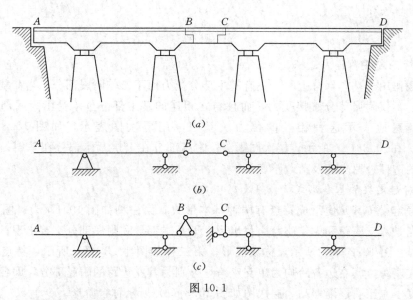

图 10.1

2. 多跨静定梁的几何组成特点

从几何构造上看，**多跨静定梁一般可分为基本部分和附属部分两部分。**如图 10.2 中，*AC*、*DG*、*HJ* 段，独立地与支承物相连，在竖向荷载作用下**不依赖于其他部分，可独立地维持平衡，构成几何不变部分，故称为基本部分；***CD*、*GH* 段必须依靠 *AC*、*DG*、*HJ* 的支承作用才能维持平衡，因此该部分被称为附属部分。

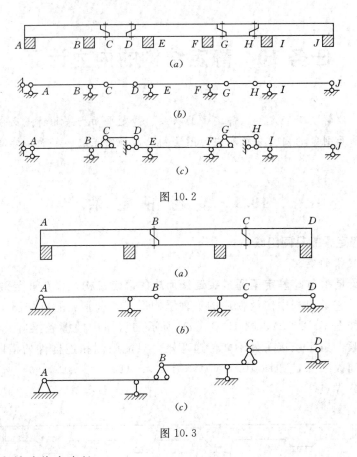

图 10.2

图 10.3

3. 多跨静定梁的传力途径

当荷载作用于基本部分上时，只有基本部分受力而不影响附属部分；当荷载作用于附属部分时，不仅附属部分直接受力，而且与之相连的基本部分也承受由附属部分传来的力。为了清楚地表示这种相互的传力关系，可用层次图表示，如图 10.1（c）、图 10.2（c）、图 10.3（c）所示。层次图画法：附属部分在上层基本部分在下层；中间铰改为两实交的链杆；原支座及荷载不变。

4. 多跨静定梁的基本形式

多跨静定梁按其几何组成特点有两种基本形式，第一种如图 10.1（b）、图 10.2（b）所示，特点是双支座跨和无支座跨交替出现，即基本部分和附属部分交替出现，层次图如图10.1（c）、图 10.2（c）所示，称波浪形；第二种如图 10.3（b）所示，特点是左边第一跨为双支座跨，其右边各跨均为单支座跨，分别为其左边跨的附属部分，即各附属部分的附属程度由左至右逐渐增高，层次图如图 10.3（c）所示称台阶形。

10.1.2　多跨静定梁的内力计算和内力图绘制

1. 约束反力计算

由层次图可见，作用于基本部分上的荷载，并不影响附属部分，而作用于附属部分上的荷载，会以约束反力的形式影响基本部分，因此，多跨静定梁的约束反力计算顺序应该是先计算附属部分，再计算基本部分。即先计算高层次的附属部分，求出高层次附属部分的约束反力后，将其反向作用于低层次的附属部分；后计算低层次的附属部分，然后将低层次附属部分的约束反力反向作用于基本部分；再计算基本部分的约束反力。具体就是：**对于波浪形先解"浪尖"部分，对于台阶形采用"下台阶"依次求解。**

2. 内力计算和内力图绘制

当求出每一跨梁的约束反力后，其内力计算和内力图的绘制就与单跨静定梁一样，各跨的先后顺序可以不分，最后将各段梁的内力图连在一起即为多跨静定梁的内力图。

【例 10.1】　试作出如图 10.4（a）所示的四跨静定梁的弯矩图和剪力图。

【解】　（1）绘制层次图，如图 10.4（b）所示。

（2）计算约束反力。先从高层次的附属部分开始，逐层向下计算，如图 10.4（c）所示。

1）EF 跨：由静力平衡条件得

$$\sum M_E = 0: \qquad R_F \times 4 - 10 \times 2 = 0$$
$$R_F = 5 \text{kN}$$
$$\sum Y = 0: \qquad R_E + R_F - 20 - 12 = 0$$
$$R_E = 25 \text{kN}$$

2）CE 段：将 R_E 反向作用于 E 点，与 $q = 4 \text{kN/m}$ 共同作用，由静力平衡条件得

$$\sum M_D = 0: \qquad R_C \times 4 - 4 \times 4 \times 2 + 25 \times 1 = 0$$
$$R_C = 1.75 \text{kN}$$
$$\sum Y = 0: \qquad R_C + R_D - 4 + 4 - 25 = 0$$
$$R_D = 39.25 \text{kN}$$

3）FH 段：将 R_F 反向作用于 F 点，与 $q = 3 \text{kN/m}$ 共同作用，F 处水平支座反力为零，由静力平衡条件得

$$\sum M_G = 0: \qquad R_H \times 4 + R_F \times 1 - 3 \times 4 \times 2 = 0$$
$$R_H = 4.75 \text{kN}$$
$$\sum Y = 0: \qquad R_G + R_H - R_F - 3 \times 4 = 0$$
$$R_G = 12.25 \text{kN}$$

4）AC 段：将 R_C 反向作用于 C 点，与 $q = 4 \text{kN/m}$ 共同作用，由静力平衡条件得

$$\sum M_B = 0: \qquad R_A \times 4 + R_C \times 1 + 4 \times 1 \times 0.5 - 4 \times 4 \times 2 = 0$$
$$R_A \approx 7.06 \text{kN}$$
$$\sum Y = 0: \qquad R_B + R_A - 4 \times 5 - R_C = 0$$
$$R_B \approx 14.69 \text{kN}$$

（3）绘制内力图。各跨支座反力求出后，由单跨静定梁内力图作法绘制各跨内力图 10.4（d），不分先后顺序。最后将它们联成一体，得到多跨静定梁的 M、Q 图，如图 10.4（e）所示。

【例 10.2】　试绘制图 10.5（a）所示多跨静定梁的内力图。

【解】　（1）绘制层次图。梁 ABC 固定在基础上，是基本部分；梁 CDE 固定在梁 ABC 上，是第一级附属部分；梁 EF 固定在梁 CDE 上，是第二级附属部分。根据上述分析，绘出多跨静定梁的层次图如图 10.5（b）所示。由层次图可以看出，多跨静定梁由三个层次构成，属于台阶形。

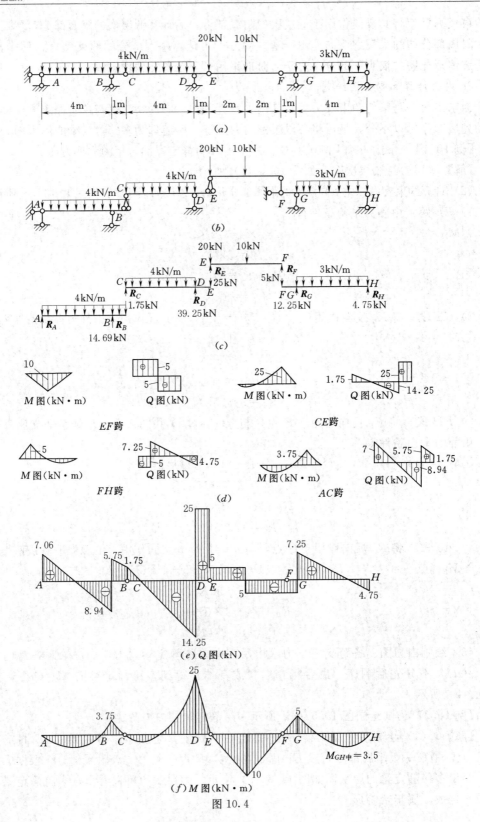

图 10.4

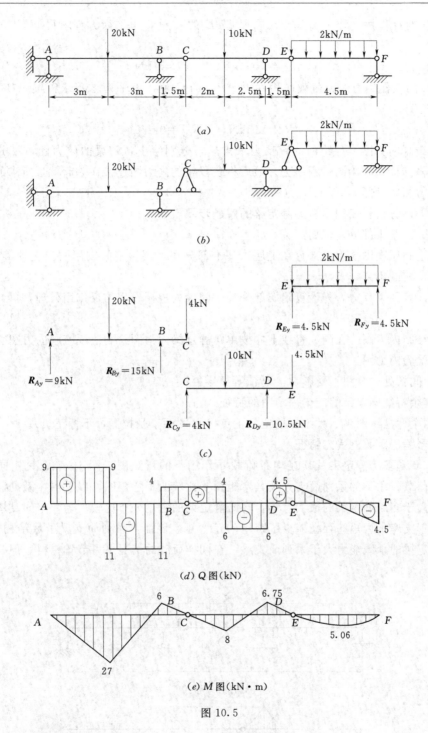

图 10.5

（2）计算约束反力。先计算梁 EF，再计算梁 CDE，最后计算梁 ABC，见图 10.5 （c）。取 EF 为隔离体，由平衡方程求得梁 EF 的约束反力：

$$R_{Fy}=4.5\text{kN}, \quad R_{Ey}=4.5\text{kN}$$

177

将 $\boldsymbol{R}_{Ey}$ 的反作用力作为荷载作用在梁 CDE 的 E 处，由平衡方程求得梁 CDE 的约束反力：

$$R_{Dy}=10.5\text{kN}, \qquad R_{Cy}=4\text{kN}$$

将 $\boldsymbol{R}_{Cy}$ 的反作用力作为荷载作用在梁 ABC 的 C 处，由平衡方程求得梁 ABC 的约束反力：

$$R_{By}=15\text{kN}, \qquad R_{Ay}=9\text{kN}$$

（3）绘制内力图。各跨的约束反力求出后，分别绘出各跨梁的内力图，不分先后顺序，这里将其计算和绘图过程略去。最后将各段梁的内力图连接在一起就是所求的多跨静定梁的内力图，见图 10.5（d）、（e）。

通过上述分析，归纳出**多跨静定梁的解题步骤**：

（1）分清基本部分、附属部分。

（2）绘制层次图。附属部分在上层，基本部分在下层，中间铰用两实交的链杆代替，支座不变，荷载不变。

（3）计算约束反力。先计算附属部分，中间铰处遵循作用与反作用公理，再计算基本部分。

（4）绘制内力图。在同一直线上，按单跨静定梁内力图绘制法逐跨画内力图。

（5）检验内力图：

1）中间铰处，Q 图不受影响，M 值等于零。

2）其余特征同单跨静定梁内力图的特征。

3）四个标注：图名、大小、单位、正负（M 图画于受拉侧，不标正负）。

10.1.3　多跨静定梁的受力特征

图 10.6 是多跨静定梁及其在均布荷载 $\boldsymbol{q}$ 作用下的弯矩图，图 10.7 是一相同支座间距、相同荷载作用下的系列简支梁及其弯矩图。比较两个弯矩图可以看出，系列简支梁的最大弯矩大于多跨静定梁的最大弯矩，多跨静定梁的弯矩分布比较均匀，中间支座处有负弯矩，由于支座负弯矩的存在减少了跨中的正弯矩。因而，系列简支梁虽然结构较简单，但多跨静定梁的承载能力大于系列简支梁，在同样荷载的情况下可节省材料，但其构造要复杂些。

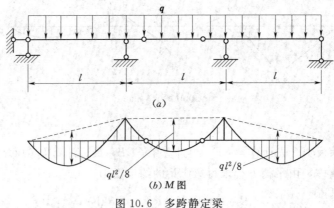

图 10.6　多跨静定梁

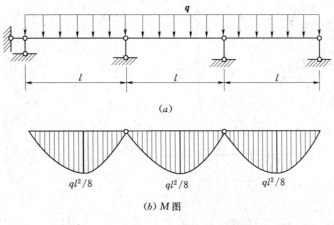

(a)

(b) M 图

图 10.7 系列简支梁

10.2 静 定 平 面 刚 架

10.2.1 刚架的特点及分类

1. 刚架的定义

刚架是由若干直杆（梁、柱）主要用刚结点组成的结构。 结点可以部分或全部是刚结点。当刚架的杆轴和外力都在同一平面内时，称为平面刚架，如图 10.8 所示。

2. 刚架的特点

刚架在工程中应用较广泛，主要是因为它具有以下四方面的优点：

（1）整体刚度大。刚架在荷载作用下，变形较小，如图 10.9（b）虚线所示。

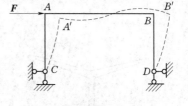

图 10.8

（2）节省材料。刚架在受力后，刚结点所连的各杆件间的角度保持不变。如图 10.9（b）虚线所示，刚结点 B、C 处的各杆件间的角度保持不变，即刚结点对各杆端的转动有约束作用，因此刚结点可以承受和传递弯矩，可以削减横梁跨中弯矩的峰值，使弯矩分布均匀，且比一般铰结点的梁柱体系的小，比较图 10.9（c）、（d）可见，故可以节省材料。

（3）便于利用。由于存在刚结点，使刚架中杆件数量较少，内部空间较大。如图 10.10 所示，其中图 10.10（a）为铰接几何可变体系不能作为结构；图 10.10（b）为桁架结构，空间较小；相对来说图 10.10（c）所示的刚架具有较大空间，便于利用。

（4）便于制作。由于都是直杆，所以制作方便。

3. 静定平面刚架的分类

（1）悬臂刚架。悬臂刚架由一个构件用固定端支座与基础连接而成。图 10.11（a）所示为站台雨篷。

（2）简支刚架。简支刚架由一个构件用固定铰支座和可动铰支座与基础连接，或用三

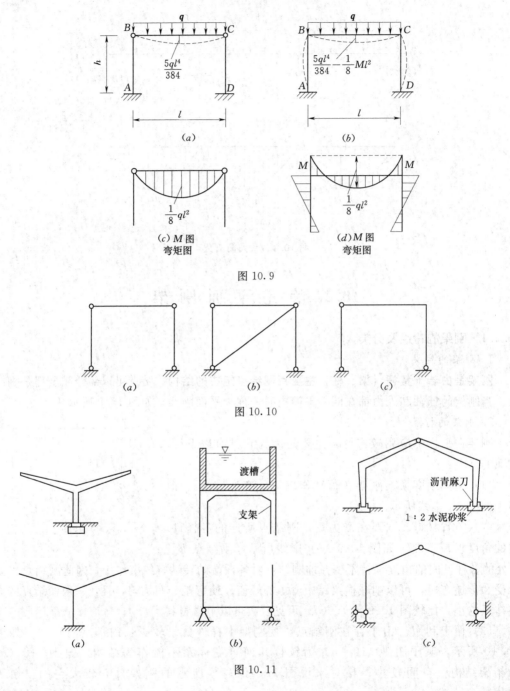

图 10.9

图 10.10

图 10.11

根既不全平行、又不全相交于一点的链杆与基础连接而成。如图 10.11（b）所示渡槽的槽身。

（3）三铰刚架。三铰刚架由两个构件用铰连接，底部用两个固定铰支座与基础连接而成，如图 10.11（c）所示屋架。

（4）组合刚架。组合刚架通常是由上述三种刚架中的某一种作为基本部分，再按几何不变体系的组成规则连接相应的附属部分组合而成的多跨多层无多余约束的几何不变体系。如图 10.12 所示。

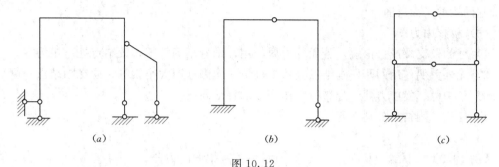

图 10.12

　　根据有无多余约束的情况，刚架可分为静定刚架和超静定刚架。在建筑工程中常常采用超静定刚架，某些简单的结构有时采用静定刚架，但静定刚架的内力分析是超静定刚架内力分析的基础，因此静定平面刚架的内力计算十分重要。

10.2.2 静定平面刚架的内力计算

　　1. 内力

　　（1）内力名称：弯矩、剪力、轴力。

　　（2）内力符号：为了区分同一杆两端的内力，用带有双下标的符号表示，前下标表示该内力所属杆端，后下标表示该杆的另一端。如 M_{AB} 和 M_{BA} 分别表示 AB 杆 A 端和 B 端的弯矩，Q_{AB} 和 Q_{BA} 分别表示 AB 杆 A 端和 B 端的剪力，N_{AB} 和 N_{BA} 分别表示 AB 杆 A 端和 B 端的轴力。

　　（3）内力正负号规定同前。

　　2. 内力计算过程

　　先计算支座反力，根据前述内力图绘制法绘制刚架的内力图，并进行校核。

　　3. 静定平面刚架内力计算的具体步骤

　　（1）计算约束反力：

　　1）悬臂刚架：平衡条件计算支座反力。

　　2）简支刚架：平衡条件计算支座反力。

　　3）三铰刚架：先整体后半部再整体，即先整体平衡条件求竖向支座反力；然后半部平衡条件求一水平支座反力；再整体平衡条件求另一水平支座反力。铰结点约束力不必计算。

　　4）组合刚架：先附属部分后整体，即先由附属部分平衡条件计算其支反力，铰结点处的约束力不必计算；再由整体平衡条件计算其余支座反力。

　　（2）绘制内力图。三个内力图分别完成。弯矩图的绘制按前述梁的平面弯曲方法，即用控制截面法，均布荷载跨中点用区段叠加法；而对于轴力图、剪力图，为了方便地使用以前的绘制方法，需要作以下处理：

　　1）将刚架从刚结点处分成若干个杆件，自左向右绘制。

　　2）左结点前（或以左）的荷载平移到左结点，杆件上原荷载不变。

3）横杆仍水平；将左边第一立杆顺时针转至水平，其余立杆逆时针转至水平。

作这样的处理后，轴力的正负和轴力图绘制的方法同轴向拉压；剪力的正负和剪力图的绘制同梁的平面弯曲。

（3）校核内力图：

1）杆的铰支端或自由端，若无外力偶作用，则弯矩等于零；铰结点处弯矩为零。

2）无外力偶作用的两杆刚结点处弯矩等值、同侧（即大小相等、同在刚结点一侧）。

3）集中力、集中力偶、分布荷载作用处的特征同前。

4）杆段、刚结点分别平衡。

4. 举例

【例 10.3】　试绘制图 10.13（a）所示三铰刚架的内力图。

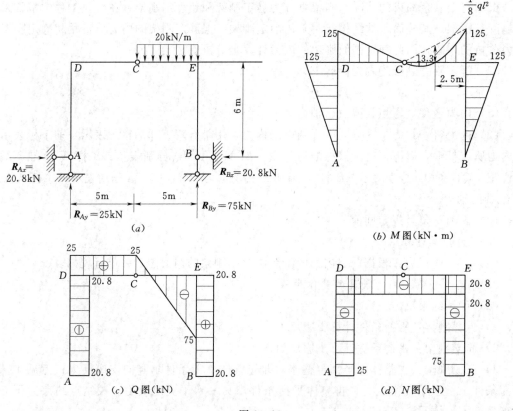

图 10.13

【解】　（1）计算支座反力，见图 10.13（a）。三铰刚架有四个支座反力，需要四个平衡方程才能求解。

1）先取刚架整体为脱离体，由平衡条件求竖向支反力。

$\sum M_A = 0$：　　　　　$R_{By} \times 10 - 20 \times 5 \times 7.5 = 0$　　　$R_{By} = 75\text{kN}$

$\sum Y = 0$：　　　　　$R_{Ay} + R_{By} - 20 \times 5 = 0$　　　$R_{Ay} = 25\text{kN}$

2）然后取刚架的左半部分为脱离体，由平衡条件求左水平支反力。

$$\sum M_C = 0 : \qquad R_{Ax} \times 6 - R_{Ay} \times 5 = 0 \qquad R_{Ax} = 20.8\text{kN}$$

3）再取刚架整体为脱离体，由平衡条件求右水平支反力。

$$\sum X = 0 : \qquad R_{Ax} - R_{Bx} = 0 \qquad R_{Bx} = R_{Ax} = 20.8\text{kN}$$

（2）绘制内力图。

1）弯矩图：绘制方法同梁弯矩图的绘制方法，即用控制截面法，CE 段中点用区段叠加法，得弯矩图如图 10.13（b）所示。

2）剪力图和轴力图：将刚架从结点处分成三根杆件，自左向右绘制。垂直于杆轴线的荷载产生剪力，其余力不产生剪力。沿着杆轴线方向的外力产生轴力，其余力不产生轴力。

AD 段如图 10.14（a）所示：只有 R_{Ax} 产生负剪力，R_{Ay} 不产生剪力，AD 为无荷载段，则剪力图为平行线如图 10.14（b）所示。R_{Ay} 产生轴力，R_{Ax} 不产生轴力，AD 为无荷载段，则轴力图为平行线如图 10.14（c）所示。

DCE 段如图 10.14（d）所示：将左结点 D 点以前（或以左）的荷载平行移动到 D 点，杆上原荷载不变。R_{Ay} 和均布荷载产生剪力，R_{Ay} 产生正剪力，DC 为无荷载段，剪力图为平行线；CE 段有向下均布荷载，剪力图向下倾斜，起止变化值为 $ql = 100\text{kN}$，E 点值为 $25 - 100 = -75(\text{kN})$。绘制剪力图如图 10.14（$e$）所示。只有 R_{Ax} 产生轴力，DCE 为无荷载段，则轴力图为平行线，如图 10.14（f）所示。

EB 段：将左结点 E 点以前（或以左）的荷载平行移动到 E 点，如图 10.14（g）所示。R_{Ax} 和 R_{Bx} 产生剪力，EB 段为无荷载段，剪力图为平行线如图 10.14（h）所示。E 点 ql（均布荷载）和 R_{Ay} 两者合力向下产生轴力，EB 为无荷载段，则轴力图为平行线如图 10.14（i）所示。

整体剪力图为图 10.13（c）。

整体轴力图为图 10.13（d）。

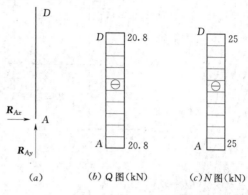

（a） （b）Q 图（kN） （c）N 图（kN）

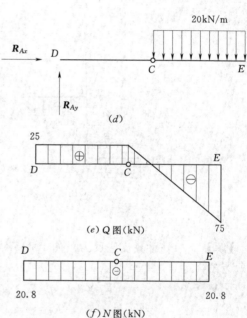

（d）

（e）Q 图（kN）

（f）N 图（kN）

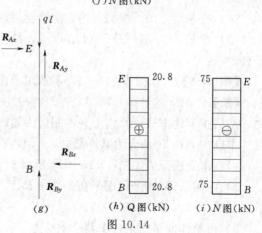

（g） （h）Q 图（kN） （i）N 图（kN）

图 10.14

183

（3）校核内力图。分别以结点 D、结点 E 为隔离体进行校核，可见均满足平衡条件。

【例10.4】 作图 10.15（a）所示简支刚架的内力图。

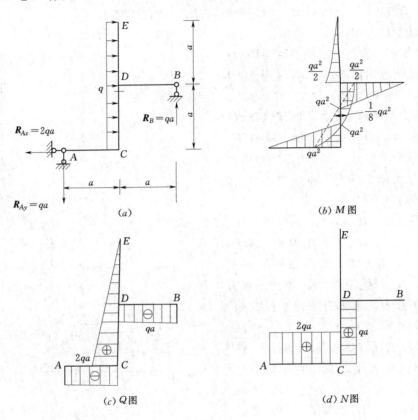

图 10.15

【解】 （1）计算支座反力。如 10.15（a）所示由整体平衡条件，得

$\sum X = 0$： $\qquad R_{Ax} - q \times 2a = 0 \qquad\qquad R_{Ax} = 2qa$（←）

$\sum M_A = 0$： $\qquad R_B \times 2a - q \times 2a \times a = 0 \qquad R_B = qa$（↑）

$\sum Y = 0$： $\qquad -R_{Ay} + R_B = 0 \qquad\qquad R_{AY} = qa$（↓）

（2）绘制内力图。按照前述方法绘制得内力图如图 10.15（b）、（c）、（d）所示。

（3）校核内力图。分别以结点 C、结点 D 为隔离体进行校核，可见均满足平衡条件。

【例10.5】 作图 10.16（a）所示组合刚架的内力图。

【解】 对于这种组合刚架，计算时应先计算附属部分的反力，再计算基本部分的反力，然后按前述方法计算内力并绘制内力图。

本题中 $ABCD$ 部分为基本部分，EFG 部分为附属部分。

（1）求支座反力如图 10.16（a）所示。

1）由附属部分 EFG 的平衡条件求 R_G。

$\sum M_E = 0$： $R_G \times 2 - 2 \times 3 \times 1.5 = 0$ $\qquad\qquad$ 得：$R_G = 4.5 \text{kN}$（↑）

2）由整体的平衡条件求其余支反力。

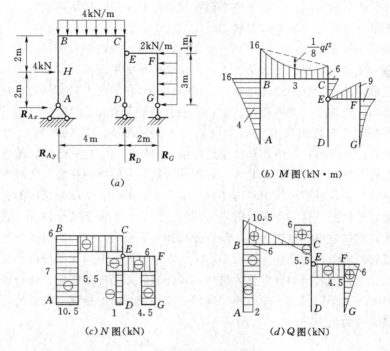

(a)

(b) M 图（kN·m）

(c) N 图（kN）

(d) Q 图（kN）

图 10.16

$$\sum X=0： \quad R_{Ax}+4-3\times2=0 \qquad\qquad 得：R_{Ax}=2kN\ (\rightarrow)$$
$$\sum M_A=0： \quad R_D\times4+R_G\times6-4\times2-4\times4\times2+2\times3\times1.5=0 \quad 得：R_D=1kN\ (\uparrow)$$
$$\sum Y=0： \quad R_{Ay}+R_D+R_G-4\times4=0 \qquad\qquad 得：R_{Ay}=10.5kN\ (\uparrow)$$

（2）绘制内力图。按前述方法计算内力并绘制刚架的内力图如图 10.16（b）、（c）、（d）所示。

（3）校核内力图。分别以结点 B、结点 C 和结点 F 为隔离体进行校核，可见均满足平衡条件。

10.3　静定平面桁架

10.3.1　桁架的特点及分类

1. 桁架的特点

　　梁和刚架在承受荷载时，主要产生弯曲内力，由弯矩引起的杆件截面上的正应力是不均匀的，在截面上受压区与受拉区边缘的正应力最大，而靠近中性轴上的应力较小，这就造成中性轴附近的材料不能被充分利用。三铰拱由于存在水平推力，弯曲内力减小，截面上的内力以轴力为主，其应力分布比较均匀，但施工不易。桁架则弥补了上述结构的不足。**桁架是由直杆组成，全都由铰结点联结而成的结构。**在结点荷载作用下，桁架各杆的内力只有轴力，截面上应力分布是均匀的，因此其受力较合理，充分发挥了材料的作用。工业建筑及大跨度民用建筑中的屋架、托架、檩条、铁路和公路桥梁，起重设备中的塔架，以及建筑施工中的支架等常常采用桁架结构。

为了便于计算，通常对工程实际中平面桁架的计算简图作如下假设：

（1）桁架的结点都是光滑的理想铰。

（2）各杆的轴线都是直线，且在同一平面内，并通过铰的中心。

（3）荷载和支座反力都作用于结点上，并位于桁架的平面内。

符合上述假设的桁架称为理想桁架，理想桁架中各杆的内力只有轴力。在绘制理想桁架的计算简图时，以轴线代替各杆件、以小圆圈代替铰结点如图 10.17（b）所示。然而，工程实际中的桁架与理想桁架有着较大的差别。例如图 10.17（a）所示为钢屋架，图 10.17（b）为其计算简图，其中各杆是通过焊接、铆接而联结在一起的，结点具有很大的刚性，不完全符合理想铰的情况。此外，各杆的轴线不可能绝对平直，各杆的轴线也不可能完全交于一点，荷载也不可能绝对地作用于结点上。因此，实际桁架中的各杆不可能只承受轴力。通常把根据计算简图求出的内力称为主内力，把由于实际情况与理想情况不完全相符而产生的附加内力称为次内力。理论分析和实测表明，在一般情况下次内力可忽略不计。本书仅讨论主内力的计算。在图 10.17 中，桁架上、下边缘的杆件分别称为上弦杆和下弦杆，上、下弦杆之间的杆件称为腹杆，腹杆又分为竖杆和斜杆。弦杆相邻两结点之间的水平距离 d 称为节间长度，两支座之间的水平距离 l 称为跨度，桁架最高点至支座连线的垂直距离 h 称为桁高。

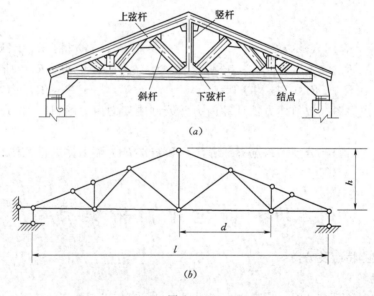

图 10.17

2. 桁架的分类

本任务主要讨论静定平面桁架的受力分析，因此下面根据不同特征对静定平面桁架进行分类。

（1）按照桁架的外形分类：

1）平行弦桁架，如图 10.18（a）所示。

2）折线形桁架，如图 10.18（b）所示。

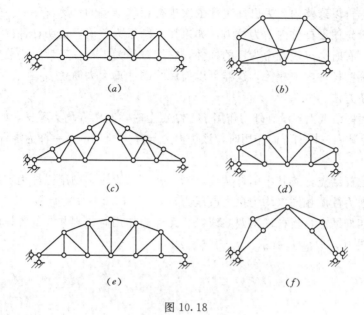

图 10.18

3）三角形桁架，如图 10.18（*c*）所示。

4）梯形桁架，如图 10.18（*d*）所示。

5）抛物线形桁架，如图 10.18（*e*）所示。

（2）按照竖向荷载作用引起的支座反力的特点分类：

1）梁式桁架，只产生竖向支座反力，如图 10.18（*a*）、（*b*）、（*c*）、（*d*）、（*e*）所示。

2）拱式桁架，除产生竖向支座反力外还产生水平推力，如图 10.18（*f*）所示。

（3）按照桁架的几何组成分类：

1）简单桁架：以一个基本铰结三角形为基础，依次增加二元体而组成的几何不变且无多余约束的桁架，如图 10.18（*a*）、（*d*）、（*e*）所示。

2）联合桁架：由几个简单桁架组成的几何不变的静定桁架，如图 10.18（*c*）、（*f*）所示。

3）复杂桁架：不属于简单桁架和联合桁架的桁架即为复杂桁架，如图 10.18（*b*）所示。

（4）按照所用材料分类。有：钢筋混凝土桁架、钢桁架、钢木桁架、木桁架等。

10.3.2 桁架的内力计算

桁架的内力计算方法有结点法、截面法、联合法。

计算桁架内力的基本方法仍然是先取隔离体，然后根据平衡方程求解，即为所求内力。**当所取隔离体仅包含一个结点时，这种方法称为结点法；当所取隔离体包含两个或两个以上结点时，这种方法称为截面法；结点法与截面法联合应用的方法称为联合法。**

1. 用结点法计算桁架的内力

作用在桁架某一结点上的各力（包括荷载、支座反力、各杆轴力）组成了一个平面汇交力系，根据平衡条件可以对该力系列出两个平衡方程，因此作为隔离体的结点，最多只能包含两个未知力。在实际计算时，可以先从未知力不超过两个的结点着手计算，求出未知杆的内力后，再以这些内力为已知条件依次进行相邻结点的计算。

计算时一般先假设杆件内力为拉力，如果计算结果为负值，说明杆件内力为压力。

在桁架中，有时会出现轴力为零的杆件，它们被称为零杆。在计算之前先断定出哪些杆件为零杆，哪些杆件内力相等，这样可以使后续的计算大大简化。

零杆的判断方法：

(1) 对于两杆结点，当没有外力作用于该结点上时，则两杆均为零杆，如图 10.19（a）所示；当外力沿其中一杆的方向作用时，该杆内力与外力相等，另一杆为零杆，如图 10.19（b）所示。

(2) 对于三杆结点，若其中两杆共线，当无外力作用时，则第三杆为零杆，其余两杆内力相等，且内力性质相同（均为拉力或压力），如图 10.19（c）所示。

(3) 对于四杆结点，当杆件两两共线，且无外力作用时，则共线的各杆内力相等，且性质相同，如图 10.19（d）所示。

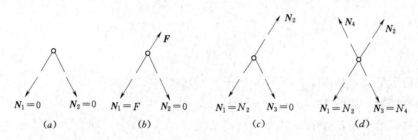

图 10.19

【例 10.6】 用结点法计算如图 10.20（a）所示桁架中各杆的内力。

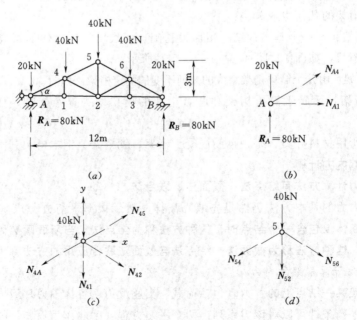

图 10.20

【**解**】 由于桁架和荷载都是对称的，支座反力和相应杆的内力也必然是对称的，所以只需计算半个桁架中各杆的内力即可。

(1) 计算支座反力：

$$R_A = R_B = \frac{1}{2} \times (3 \times 40 + 2 \times 20) = 80(\text{kN})$$

(2) 计算倾角 α：

$$\sin\alpha = \frac{3}{\sqrt{3^2 + 6^2}} = \frac{3}{\sqrt{45}}$$

$$\cos\alpha = \frac{6}{\sqrt{3^2 + 6^2}} = \frac{6}{\sqrt{45}}$$

(3) 计算各杆内力。由于结点 A 只有两个未知力，故先从结点 A 开始依次取两未知力节点计算。

1) 结点 A：如图 10.20 (b) 所示。

$\sum Y = 0$： $R_A - 20 + N_{A4}\sin\alpha = 0$

$\sum X = 0$： $N_{A1} + N_{A4}\cos\alpha = 0$

解得 $N_{A1} = 120\text{kN}$

$N_{A4} = -134.16\text{kN}$

2) 结点 1：可以断定 14 杆为零杆，A1 杆与 12 杆内力相等，性质相同，即：

$$N_{12} = N_{A1} = 120\text{kN}(\text{拉力})$$

3) 结点 4：如图 10.20 (c) 所示。

$\sum Y = 0$： $-40 - N_{A4}\sin\alpha + N_{45}\sin\alpha - N_{42}\sin\alpha = 0$

$\sum X = 0$： $N_{45}\cos\alpha + N_{42}\cos\alpha - N_{A4}\cos\alpha = 0$

联立求解得

$$N_{42} = -44.7\text{kN}$$

$$N_{45} = -89.5\text{kN}$$

4) 结点 5：如图 10.20 (d) 所示。

$\sum X = 0$： $N_{56}\cos\alpha - N_{54}\cos\alpha = 0$

$\sum Y = 0$： $-40 - N_{52} - N_{54}\sin\alpha - N_{56}\sin\alpha = 0$

解得 $N_{56} = -89.5\text{kN}$

$N_{54} = -120\text{kN}$

(4) 校核。以结点 6 为脱离体进行校核，可见满足平衡方程。

通过计算，归纳用结点法计算桁架内力的步骤：

(1) 计算支座反力。

(2) 判断零杆。

(3) 依次取既有已知力且只有两未知力作用的结点为研究对象。

(4) 列平面汇交力系平衡方程：

$$\begin{cases} \sum X = 0 \\ \sum Y = 0 \end{cases}$$

（5）解方程求各杆内力。

结点法适用于需要计算桁架所有杆件内力的情况。

2. 用截面法计算桁架的内力

用一截面将桁架分为两部分，其中任一部分桁架上的各力（包括荷载、支座反力、各截断杆件的内力），组成一个平衡的平面一般力系，根据平衡条件，对该力系列出平面一般力系平衡方程，即可求解被截断杆件的内力。

所以在用截面法计算桁架内力时，在所有被截断的杆件中，包含最多不超过三根未知内力的杆件。

【例 10.7】　　如图 10.21（a）所示的平行弦桁架，试求 a、b 杆的内力。

【解】　　（1）求支座反力：

$$\sum Y=0: \qquad R_A=R_B=\frac{1}{2}\times(2\times5+5\times10)=30(\text{kN})$$

（2）求 a 杆内力。用截面Ⅰ—Ⅰ将 12 杆、a 杆、45 杆截断如图 10.21（a）所示，并取左半跨为隔离体如图 10.21（b）所示。由于上、下弦平行，故用投影平衡方程计算较方便。

$$\sum Y=0: \qquad N_a+R_A-5-10=0$$
$$N_a=5+10-30=-15 \ (\text{kN})\ (\text{压力})$$

（3）求 b 杆内力。

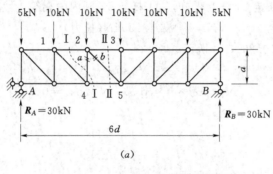

（a）

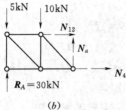

（b）

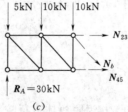

（c）

图 10.21

用截面Ⅱ—Ⅱ将 23 杆、b 杆、45 杆截断如图 10.21（c）所示，取左半跨为隔离体如图 10.21（c）所示。利用投影平衡方程计算：

$$\sum Y=0: \qquad R_A-N_b\cos45°-5-10-10=0$$
$$V_b=30-5-10-10=5(\text{kN})$$
$$N_b=7.07\text{kN}(\text{拉力})$$

【例 10.8】　　求图 10.22（a）所示桁架中 CD 杆、HC 杆的内力。

【解】　（1）求支座反力：

$$\sum Y=0：\qquad\qquad R_A=R_B=4F$$

（2）求 CD 杆的内力。用截面Ⅰ—Ⅰ将桁架截断，如图 10.22（a）所示；取左半跨为隔离体，如图 10.22（b）所示。由于三个未知力中 N_{FE}、N_{GE} 交于一点 E，故利用力矩平衡方程计算：

$$\sum M_E=0：\qquad R_A\frac{l}{2}-N_{CD}h-\frac{F}{2}\frac{l}{2}-F\times 3a-F\times 2a-F\times a=0$$

得

$$N_{CD}=(7Fl-24aF)/4h$$

（3）求 HC 杆的内力。用截面Ⅱ—Ⅱ将桁架截断如图 10.22（a）所示，取左半跨为隔离体如图 10.22（c）所示，可见共有四个未知力，但除所求 HC 杆外，其余三杆同交于一点，因此可以利用力矩平衡方程计算：

$$\sum M_I=0：\qquad R_A\times 2a-\frac{F}{2}\times 2a-F\times a-N_{HC}\times\frac{h}{2}=0$$

得

$$N_{HC}=12Fa/h$$

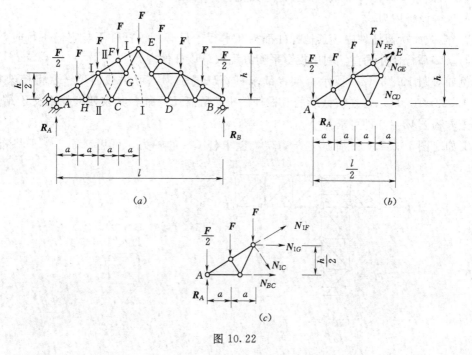

图 10.22

利用截面法计算桁架内力时，关键是选择合适的截面、投影轴、矩心，尽量避免求解联立方程。

通过计算，归纳**用截面法计算桁架内力的步骤：**

（1）计算支座反力。

（2）判断零杆。

（3）截取包含两个或两个以上结点且最多有三个未知内力的部分为研究对象（特殊情况特殊处理）。

（4）列平面一般力系平衡方程：

$$\begin{cases} \sum X = 0 \\ \sum Y = 0 \\ \sum M_0 = 0 \end{cases}$$

或
$$\begin{cases} \sum X = 0 \\ \sum M_A = 0 \quad (AB \text{ 不垂直于 } x \text{ 轴}) \\ \sum M_B = 0 \end{cases}$$

或
$$\begin{cases} \sum M_A = 0 \\ \sum M_B = 0 \quad (A、B、C \text{ 不共线}) \\ \sum M_C = 0 \end{cases}$$

（5）解方程求各杆内力。用截面法计算桁架内力所截断的杆件一般不应超过三根。但如果属于以下特殊情况，被截断的杆件可以超过三根，其中某根杆件的轴力可选取适当的平衡方程求出：

1）当截面所截杆件中除一根杆件外其他杆件均交于一点时，取该交点为矩心，列力矩方程求解该杆内力。

2）当截面所截杆件中，其他杆件都相互平行，只有一根杆件不与它们平行时，取投影轴与众多平行杆件垂直，利用投影平衡方程求解该杆件内力。

例如对图 10.23（a）所示桁架，欲求杆 ED 的轴力，可用截面 Ⅰ—Ⅰ将桁架截开，如图 10.23（b）所示，在被截断的五根杆件中，除杆 ED 外，其余四杆均汇交于结点 C，由力矩方程 $\sum M_C = 0$ 即可求得 N_{ED}。

又如对图 10.23（c）所示复杂桁架，欲求杆 CB 的轴力，可用截面 Ⅰ—Ⅰ将桁架截

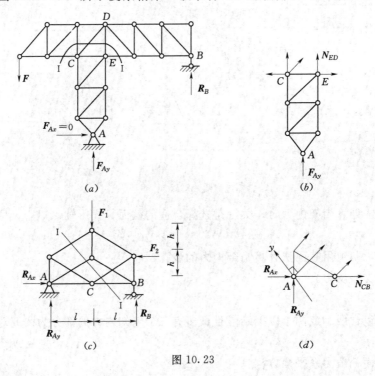

图 10.23

开，如图 10.23（d）所示，在被截断的四根杆件中，除杆 CB 外，其余三杆互相平行，选取 y 轴与此三杆垂直，由投影方程 $\sum Y = 0$ 即可求得 N_{CB}。

截面法适用于需要计算桁架某些杆件内力的情况。

3. 用联合法计算桁架的内力

对于一些简单桁架，单独使用结点法或截面法求解各杆内力是可行的，但是对于一些复杂桁架和联合桁架，将结点法和截面法联合起来使用则更方便。如图 10.24 所示，欲求图中 a 杆的内力，如果只用结点法计算，不论取哪个结点为

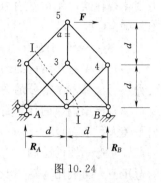

图 10.24

隔离体，都有三个以上的未知力，无法直接求解；如果只用截面法计算，也需要解联立方程。为简化计算，可以先用截面Ⅰ—Ⅰ截断，取右半部分为隔离体，由于被截的四杆中，有三杆平行，故可先求 $1B$ 杆的内力，然后以结点 B 为隔离体，可较方便地求出 $3B$ 杆的内力，再以结点 3 为隔离体，即可求得 a 杆的内力。

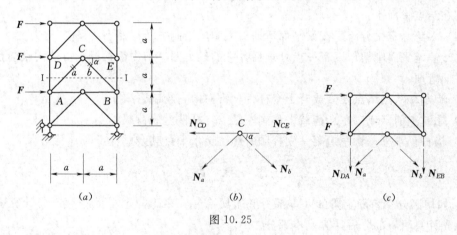

| （a） | （b） | （c） |

图 10.25

【例 10.9】 计算图 10.25（a）所示桁架中 a、b 杆的内力。

【解】 （1）取 C 点为隔离体，如图 10.25（b）所示。

$$\sum Y = 0: \qquad\qquad -N_b \sin\alpha - N_a \sin\alpha = 0$$

（2）用截面Ⅰ—Ⅰ截断，取上部为隔离体，如图 10.25（c）所示。

$$\sum X = 0: \qquad\qquad F + F - N_a \cos\alpha + N_b \cos\alpha = 0$$

解得

$$N_a = \sqrt{2}P, \qquad N_b = -\sqrt{2}P$$

任 务 小 结

1. 静定结构是无多余约束的几何不变体系

本任务主要介绍几种常见的静定平面杆系结构多跨静定梁、静定平面刚架、三铰拱、静定平面桁架的内力计算方法，为静定结构位移计算和超静定结构内力计算打基础。

2. 静定结构内力分析的基本方法是截面法

计算内力时，先计算支座反力，然后利用截面法求出控制截面上的内力值，再利用内

力变化规律绘出结构的内力图，最后进行校核。静定结构的支座反力和内力可由平衡条件唯一确定。

3．几点注意问题

（1）对于主从结构的约束反力，如多跨静定梁、组合刚架等，先计算附属部分的约束反力，后计算基本部分的约束反力。

（2）桁架内力的计算是通过结点法、截面法、联合法，取出隔离体，根据平衡条件列出平衡方程求解。

（3）弯矩图的绘制方法同梁平面弯曲弯矩图的绘制方法。利用截面法求出控制截面上的弯矩值，再利用弯矩图变化规律，在受拉侧绘出结构的弯矩图。除了具有梁平面弯曲弯矩图的特征外还有三点特征：

1）杆的铰支端或自由端，若无外力偶的作用，则弯矩等于零。

2）铰结点处弯矩为零。

3）若刚架的刚结点上只有两根杆件且无外力偶作用，则弯矩图或者都在结点外面，或者都在结点里面。

（4）多跨静定梁分跨后按梁平面弯曲剪力图的绘制方法绘制剪力图。

（5）静定平面刚架作以下三点处理后，它的轴力图、剪力图绘制的方法同轴向拉压和梁的平面弯曲：

1）将刚架从刚结点处分成若干个杆件，自左向右绘制。

2）左结点前（或以左）荷载平移到左结点，杆件上原荷载不变。

3）横杆仍水平；将左边第一立杆顺时针转至水平，其余立杆逆时针转至水平。

思　考　题

1．如何区分多跨静定梁的基本部分和附属部分？多跨静定梁的约束反力计算顺序为什么是先计算附属部分后计算基本部分？

2．多跨静定梁和与之相应的系列简支梁在受力性能上有什么差别？

3．刚结点和铰结点在受力和变形方面各有什么特点？

4．试改正如思 4 图所示静定平面刚架的弯矩图中的错误。

5．为什么三铰拱可以用砖、石、混凝土等抗拉性能差而抗压性能好的材料建造？而梁却很少用这类材料建造？

6．什么是三铰拱的合理拱轴？如何确定合理拱轴？在什么情况下三铰拱的合理拱轴为二次抛物线？

7．什么是桁架的主内力？什么是桁架的次内力？

8．桁架中的零杆是否可以拆除不要？为什么？

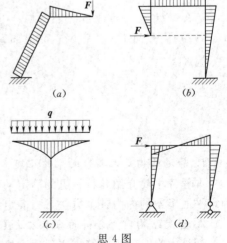

思 4 图

9. 用截面法计算桁架的内力时，为什么截断的杆件一般不应超过三根？什么情况下可以例外？

课 后 练 习 题

一、填空题

1. 多跨静定梁的约束反力计算顺序应该是先计算_____，再计算_____。

2. 作用于基本部分的荷载_____附属部分。

3. 绘内力图时四个标注为：_____、_____、_____、_____。

4. 杆件的铰支端或自由端，若无外力偶作用则_____等于零。

5. 无外力偶作用的两杆刚结点处弯矩_____。

6. 对于两杆结点，当没有外力作用于该结点时，则两杆均为_____。

7. 对于三杆结点，若其中两杆共线，当没有外力作用时，则第三杆为_____。

8. 图示结构中的反力 $R=$_____。

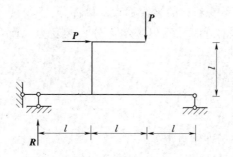

二、选择题

1. 多跨静定梁是由单跨静定梁通过（   ）而成的静定结构。

A. 焊接　　　　B. 链杆连接　　　　C. 铰连接　　　　D. 铆接

2. 多跨静定梁中独立地与支承物相连，在竖向荷载作用下不依赖于其他部分，可独立地维持平衡，构成几何不变部分的梁段称为（   ）。

A. 附加部分　　B. 附属部分　　　C. 基本部分　　　D. 基础部分

3. 下列说法不正确的是（   ）。

A. 当荷载作用于基本部分上时，只有基本部分受力而不影响附属部分

B. 当荷载作用于附属部分时，不仅附属部分直接受力，而且与之相连的基本部分也承受由附属部分传来的力

C. 当荷载作用于基本部分时，不仅基本部分直接受力，而且与之相连的附属部分也承受由附属部分传来的力

D. 基础部分受力不影响附属部分

4. 以下说法正确的是（   ）。

A. 多跨静定梁的弯矩分布比较均匀，中间支座处有正弯矩

B. 多跨静定梁的弯矩分布比较均匀，中间支座处有最大弯矩

C. 多跨静定梁的弯矩分布比较均匀，中间支座处没有弯矩

D. 多跨静定梁的弯矩分布比较均匀，中间支座处有负弯矩

5. 多跨静定梁的解题步骤：①检验内力图；②绘制层次图；③绘制内力图；④计算约束反力；⑤分清基本部分、附属部分。正确的顺序是（　　　）。

A.⑤、②、④、③、①　　　　　　　B.⑤、③、④、②、①

C.①、②、④、③、⑤　　　　　　　D.①、②、④、⑤、③

6. 以下说法不是刚架优点的是（　　　）。

A. 刚架在荷载作用下，变形较小

B. 刚架在受力后，刚结点所连的各杆件间的角度保持不变

C. 由于存在刚结点，使刚架中杆件数量较少，内部空间较大

D. 由若干杆件（梁、柱）主要用刚结点组成

三、判断题

1. 多跨静定梁中独立地与支承物相连，在竖向荷载作用下不依赖于其他部分，可独立地维持平衡，构成几何不变部分的梁段称为基础部分。（　　　）

2. 当荷载作用于基本部分时，不仅基本部分直接受力，而且与之相连的附属部分也承受由基本部分传来的力。（　　　）

3. 刚架必须有刚结点。（　　　）

4. 刚架的内力有轴力、剪力和弯矩。（　　　）

5. 桁架的内力只有轴力。（　　　）

6. 桁架的荷载只能作用在结点上。（　　　）

四、计算题

1. 试绘制如题1图所示多跨静定梁的内力图。

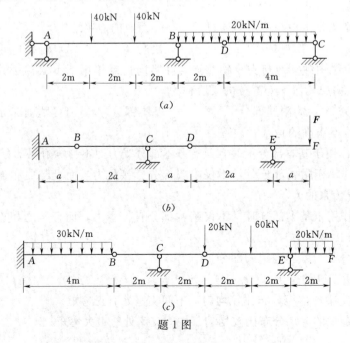

题1图

2. 试绘制如题 2 图所示刚架的内力图。

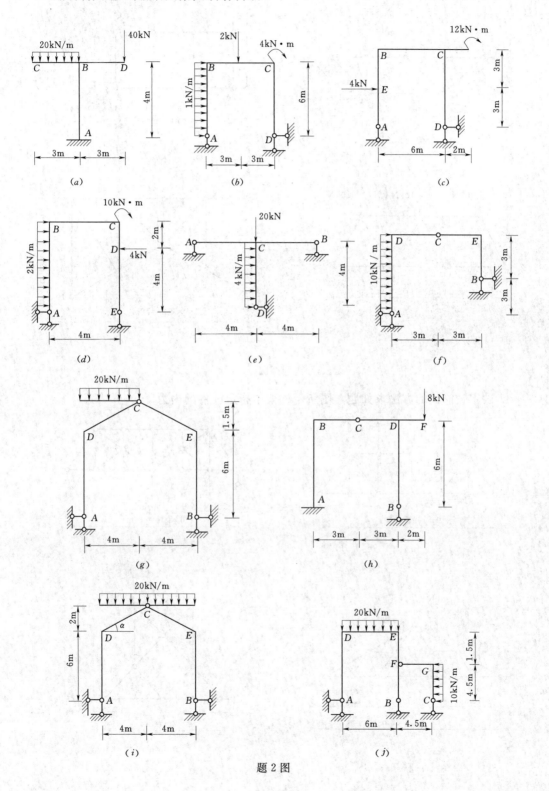

题 2 图

3. 试用结点法求如题 3 图所示杆架中各杆的内力。

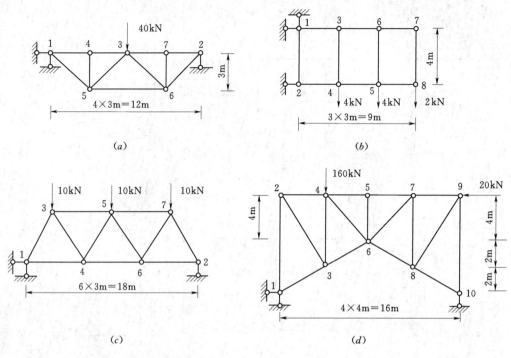

(a)　　　　　　　　　　　　　(b)

(c)　　　　　　　　　　　　　(d)

题 3 图

4. 试用较简捷的方法求如题 4 图所示杆架中指定杆件的内力。

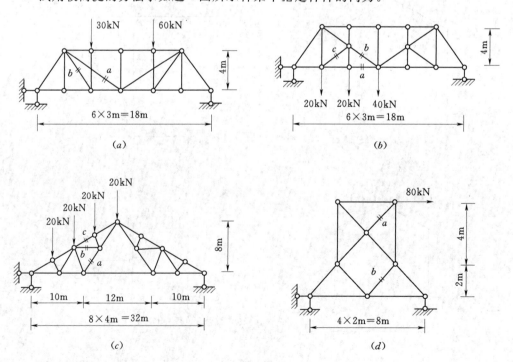

(a)　　　　　　　　　　　　　(b)

(c)　　　　　　　　　　　　　(d)

题 4 图（一）

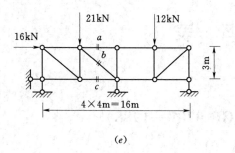

(e)

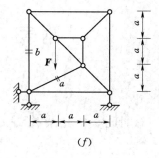

(f)

题 4 图（二）

附表 型 钢 表

附表1 热轧等边角钢（GB 9787—1988）

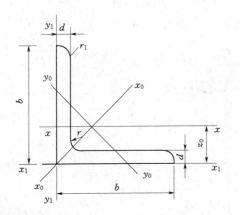

符号意义：

b——边宽度；　　　　　　I——惯性矩；
d——边厚度；　　　　　　i——惯性半径；
r——内圆弧半径；　　　　W——截面系数；
r_1——边端内圆弧半径；　　z_0——重心距离

角钢号数	尺寸/mm			截面面积 /cm²	理论重量 /(kg/m)	外表面积 /(m²/m)	参 考 数 值											
							$x-x$			x_0-x_0			y_0-y_0			x_1-x_1	z_0 /cm
	b	d	r				I_x /cm⁴	i_x /cm	W_x /cm³	I_{x_0} /cm⁴	i_{x_0} /cm	W_{x_0} /cm³	I_{y_0} /cm⁴	i_{y_0} /cm	W_{y_0} /cm³	I_{x_1} /cm⁴	
2	20	3	3.5	1.132	0.889	0.078	0.40	0.59	0.29	0.63	0.75	0.45	0.17	0.39	0.20	0.81	0.60
		4		1.459	1.145	0.077	0.50	0.58	0.36	0.78	0.73	0.55	0.22	0.38	0.24	1.09	0.64
2.5	25	3	3.5	1.432	1.124	0.098	0.82	0.76	0.46	1.29	0.95	0.73	0.34	0.49	0.33	1.57	0.73
		4		1.859	1.459	0.097	1.03	0.74	0.59	1.62	0.93	0.92	0.43	0.48	0.40	2.11	0.76
3.0	30	3	4.5	1.749	1.373	0.117	1.46	0.91	0.68	2.31	1.15	1.09	0.61	0.59	0.51	2.71	0.85
		4		2.276	1.786	0.117	1.84	0.90	0.87	2.92	1.13	1.37	0.77	0.58	0.62	3.63	0.89
3.6	36	3	4.5	2.109	1.656	0.141	2.58	1.11	0.99	4.09	1.39	1.61	1.07	0.71	0.76	4.68	1.00
		4		2.756	2.163	0.141	3.29	1.09	1.28	5.22	1.38	2.05	1.37	0.70	0.93	6.25	1.04
		5		3.382	2.654	0.141	3.95	1.08	1.56	6.24	1.36	2.45	1.65	0.70	1.09	7.84	1.07
4.0	40	3	5	2.359	1.852	0.157	3.59	1.23	1.23	5.69	1.55	2.01	1.49	0.79	0.96	6.41	1.09
		4		3.086	2.422	0.157	4.60	1.22	1.60	7.29	1.54	2.58	1.91	0.79	1.19	8.56	1.13
		5		3.791	2.976	0.156	5.53	1.21	1.96	8.76	1.52	3.01	2.30	0.78	1.39	10.74	1.17
4.5	45	3	5	2.659	2.088	0.177	5.17	1.40	1.58	8.20	1.76	2.58	2.14	0.90	1.24	9.12	1.22
		4		3.486	2.736	0.177	6.65	1.38	2.05	10.56	1.74	3.32	2.75	0.89	1.54	12.18	1.26
		5		4.292	3.369	0.176	8.04	1.37	2.51	12.74	1.72	4.00	3.33	0.88	1.81	15.25	1.30
		6		5.076	3.985	0.176	9.33	1.36	2.95	14.76	1.70	4.64	3.89	0.88	2.06	18.36	1.33

续表

角钢号数	尺寸/mm b	d	r	截面面积/cm²	理论重量/(kg/m)	外表面积/(m²/m)	I_x/cm⁴	i_x/cm	W_x/cm³	I_{x_0}/cm⁴	i_{x_0}/cm	W_{x_0}/cm³	I_{y_0}/cm⁴	i_{y_0}/cm	W_{y_0}/cm³	I_{x_1}/cm⁴	z_0/cm
							$x—x$			$x_0—x_0$			$y_0—y_0$			$x_1—x_1$	z_0
5	50	3	5.5	2.971	2.332	0.197	7.18	1.55	1.96	11.37	1.96	3.22	2.98	1.00	1.57	12.50	1.34
		4		3.897	3.059	0.197	9.26	1.54	2.56	14.70	1.94	4.16	3.82	0.99	1.96	16.60	1.38
		5		4.803	3.770	0.196	11.21	1.53	3.13	17.79	1.92	5.03	4.64	0.98	2.31	20.90	1.42
		6		5.688	4.465	0.196	13.05	1.52	3.68	20.68	1.91	5.85	5.42	0.98	2.63	25.14	1.46
5.6	56	3	6	3.343	2.624	0.221	10.19	1.75	2.48	16.14	2.20	4.08	4.24	1.13	2.02	17.56	1.48
		4	6	4.390	3.446	0.220	13.18	1.73	3.24	20.92	2.18	5.28	5.46	1.11	2.52	23.43	1.53
		5		5.415	4.251	0.220	16.02	1.72	3.97	25.42	2.17	6.42	6.61	1.10	2.98	29.33	1.57
		8	7	8.367	6.568	0.219	23.63	1.68	6.03	37.37	2.11	9.44	9.89	1.09	4.16	47.24	1.68
6.3	63	4	7	4.978	3.907	0.248	19.03	1.96	4.13	30.17	2.46	6.78	7.89	1.26	3.29	33.35	1.70
		5		6.143	4.822	0.248	23.17	1.94	5.08	36.77	2.45	8.25	9.57	1.25	3.90	41.73	1.74
		6		7.288	5.721	0.247	27.12	1.93	6.00	43.03	2.43	9.66	11.20	1.24	4.46	50.14	1.78
		8		9.515	7.469	0.247	34.46	1.90	7.75	54.56	2.40	12.25	14.33	1.23	5.47	67.11	1.85
		10		11.657	9.151	0.246	41.09	1.88	9.39	64.85	2.36	14.56	17.33	1.22	6.36	84.31	1.93
7	70	4	8	5.570	4.372	0.275	26.39	2.18	5.14	41.80	2.74	8.44	10.99	1.40	4.17	45.74	1.86
		5		6.875	5.397	0.275	32.21	2.16	6.32	51.08	2.73	10.32	13.34	1.39	4.95	57.21	1.91
		6		8.160	6.406	0.275	37.77	2.15	7.48	59.93	2.71	12.11	15.61	1.38	5.67	68.73	1.95
		7		9.424	7.398	0.275	43.09	2.14	8.59	68.35	2.69	13.81	17.82	1.38	6.34	80.29	1.99
		8		10.667	8.373	0.274	48.17	2.12	9.68	76.37	2.68	15.43	19.98	1.37	6.98	91.92	2.03
7.5	75	5	9	7.367	5.818	0.295	39.97	2.33	7.32	63.30	2.92	11.94	16.63	1.50	5.77	70.56	2.04
		6		8.797	6.905	0.294	46.95	2.31	8.64	74.38	2.90	14.02	19.51	1.49	6.67	84.55	2.07
		7		10.160	7.976	0.294	53.57	2.30	9.93	84.96	2.89	16.02	22.18	1.48	7.44	98.71	2.11
		8		11.503	9.030	0.294	59.96	2.28	11.20	95.07	2.88	17.93	24.86	1.47	8.19	112.97	2.15
		10		14.126	11.089	0.293	71.98	2.26	13.64	113.92	2.84	21.48	30.05	1.46	9.56	141.71	2.22
8	80	5	9	7.912	6.211	0.315	48.79	2.48	8.34	77.33	3.13	13.67	20.25	1.60	6.66	85.36	2.15
		6		9.397	7.376	0.314	57.35	2.47	9.87	90.98	3.11	16.08	23.72	1.59	7.65	102.50	2.19
		7		10.860	8.525	0.314	65.58	2.46	11.37	104.07	3.10	18.40	27.09	1.58	8.58	119.70	2.23
		8		12.303	9.658	0.314	73.49	2.44	12.83	116.60	3.08	20.61	30.39	1.57	9.46	136.97	2.27
		10		15.126	11.874	0.313	88.43	2.42	15.64	140.09	3.04	24.76	36.77	1.56	11.08	171.74	2.35
9	90	6	10	10.637	8.350	0.354	82.77	2.79	12.61	131.26	3.51	20.63	34.28	1.80	9.95	145.87	2.44
		7		12.301	9.656	0.354	94.83	2.78	14.54	150.47	3.50	23.64	39.18	1.78	11.19	170.30	2.48
		8		13.944	10.946	0.353	106.47	2.76	16.42	168.97	3.48	26.55	43.97	1.78	12.35	194.80	2.52
		10		17.167	13.476	0.353	128.58	2.74	20.07	203.90	3.45	32.04	53.26	1.76	14.52	244.07	2.59
		12		20.306	15.940	0.352	149.22	2.71	23.57	236.21	3.41	37.12	62.22	1.75	16.49	293.76	2.67
10	100	6	12	11.932	9.366	0.393	114.95	3.10	15.68	181.98	3.90	25.74	47.92	2.00	12.69	200.07	2.67
		7		13.796	10.830	0.393	131.86	3.09	18.10	208.97	3.89	29.55	54.74	1.99	14.26	233.54	2.71
		8		15.638	12.276	0.393	148.24	3.08	20.47	235.07	3.88	33.24	61.41	1.98	15.75	267.09	2.76
		10		19.261	15.120	0.392	179.51	3.05	25.06	284.68	3.84	40.26	74.35	1.96	18.54	334.48	2.84
		12		22.800	17.898	0.391	208.90	3.03	29.48	330.95	3.81	46.80	86.84	1.95	21.08	402.34	2.91
		14		26.256	20.611	0.391	236.53	3.00	33.73	374.06	3.77	52.90	99.00	1.94	23.44	470.75	2.99
		16		29.627	23.257	0.390	262.53	2.98	37.82	414.16	3.74	58.57	110.89	1.94	25.63	539.80	3.06

角钢号数	尺寸/mm			截面面积 /cm²	理论重量 /(kg/m)	外表面积 /(m²/m)	参 考 数 值										
							x—x			x₀—x₀			y₀—y₀			x₁—x₁	z₀
	b	d	r				I_x /cm⁴	i_x /cm	W_x /cm³	I_{x_0} /cm⁴	i_{x_0} /cm	W_{x_0} /cm³	I_{y_0} /cm⁴	i_{y_0} /cm	W_{y_0} /cm³	I_{x_1} /cm⁴	/cm
11	110	7	12	15.196	11.928	0.433	177.16	3.41	22.05	280.94	4.30	36.12	73.38	2.20	17.51	310.64	2.96
		8		17.238	13.532	0.433	199.46	3.40	24.95	316.49	4.28	40.69	82.42	2.19	19.39	355.20	3.01
		10		21.261	16.690	0.432	242.19	3.38	30.60	384.39	4.25	49.42	99.98	2.17	22.91	444.65	3.09
		12		25.200	19.782	0.431	282.55	3.35	36.05	448.17	4.22	57.62	116.93	2.15	26.15	534.60	3.16
		14		29.056	22.809	0.431	320.71	3.32	41.31	508.01	4.18	65.31	133.40	2.14	29.14	625.16	3.24
12.5	125	8	14	19.750	15.504	0.492	297.03	3.88	32.52	470.89	4.88	53.28	123.16	2.50	25.86	521.01	3.37
		10		24.373	19.133	0.491	361.67	3.85	39.97	573.89	4.85	64.93	149.46	2.48	30.62	651.93	3.45
		12		28.912	22.696	0.491	423.16	3.83	41.17	671.44	4.82	75.96	174.88	2.46	35.03	783.42	3.53
		14		33.367	26.193	0.490	481.65	3.80	54.16	763.73	4.78	86.41	199.57	2.45	39.13	915.61	3.61
14	140	10	14	27.373	21.488	0.551	514.65	4.34	50.58	817.27	5.46	82.56	212.04	2.78	39.20	915.11	3.82
		12		32.512	25.522	0.551	603.68	4.31	59.80	958.79	5.43	96.85	248.57	2.76	45.02	1099.28	3.90
		14		37.567	29.490	0.550	688.81	4.28	68.75	1093.56	5.40	110.47	284.06	2.75	50.45	1284.22	3.98
		16		42.539	33.393	0.549	770.24	4.26	77.46	1221.81	5.36	123.42	318.67	2.74	55.55	1470.07	4.06
16	160	10	16	31.502	24.729	0.630	779.53	4.98	66.70	1237.30	6.27	109.36	321.76	3.20	52.76	1365.33	4.31
		12		37.441	29.391	0.630	916.58	4.95	78.98	1455.68	6.24	128.67	377.49	3.18	60.74	1639.57	4.39
		14		43.296	33.987	0.629	1048.36	4.92	90.95	1665.02	6.20	147.17	431.70	3.16	68.244	1914.68	4.47
		16		49.067	38.518	0.629	1175.08	4.89	102.63	1865.57	6.17	164.89	484.59	3.14	75.31	2190.82	4.55
18	180	12	16	42.241	33.159	0.710	1321.35	5.59	100.82	2100.10	7.05	165.00	542.61	3.58	78.41	2332.80	4.89
		14		48.896	38.388	0.709	1514.48	5.56	116.25	2407.42	7.02	189.14	625.53	3.56	88.38	2723.48	4.97
		16		55.467	43.542	0.709	1700.99	5.54	131.13	2703.37	6.98	212.40	698.60	3.55	97.83	3115.29	5.05
		18		61.955	48.634	0.708	1875.12	5.50	145.64	2988.24	6.94	234.78	762.01	3.51	105.14	3502.43	5.13
20	200	14	18	54.642	42.894	0.788	2103.55	6.20	144.70	3343.26	7.82	236.40	863.83	3.98	111.82	3734.10	5.46
		16		62.013	48.680	0.788	2366.15	6.18	163.65	3760.89	7.79	265.93	971.41	3.96	123.96	4270.39	5.54
		18		69.301	54.401	0.787	2620.64	6.15	182.22	4164.54	7.75	294.48	1076.74	3.94	135.52	4808.13	5.62
		20		76.505	60.056	0.787	2867.30	6.12	200.42	4554.55	7.72	322.06	1180.04	3.93	146.55	5347.51	5.69
		24		90.661	71.168	0.785	3338.25	6.07	236.17	5294.97	7.64	374.41	1381.53	3.90	166.55	6457.16	5.87

注　截面图中的 $r_1 = \frac{1}{3}d$ 及表中 r 值的数据用于孔型设计，不作交货条件。

附表2 热轧不等边角钢（GB 9788—1988）

符号意义：
B——长边宽度；
d——边厚度；
r₁——边端内圆弧半径；
i——惯性半径；
x₀——重心距离；

b——短边宽度；
r——内圆弧半径；
I——惯性矩；
W——截面系数；
y₀——重心距离；

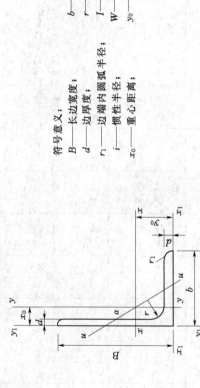

角钢号数	尺寸/mm				截面面积 /cm²	理论重量 /(kg/m)	外表面积 /(m²/m)	参考数值														
								x—x			y—y			x₁—x₁		y₁—y₁		u—u			
	B	b	d	r				I_x /cm⁴	i_x /cm	W_x /cm³	I_y /cm⁴	i_y /cm	W_y /cm³	I_{x_1} /cm⁴	y_0 /cm	I_{x_1} /cm⁴	x_0 /cm	I_u /cm⁴	i_u /cm	W_u /cm³	$\tan\alpha$
2.5/1.6	25	16	3	3.5	1.162	0.912	0.080	0.70	0.78	0.43	0.22	0.44	0.19	1.56	0.86	0.43	0.42	0.14	0.34	0.16	0.392
			4		1.499	1.176	0.079	0.88	0.77	0.55	0.27	0.43	0.24	2.09	0.90	0.59	0.46	0.17	0.34	0.20	0.381
3.2/2	32	20	3		1.492	1.171	0.102	1.53	1.01	0.72	0.46	0.55	0.30	3.27	1.08	0.82	0.49	0.28	0.43	0.25	0.382
			4		1.939	1.522	0.101	1.93	1.00	0.93	0.57	0.54	0.39	4.37	1.12	1.12	0.53	0.35	0.42	0.32	0.374
4/2.5	40	25	3	4	1.890	1.484	0.127	3.08	1.28	1.15	0.93	0.70	0.49	6.39	1.32	1.59	0.59	0.56	0.54	0.40	0.386
			4		2.467	1.936	0.127	3.93	1.26	1.49	1.18	0.69	0.63	8.53	1.37	2.14	0.63	0.71	0.54	0.52	0.381

角钢号数	B	b	d	r	截面面积 /cm²	理论重量 /(kg/m)	外表面积 /(m²/m)	I_x /cm⁴	i_x /cm	W_x /cm³	I_y /cm⁴	i_y /cm	W_y /cm³	I_{x1} /cm⁴	y_0 /cm	I_{y1} /cm⁴	x_0 /cm	I_u /cm⁴	i_u /cm	W_u /cm³	$\tan\alpha$
4.5/2.8	45	28	3	5	2.149	1.687	0.143	4.45	1.44	1.47	1.34	0.79	0.62	9.10	1.47	2.23	0.64	0.80	0.61	0.51	0.383
			4	5	2.806	2.203	0.143	5.69	1.42	1.91	1.70	0.78	0.80	12.13	1.51	3.00	0.68	1.02	0.60	0.66	0.380
5/3.2	50	32	3	5.5	2.431	1.908	0.161	6.24	1.60	1.84	2.02	0.91	0.82	12.49	1.60	3.31	0.73	1.20	0.70	0.68	0.404
			4	5.5	3.177	2.494	0.160	8.02	1.59	2.39	2.58	0.90	1.06	16.65	1.65	4.45	0.77	1.53	0.69	0.87	0.402
5.6/3.6	56	36	3	6	2.743	2.153	0.181	8.88	1.80	2.32	2.92	1.03	1.05	17.54	1.78	4.70	0.80	1.73	0.79	0.87	0.408
			4	6	3.590	2.818	0.180	11.45	1.79	3.03	3.76	1.02	1.37	23.39	1.82	6.33	0.85	2.23	0.79	1.13	0.408
			5	6	4.415	3.466	0.180	13.86	1.77	3.71	4.49	1.01	1.65	29.25	1.87	7.94	0.88	2.67	0.78	1.36	0.404
6.3/4	63	40	4	7	4.058	3.185	0.202	16.49	2.02	3.87	5.23	1.14	1.70	33.30	2.04	8.63	0.92	3.12	0.88	1.40	0.398
			5	7	4.993	3.920	0.202	20.02	2.00	4.74	6.31	1.12	2.71	41.63	2.08	10.86	0.95	3.76	0.87	1.71	0.396
			6	7	5.908	4.638	0.201	23.36	1.98	5.59	7.29	1.11	2.73	49.98	2.12	13.12	0.99	4.34	0.86	1.99	0.393
			7	7	6.802	5.339	0.201	26.53	1.96	6.40	8.24	1.10	2.78	58.07	2.15	15.47	1.03	4.97	0.86	2.29	0.389
7/4.5	70	45	4	7.5	4.547	3.570	0.226	23.17	2.26	4.86	7.55	1.29	2.17	45.92	2.24	12.26	1.02	4.40	0.98	1.77	0.410
			5	7.5	5.609	4.403	0.225	27.95	2.23	5.92	9.13	1.28	2.65	57.10	2.28	15.39	1.06	5.40	0.98	2.19	0.407
			6	7.5	6.647	5.218	0.225	32.54	2.21	6.95	10.62	1.26	3.12	68.35	2.32	18.58	1.09	6.35	0.98	2.59	0.404
			7	7.5	7.657	6.011	0.225	37.22	2.20	8.03	12.01	1.25	3.57	79.99	2.36	21.84	1.13	7.16	0.97	2.94	0.402
(7.5/5)	75	50	5	8	6.125	4.808	0.245	34.86	2.39	6.83	12.61	1.44	3.30	70.00	2.40	21.04	1.17	7.41	1.10	2.74	0.435
			6	8	7.260	5.699	0.245	41.12	2.38	8.12	14.70	1.42	3.88	84.30	2.44	25.37	1.21	8.54	1.08	3.19	0.435
			8	8	9.467	7.431	0.244	52.39	2.35	10.52	18.53	1.40	4.99	112.50	2.52	34.23	1.29	10.87	1.07	4.10	0.429
			10	8	11.590	9.098	0.244	62.71	2.33	12.79	21.96	1.38	6.04	140.80	2.60	43.43	1.36	13.10	1.06	4.99	0.423

参 考 数 值

续表

角钢号数	尺寸/mm B	b	d	r	截面面积/cm²	理论重量/(kg/m)	外表面积/(m²/m)	x—x I_x/cm⁴	i_x/cm	W_x/cm³	y—y I_y/cm⁴	i_y/cm	W_y/cm³	x1—x1 I_{x1}/cm⁴	y0/cm	y1—y1 I_{x1}/cm⁴	x0/cm	u—u I_u/cm⁴	i_u/cm	W_u/cm³	tanα
8/5	80	50	5	8	6.375	5.005	0.255	41.96	2.56	7.78	12.82	1.42	3.32	85.21	2.60	21.06	1.14	7.66	1.10	2.74	0.388
			6		7.560	5.935	0.255	49.49	2.56	9.25	14.95	1.41	3.91	102.53	2.65	25.41	1.18	8.85	1.08	3.20	0.387
			7		8.724	6.848	0.255	56.16	2.54	10.58	16.96	1.39	4.48	119.33	2.69	29.82	1.21	10.18	1.08	3.70	0.384
			8		9.867	7.745	0.254	62.83	2.52	11.92	18.85	1.38	5.03	136.41	2.73	34.32	1.25	11.38	1.07	4.16	0.381
9/5.6	90	56	5	9	7.212	5.661	0.287	60.45	2.90	9.92	18.32	1.59	4.21	121.32	2.91	29.53	1.25	10.98	1.23	3.49	0.385
			6		8.557	6.717	0.286	71.03	2.88	11.74	21.42	1.58	4.96	145.59	2.95	35.58	1.29	12.90	1.23	4.18	0.384
			7		9.880	7.756	0.286	81.01	2.86	13.49	24.36	1.57	5.70	169.66	3.00	41.71	1.33	14.67	1.22	4.72	0.382
			8		11.183	8.779	0.286	91.03	2.85	15.27	27.15	1.56	6.41	194.17	3.04	47.93	1.36	16.34	1.21	5.29	0.380
10/6.3	100	63	6	10	9.617	7.550	0.320	99.06	3.21	14.64	30.94	1.79	6.35	199.71	3.24	50.50	1.43	18.42	1.38	5.25	0.394
			7		11.111	8.722	0.320	113.45	3.20	16.88	35.26	1.78	7.29	233.00	3.28	59.14	1.47	21.00	1.38	6.02	0.393
			8		12.584	9.878	0.319	127.37	3.18	19.08	39.39	1.77	8.21	266.32	3.32	67.88	1.50	23.50	1.37	6.78	0.391
			10		15.467	12.142	0.319	153.81	3.15	23.32	47.12	1.74	9.98	333.06	3.40	85.73	1.58	28.33	1.35	8.24	0.387
10/8	100	80	6	10	10.637	8.350	0.354	107.04	3.17	15.19	61.24	2.40	10.16	199.83	2.95	102.68	1.97	31.65	1.72	8.37	0.627
			7		12.301	9.656	0.354	122.73	3.16	17.52	70.08	2.39	11.71	233.20	3.00	119.98	2.01	36.17	1.72	9.60	0.626
			8		13.944	10.946	0.353	137.92	3.14	19.81	78.58	2.37	13.21	266.61	3.04	137.37	2.05	40.58	1.71	10.80	0.625
			10		17.167	13.476	0.353	166.87	3.12	24.24	94.65	2.35	16.12	333.63	3.12	172.48	2.13	49.10	1.69	13.12	0.622
11/7	110	70	6	10	10.637	8.350	0.354	133.37	3.54	17.85	42.92	2.01	7.90	265.78	3.53	69.08	1.57	25.36	1.54	6.53	0.403
			7		12.301	9.656	0.354	153.00	3.53	20.60	49.01	2.00	9.09	310.07	3.57	80.82	1.61	28.95	1.53	7.50	0.402
			8		13.944	10.946	0.353	172.04	3.51	23.30	54.87	1.98	10.25	354.39	3.62	92.70	1.65	32.46	1.53	8.45	0.401
			10		17.167	13.476	0.353	208.39	3.48	28.54	65.88	1.96	12.48	443.13	3.70	116.83	1.72	39.20	1.51	10.29	0.397

续表

角钢号数	B	b	d	r	截面面积/cm²	理论重量/(kg/m)	外表面积/(m²/m)	I_x/cm⁴	i_x/cm	W_x/cm³	I_y/cm⁴	i_y/cm	W_y/cm³	I_{x_1}/cm⁴	y_0/cm	I_{x_1}/cm⁴	x_0/cm	I_u/cm⁴	i_u/cm	W_u/cm³	$\tan\alpha$
								x—x			y—y			x_1—x_1		y_1—y_1		u—u			
12.5/8	125	80	7	11	14.096	11.066	0.403	227.98	4.02	26.86	74.42	2.30	12.01	454.99	4.01	120.32	1.80	43.81	1.76	9.92	0.408
			8		15.989	12.551	0.403	256.77	4.01	30.41	83.49	2.28	13.56	519.99	4.06	137.85	1.84	49.15	1.75	11.18	0.407
			10		19.712	15.474	0.402	312.04	3.98	37.33	100.67	2.26	16.56	650.09	4.14	173.40	1.92	59.45	1.74	13.64	0.404
			12		23.351	18.330	0.402	364.41	3.95	44.01	116.67	2.24	19.43	780.39	4.22	209.67	2.00	69.35	1.72	16.01	0.400
14/9	140	90	8	12	18.038	14.160	0.453	365.64	4.50	38.48	120.69	2.59	17.34	730.53	4.50	195.79	2.04	70.83	1.98	14.31	0.411
			10		22.261	17.475	0.452	445.50	4.47	47.31	146.03	2.56	21.22	913.20	4.58	245.92	2.12	85.82	1.96	17.48	0.409
			12		26.400	20.724	0.451	521.59	4.44	55.87	169.79	2.54	24.95	1096.09	4.66	296.89	2.19	100.21	1.95	20.54	0.406
			14		30.456	23.908	0.451	594.10	4.42	64.18	192.10	2.51	28.54	1279.26	4.74	348.82	2.27	114.13	1.94	23.52	0.403
16/10	160	100	10	13	25.315	19.872	0.512	668.69	5.14	62.13	205.03	2.85	26.56	1362.89	5.24	336.59	2.28	121.74	2.19	21.92	0.390
			12		30.054	23.592	0.511	784.91	5.11	73.49	239.06	2.82	31.28	1635.56	5.32	405.94	2.36	142.33	2.17	25.79	0.388
			14		34.709	27.247	0.510	896.30	5.08	84.56	271.20	0.80	35.83	1908.50	5.40	476.42	2.43	162.23	2.16	29.56	0.385
			16		39.281	30.835	0.510	1003.04	5.05	95.33	301.60	2.77	40.24	2181.79	5.48	548.22	2.51	182.57	2.16	33.44	0.382
18/11	180	110	10	14	28.373	22.273	0.571	956.25	5.80	78.96	278.11	3.13	32.49	1940.40	5.89	447.22	2.44	166.50	2.42	26.88	0.376
			12		33.712	26.464	0.571	1124.72	5.78	93.53	325.03	3.10	38.32	2328.38	5.98	538.94	2.52	194.87	2.40	31.66	0.374
			14		38.967	30.589	0.570	1286.91	5.75	107.76	369.55	3.08	43.97	2716.60	6.06	631.95	2.59	222.30	2.39	36.32	0.372
			16		44.139	34.649	0.569	1443.06	5.72	121.64	411.85	3.06	49.44	3105.15	6.14	726.46	2.67	248.94	2.38	40.87	0.369
20/12.5	200	125	12	14	37.912	29.761	0.641	1570.90	6.44	116.73	483.16	3.57	49.99	3193.85	6.54	787.74	2.83	285.79	2.74	41.23	0.392
			14		43.867	34.436	0.640	1800.97	6.41	134.65	550.83	3.54	57.44	3726.17	6.62	922.47	2.91	326.58	2.73	47.34	0.390
			16		49.739	39.045	0.639	2023.35	6.38	152.18	615.44	3.52	64.69	4258.86	6.70	1058.86	2.99	366.21	2.71	53.32	0.388
			18		55.526	43.588	0.639	2238.30	6.35	169.33	677.19	3.49	71.74	4792.00	6.78	1197.13	3.06	404.83	2.70	59.10	0.385

注 1. 括号内型号不推荐使用。

2. 截面图中的 $r_1=\dfrac{1}{3}d$ 及表中 r 的数据用于孔型设计,不作交货条件。

附表 3　热轧工字钢（GB 706—1988）

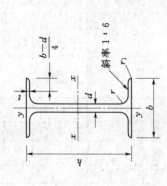

符号意义：

h——高度；
b——腿宽度；
d——腰厚度；
t——平均腿厚度；
r——内圆弧半径；
r_1——腿端圆弧半径；
I——惯性矩；
W——截面系数；
i——惯性半径；
S——半截面的静矩。

斜率 1：6

型号	尺寸 /mm						截面面积 /cm²	理论重量 /(kg/m)	参考数值						
									x-x				y-y		
	h	b	d	t	r	r_1			I_x/cm⁴	W_x/cm³	i_x/cm	$I_x：S_x$/cm	I_y/cm⁴	W_y/cm³	i_y/cm
10	100	68	4.5	7.6	6.5	3.3	14.3	11.2	245	49	4.14	8.59	33	9.72	1.52
12.6	126	74	5	8.4	7	3.5	18.1	14.2	488.43	77.529	5.195	10.85	46.906	12.677	1.609
14	140	80	5.5	9.1	7.5	3.8	21.5	16.9	712	102	5.76	12	64.4	16.1	1.73
16	160	88	6	9.9	8	4	26.1	20.5	1130	141	6.58	13.8	93.1	21.2	1.89
18	180	94	6.5	10.7	8.5	4.3	30.6	24.1	1660	185	7.36	15.4	122	26	2
20a	200	100	7	11.4	9	4.5	35.5	27.9	2370	237	8.15	17.2	158	31.5	2.12
20b	200	102	9	11.4	9	4.5	39.5	31.1	2500	250	7.96	16.9	169	33.1	2.06
22a	220	110	7.5	12.3	9.5	4.8	42	33	3400	309	8.99	18.9	225	40.9	2.31
22b	220	112	9.5	12.3	9.5	4.8	46.4	36.4	3570	325	8.78	18.7	239	42.7	2.27
25a	250	116	8	13	10	5	48.5	38.1	5023.54	401.88	10.18	21.58	280.046	48.283	2.403
25b	250	118	10	13	10	5	53.5	42	5283.96	422.72	9.938	21.27	309.297	52.423	2.404

续表

型号	尺寸/mm						截面面积/cm²	理论重量/(kg/m)	参考数值						
									x—x				y—y		
	h	b	d	t	r	r_1			I_x/cm⁴	W_x/cm³	i_x/cm	$I_x:S_x$/cm	I_y/cm⁴	W_y/cm³	i_y/cm
28a	280	122	8.5	13.7	10.5	5.3	55.45	43.4	7114.14	508.15	11.32	24.62	345.051	56.565	2.495
28b	280	124	10.5	13.7	10.5	5.3	61.05	47.9	7480	534.29	11.08	24.24	379.496	61.209	2.493
32a	320	130	9.5	15	11.5	5.8	67.05	52.7	11075.5	629.2	12.84	27.46	459.93	70.758	2.619
32b	320	132	11.5	15	11.5	5.8	73.45	57.7	11621.4	726.33	12.58	27.09	501.53	75.989	2.614
32c	320	134	13.5	15	11.5	5.8	79.95	62.8	12167.5	760.47	12.34	26.77	543.81	81.166	2.608
36a	360	136	10	15.8	12	6	76.3	59.9	15760	875	14.4	30.7	552	81.2	2.69
36b	360	138	12	15.8	12	6	83.5	65.6	16530	919	14.1	30.3	582	84.3	2.64
36c	360	140	14	15.8	12	6	90.7	71.2	17310	962	13.8	29.9	612	87.4	2.6
40a	400	142	10.5	16.5	12.5	6.3	86.1	67.6	21720	1090	15.9	34.1	660	93.2	2.77
40b	400	144	12.5	16.5	12.5	6.3	94.1	73.8	22780	1140	15.6	33.6	692	96.2	2.71
40c	400	146	14.5	16.5	12.5	6.3	102	80.1	23850	1190	15.2	33.2	727	99.6	2.65
45a	450	150	11.5	18	13.5	6.8	102	80.4	32240	1430	17.7	38.6	855	114	2.89
45b	450	152	13.5	18	13.5	6.8	111	87.4	33760	1500	17.4	38	894	118	2.84
45c	450	154	15.5	18	13.5	6.8	120	94.5	35280	1570	17.1	37.6	938	122	2.79
50a	500	158	12	20	14	7	119	93.6	46470	1860	19.7	42.8	1120	142	3.07
50b	500	160	14	20	14	7	129	101	48560	1940	19.4	42.4	1170	146	3.01
50c	500	162	16	20	14	7	139	109	50640	2080	19	41.8	1220	151	2.96
56a	560	166	12.5	21	14.5	7.3	135.25	106.2	65585.6	2342.31	22.02	47.73	1370.16	165.08	3.182
56b	560	168	14.5	21	14.5	7.3	146.45	115	68512.5	2446.69	21.63	47.17	1486.75	174.25	3.162
56c	560	170	16.5	21	14.5	7.3	157.85	123.9	71439.4	2551.41	21.27	46.66	1558.39	183.34	3.158
63a	630	176	13	22	15	7.5	154.9	121.6	96916.2	2981.47	24.62	54.17	1700.55	193.24	3.314
63b	630	178	15	22	15	7.5	167.5	131.5	98083.6	3163.38	24.2	53.51	1812.07	203.6	3.289
63c	630	180	17	22	15	7.5	180.1	141	102251.1	3298.42	23.82	52.92	1924.91	213.88	3.268

注 截面图和表中标注的圆弧半径r、r_1的数据用于孔型设计，不作交货条件。

附表 4 热轧槽钢 (GB 707—1988)

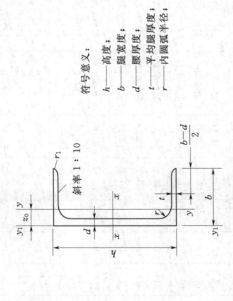

斜率 1:10

符号意义:

h——高度;
b——腿宽度;
d——腰厚度;
t——平均腿厚度;
r——内圆弧半径;
r_1——腿端圆弧半径;
I——惯性矩;
W——截面系数;
i——惯性半径;
z_0——y—y 轴与 y_1—y_1 轴间距

型号	尺寸 /mm						截面面积 /cm²	理论重量 /(kg/m)	参考数值							
									x—x			y—y			y_1—y_1	z_0/cm
	h	b	d	t	r	r_1			W_x/cm³	I_x/cm⁴	i_x/cm	W_y/cm³	I_y/cm⁴	i_y/cm	I_{y_1}/cm⁴	
5	50	37	4.5	7	7	3.5	6.93	5.44	10.4	26	1.94	3.55	8.3	1.1	20.9	1.35
6.3	63	40	4.8	7.5	7.5	3.75	8.444	6.63	16.123	50.786	2.453	4.50	11.872	1.185	28.38	1.36
8	80	43	5	8	8	4	10.24	8.04	25.3	101.3	3.15	5.79	16.6	1.27	37.4	1.43
10	100	48	5.3	8.5	8.5	4.25	12.74	10	39.7	198.3	3.95	7.8	25.6	1.41	54.9	1.52
12.6	126	53	5.5	9	9	4.5	15.69	12.37	62.137	391.466	4.953	10.242	37.99	1.567	77.09	1.59
14a	140	58	6	9.5	9.5	4.75	18.51	14.53	80.5	563.7	5.52	13.01	53.2	1.7	107.1	1.71
14b	140	60	8	9.5	9.5	4.75	21.31	16.73	87.1	609.4	5.35	14.12	61.1	1.69	120.6	1.67
16a	160	63	6.5	10	10	5	21.95	17.23	108.3	866.2	6.28	16.3	73.3	1.83	144.1	1.8
16	160	65	8.5	10	10	5	25.15	19.74	116.8	934.5	6.1	17.55	83.4	1.82	160.8	1.75

续表

型号	尺寸/mm						截面面积/cm²	理论重量/(kg/m)	参考数值							
	h	b	d	t	r	r₁			x—x			y—y			y₁—y₁	z₀/cm
									W_x/cm³	I_x/cm⁴	i_x/cm	W_y/cm³	I_y/cm⁴	i_y/cm	I_{y_1}/cm⁴	
18a	180	68	7	10.5	10.5	5.25	25.69	20.17	141.4	1272.7	7.04	20.03	98.6	1.96	189.7	1.88
18	180	70	9	10.5	10.5	5.25	29.29	22.99	152.2	1369.9	6.84	21.52	111	1.95	210.1	1.84
20a	200	73	7	11	11	5.5	28.83	22.63	178	1780.4	7.86	24.2	128	2.11	244	2.01
20	200	79	9	11	11	5.5	32.83	25.77	191.4	1913.7	7.64	25.88	143.6	2.09	268.4	1.95
22a	220	77	7	11.5	11.5	5.75	31.84	24.99	217.6	2393.9	8.67	28.17	157.8	2.23	298.2	2.1
22	220	79	9	11.5	11.5	5.75	36.24	28.45	233.8	2571.4	8.42	30.05	176.4	2.21	326.3	2.03
25a	250	78	7	12	12	6	34.91	27.47	269.597	3369.62	9.823	30.607	175.529	2.243	322.256	2.065
25b	250	80	9	12	12	6	39.91	31.39	282.402	3530.04	9.405	32.657	196.421	2.218	353.187	1.982
25c	250	82	12	12	12	6	44.91	35.32	295.236	3690.45	9.065	35.926	218.415	2.206	384.133	1.921
28a	280	82	7.5	12.5	12.5	6.25	40.02	31.42	340.328	4764.59	10.91	35.718	217.989	2.333	387.566	2.097
28b	280	84	9.5	12.5	12.5	6.25	45.62	35.81	366.46	5130.45	10.6	37.929	242.144	2.304	427.589	2.016
28c	280	86	11.5	12.5	12.5	6.25	51.22	40.21	392.594	5496.32	10.35	40.301	267.602	2.286	426.597	1.951
32a	320	88	8	14	14	7	48.7	38.22	474.879	7598.06	12.49	46.473	304.787	2.502	552.31	2.242
32b	320	90	10	14	14	7	55.1	43.25	509.012	8144.2	12.15	49.157	336.332	2.471	592.933	2.158
32c	320	92	12	14	14	7	61.5	48.28	543.145	8690.33	11.88	52.642	374.175	2.467	643.299	2.092
36a	360	96	9	16	16	8	60.89	47.8	659.7	11874.2	13.97	63.54	455	2.73	818.4	2.44
36b	360	98	11	16	16	8	68.09	53.45	702.9	12651.8	13.63	66.85	496.7	2.7	880.4	2.37
36c	360	100	13	16	16	8	75.29	59.12	746.1	13429.4	13.36	70.02	536.4	2.67	947.9	2.34
40a	400	100	10.5	18	18	9	75.05	58.91	878.9	17577.9	15.30	78.83	592	2.81	1067.7	2.49
40b	400	102	12.5	18	18	9	83.05	65.19	932.2	18644.5	14.98	82.52	640	2.78	1135.6	2.44
40c	400	104	14.5	18	18	9	91.05	71.47	985.6	19711.2	14.71	86.19	687.8	2.75	1220.7	2.42

注 截面图和表中标注的圆弧半径 r、r₁ 的数据用于孔型设计，不作交货条件。

参 考 文 献

［1］ 沈养中，孟胜国. 结构力学. 北京：科学出版社，2005.

［2］ 沈养中. 建筑力学. 北京：科学出版社，2006.

［3］ 赵爱民. 建筑力学. 武汉：武汉理工大学出版社，2007.

［4］ 杨恩福，徐玉华. 工程力学. 北京：中国水利水电出版社，2005.

［5］ 杨天祥. 结构力学. 2 版. 北京：高等教育出版社，1987.

［6］ 王金海. 结构力学. 北京：中国建筑工业出版社，2000.

［7］ 李舒瑶，赵云翔. 工程力学. 2 版. 郑州：黄河水利出版社，2002.

［8］ 张曦. 建筑力学. 北京：中国建筑工业出版社，2000.

［9］ 赵更新. 结构力学. 北京：中国水利水电出版社，2004.

［10］ 张流芳. 材料力学. 武汉：武汉工业大学出版社，1997.

［11］ 李世清，舒昶. 材料力学. 重庆：重庆大学出版社，1998.

［12］ 陈永龙，建筑力学. 北京：高等教育出版社，2000.

［13］ 张新占. 材料力学. 武汉：武汉大学出版社，2001.

［14］ 苏翼林. 材料力学. 天津：天津大学出版社，2001.

［15］ 邓训，徐远杰. 材料力学. 西安：西北工业大学出版社，2002.

［16］ 孙训方，方孝淑. 材料力学. 3 版. 北京：高等教育出版社，1994.

［17］ 范磷. 材料力学习题精选精解. 上海：同济大学出版社，2001.

［18］ 梁枢平，邓训. 材料力学题解. 武汉：华中科技大学出版社，2002.

［19］ 杨力彬，赵萍. 建筑力学. 北京：机械工业出版社，2004.

［20］ 许本安，李秀治. 材料力学. 上海：上海交通大学出版社，1988.

［21］ 龙驭球，包世华. 结构力学. 北京：高等教育出版社，1999.

［22］ 李明. 材料力学. 北京：水利电力出版社，1985.

［23］ 屈本宁，张曙红. 工程力学. 北京：科学出版社，2003.

［24］ 李廉锟. 结构力学. 北京：人民教育出版社，1983.

［25］ 张美元. 工程力学. 郑州：黄河水利出版社，2007.